JN223295

最初からそう教えて
くれればいいのに！

Djangoの
ツボとコツがゼッタイにわかる本

大橋亮太 ● 著

［第3版］

秀和システム

はじめに

本書を手に取っていただき、ありがとうございます。

初版、第2版と皆様からのご好評をいだき、このたび第3版を出版させていただくことになりました。この場をお借りして御礼申し上げます。

前作よりも中身が詰まった書籍になっていると自負しております。

本書は次のような方をイメージして書かせていただいています。

・会社や上司からDjangoの勉強をしろと言われたが、何をすれば良いかわからない方。
・フレームワークに興味があるが、何から手を付ければよいかわからない方。
・Djangoのオフィシャルチュートリアルを見て挫折した方。
・Djangoの初心者から、レベルアップしたい方

端的には、Djangoという言葉やフレームワークという言葉を聞いたことはある。けれど、具体的に何なのか説明することはできない、という方をイメージしながら書かせていただきました。

Djangoはウェブフレームワーク*と呼ばれていますが、この言葉自体がとても抽象的であり、掴みどころがありません。また、フレームワークという言葉に限らず、とりわけIT業界において使われている言葉は、同じ概念が複数の言葉によって定義されていたり、人によって言葉の解釈が違う場合があるなど、初学者にとっては非常にハードルが高いと考えています。

私自身、キャリアのスタートはIT系ではないという背景もあり、フレームワークを学ぶのにとても苦労しました。

---

*フレームワークは、正式にはウェブアプリケーションフレームワークと言われていますが、本書ではフレームワークという表現で統一した上で、適宜、補足という意味において「ウェブ」フレームワークなどの言葉をつけてイメージがしやすい表現を用いています。

中でも、Djangoの公式チュートリアルは本当に意味がわからず、挫折しそうになったことも何度もありました（Djangoの公式チュートリアルは、フレームワークについて学んだことがある方が対象ですので、ある意味仕方がない部分もあります）。

　そして、これはDjangoに限ったことではなく、RubyのフレームワークであるRuby on Rails、PHPのフレームワークであるLaravelでも同じことが言えます。そんな中、Djangoは他の言語と比べて圧倒的に日本語の情報量が少ないというデメリットがあります。

　その一方、近年の機械学習に対する気運の高まりなどを通じて、Pythonで作成されているフレーワークであるDjangoに興味を持たれる方が増えていることも、ひしひしと感じています。

　このような背景を踏まえ、フレームワークについて学んだことがない方が、フレームワークについて順を追ってしっかりと理解することができるように意識して書かせていただいたのがこの本です。

　この本が、あなたにとって、Djangoやフレームワークの理解の一助となれば幸いです。

　本書の購入を検討されている方は、ぜひとも第1章をめくっていただき、本書のイメージを掴んでいただければと考えています。

大橋　亮太

　本書では、Djangoの仕組みを理解すること、そして簡単なアプリを自分で作成することができるようになることを目的としています。

　その目的を達成する上では、Djangoの技術的な部分に関する厳密な理解をするよりも、イメージで理解する方が有用であると考えています。

　そのため、本書では厳密な表現よりも、理解しやすい表現をすることを優先しています。このような背景から、本書における一部の表現においては厳密な解釈と異なる場合があることをあらかじめご了承いただければ幸いです。

● 本書を読むことで達成できること

1. フレームワークが何か理解できる

　本書では、身近な例を使ってフレームワークの説明をしています。難しい概念を理解するためには、各論に入ることでもなく、全体像を抽象的に捉えることでもありません。全体像を具体的なイメージが湧く形で捉えることが重要です。

　このような点を踏まえ、本書では抽象的な概念は可能な限り具体的な例におきかえて説明をしています。

2. Djangoの全体像が理解できる

　フレームワークのイメージを捉えた上で、Djangoが何なのかという点についても具体例を使って説明しています。

　第1章を読んでいただくだけでも、フレームワークやDjangoについての理解がぐっと深まると思います。

3. 動くアプリケーションを作成することができる

　本書では、書籍の情報を投稿する「本棚アプリケーション」を一から作成していきます。難しい概念などは可能な限り排除し、Djangoの本質的な部分を理解することを念頭に作成をしています。アプリケーションの作成を通じ、フレームワークに対する理解を深めることができると思います。

4. 作成したアプリを世界に公開することができる

　最後に、作成したアプリを公開します。公開することで大きな達成感を得られるようになるでしょう。

◉必要とされる前提知識

　本書を読み進めるにあたり、フレームワークに関する前提知識は一切必要ありません。

　Pythonに関しては、基本的な文法や、class、functionに対する知識があることを前提としています。また、HTMLとCSSについても最低限の知識（divタグ、pタグ、formタグなどの基本的なタグと、CSSを使ってそれらのタグを装飾する方法に関する知識）があることを前提としています。

　このあたりの知識について不安な方は、補足としてほかの教材を用いながら知識を拡充しておくとよいかもしれません。おすすめの書籍はその人の学習の段階によっても異なるので一概には言えませんが、Pythonについて個人的にお勧めの書籍を紹介させていただきます。

Pythonについて少し深い知識をつけたい方のための書籍
「入門 Python3」（オライリー・ジャパン）Bill Lubanovic（著）、斎藤 康毅（監訳）、長尾 高弘（訳）

◉本書の開発環境

　本書は、以下の環境を想定しています。

Python：3.12.3
Django：5.1.2
OS：Windows 10以降

　なお、本書では基本的にインデントは4文字で実装を進めていますが、4文字だとおさまりが悪い場合は2文字でインデントしています。

　内容について誤植がある場合は、秀和システムの本書サポートページで正誤表を掲載しますので参照してください。

◉本書で解説するコードについて

　本書で解説するコードは、次のURLからダウンロードすることが可能です。学習を進める際の参考にしてください。

https://codor.co.jp/django-tubokotu3/

◉本書サポートページ

https://www.shuwasystem.co.jp/support/7980html/7392.html

最初からそう教えてくれればいいのに！

Djangoのツボとコツが
ゼッタイにわかる本
［第3版］

Contents

第3章　Djangoの基本的な機能を理解しよう！

第4章　本棚アプリケーションの作成①（CRUDの理解）

第5章　本棚アプリケーションの作成②（Djangoの機能のさらなる理解）

第6章　サイトを公開しよう！

資料

Column 目次

第 1 章

Django（フレームワーク）
のイメージを掴もう

Djangoの実装をはじめる前に、具体例を用いてフレームワークやDjangoについて大まかな理解をしていきましょう。

1-1 フレームワークって何？

フレームワークのイメージとは

　Djangoはフレームワークと呼ばれていますが、そもそもフレームワークとは何でしょうか？　まずはこの点について理解をしていきましょう。

　フレームワークとは、日本語に直訳すると「枠組み」ということができます。枠組みといっても抽象的でよくわからないという方もいらっしゃるでしょう。そこでまずは具体例を使ってフレームワークについて説明をしていきます。

　ここで、フレームワークの説明に入る前に、押さえていただきたいポイントを1つお伝えします。

　それは、**フレームワークはあってもなくても良い**、ということです。言い換えると、フレームワークがなくても目的とするアプリやウェブサイトを作成することができる、ということです。

　あくまでも、フレームワークは補足という位置づけであるという点を頭に入れた上で、フレームワークについて理解を深めていきましょう。

フレームワークとは、家にシステムキッチンを導入するようなもの

　フレームワークとは、家にシステムキッチンを導入するようなものと例えることができます。もう少し具体的なイメージとしては、フレームワークを使わずにウェブアプリケーション（以後、単にウェブサイトと呼ぶ場合もあります）を作成することは、昭和の時代に使われていたキッチンを使って料理をすること、そしてフレームワークを使ってウェブアプリケーションを作成することは、最新のシステムキッチンを使って料理をすること、と例えることができます。

　ここで、システムキッチンが入っていないキッチンと、入っているキッチンのそれぞれで料理をする場合を考えてみましょう。ウェブアプリケーションとシステムキッチンの有無を関連付けた表を載せますので参考にしてください（表1）。

▼**表1　料理とウェブアプリケーションの対比**

目的物 フレームワーク有無	料理	ウェブアプリケーションの開発
フレームワークなし	昭和のキッチン	非効率
フレームワークあり	システムキッチン	効率的

フレームワークはシステム
キッチンのようなものなのか

　今回は、ハンバーグを作る場合を考えてみましょう。手元にある食材は加工されておらず、すべて一から調理をする必要があるとします。

　ハンバーグを作るためには、まず牛肉をミンチにし、ひき肉を作る必要があります。この時、昔のキッチンにはフードプロセッサーはありませんが、最新のキッチンにはフードプロセッサーが備わっています。そして、フードプロセッサーがあれば簡単にひき肉を作ることができますが、なければ包丁を使ってブロックの肉をひき肉にしなければなりません。これだけでも、2つのキッチンにおける料理の効率には大きな違いがある（一からアプリケーションを作る場合と、フレームワークを使う場合では効率が異なる）といえるでしょう。

　また、ひき肉を炒める際、昔のキッチンには焦げ付かないコーティングのされたフライパンがないので、肉が焦げ付いて洗い落とすのが大変になるかもしれません。一方、コーティングされたフライパンであれば、洗い流しも簡単といえるでしょう。

　このように、システムキッチンと昔のキッチンでは、一つひとつの工程における効率が大きく異なります。そして、システムキッチンを使うことで、より効率的にハンバーグを作れるようになります。ただ、システムキッチンでなくてもハンバーグを作ることはできますし、完成したハンバーグに味の違いはほとんどないともいえるでしょう。

　つまり、**システムキッチンでなくてもハンバーグを作ることはできます**が、システムキッチンを入れることで効率が上がる、という点がポイントです。

　そして、繰り返しになりますが、これはウェブサイトを作る上でも同じことがいえます。つまり、**フレームワークはあってもなくてもよい**が、フレームワークを使うことで効率的にアプリケーションを作ることができるようになる、ということです。

Djangoに備わっている機能でフレームワークをイメージする

次に、実際にDjangoに備わっている機能の一例を見ながらフレームワークのイメージをさらに固めていきましょう。

例えば、Djangoにはユーザー登録をするためのフォームがあらかじめ準備されています。このユーザー登録フォームに備わっている機能の一部には、

・重複したユーザー名で登録することができないようにする
・推測されやすいパスワードの場合は登録ができないようにする

といったものが挙げられます。

ここで、「推測されやすいパスワードの場合は登録ができないようにする」という実装を考えてみましょう。言葉にすると簡単そうに聞こえますが、思いつくだけでも次のような処理を内部で作らなければなりません。

・ユーザー名の重複をチェックする
・最小の文字数を設定する
・大文字と小文字を混在させる
・推測されそうな言葉は避ける

例えば、推測されそうな言葉を避けるという処理を実装する場合、推測されそうな言葉はどうやって選べばよいでしょうか？　そして、推測されそうな言葉と、実際にフォームから入力された言葉を内部でどのように照合すればよいでしょうか？

一見簡単そうな実装でも、非常に多くの工程が必要とされることがイメージできると思います。Djangoでは、このような入力情報をチェックする機能をあらかじめ備えており、そのおかげで簡単に実装することができます。

そして、ユーザー登録フォームといった機能は、ユーザー登録が必要なサイトであればほぼ間違いなく準備しなければなりません。この時、サイトを作成するたびに同じような実装を行うのは、効率が良いとはいえません。

さらに、企業がアプリケーションの開発を行う際には、本質的なサービスの部分に時間を割くべきであり、本質的な部分以外に時間を割くことは効率的ではありません。

そういった意味では、「よく使われる機能をあらかじめ盛り込んでおく」ことで効率的に開発を進められるようにする、というのがフレームワークのひとつの特徴ということができます。

　なお、本節で紹介した内容はフレームワークをイメージしていただくための一例ですが、本質的なフレームワークのメリットについては次の節で説明します。

　今回紹介した内容はあくまでも具体例のひとつとして捉えていただければと思います。

Column　Djangoの設計思想

　Djangoは、Pythonの設計思想であるBattery includedという考え方を受け継いでいるといわれています。

　Battery includedは、直訳をすると「バッテリーが含まれている」という意味になりますが、これを意訳すると、「必要なものがすべて含まれており、電源につなぐだけですぐに使えるようになる。」ということができます。

　つまり、Djangoは実装において必要なモジュール・パッケージが数多く含まれているフレームワークということができるでしょう。

1-2 Djangoのイメージを掴む

Djangoはウェブフレームワークである

少しずつDjangoの理解を進めていきましょう。1-1節で、Djangoはフレームワークであるという話をしました（正確には、冒頭でお伝えした通り、ウェブアプリケーションフレームワークといいます）。フレームワークにはいろいろな種類があるのですが、Djangoはウェブサイトを効率的に作成することが目的であり、言い換えれば、Djangoはウェブフレームワークということができます（以後、フレームワークという言葉で表現を統一します）。

ここから、フレームワークを使わずにウェブサイトを作成する場合と、フレームワークを使ってウェブサイトを作成する場合の違いについて具体例を使って説明していきますが、説明に先立ち、まずはウェブサイトの仕組みについて簡単に説明します。

ウェブサイト（ウェブサーバー）の仕組み

ウェブサイトの大まかな仕組みは、ブラウザがサーバーに対してリクエスト（以下request）を送り、サーバーが受け取ったrequestをもとに処理を行ってレスポンス（以下response）を返すという流れになります。

もう少し具体的にいうと、ブラウザは特定のデータを指定し、そのデータを送り返すようrequestを送ります。そして、requestを受け取ったサーバーは、対象のデータをresponseとしてブラウザに返していきます。

ここで、特定のデータを指定する際に使われるのがURLです。URLはUniform Resource Locatorの略であり、直訳すると、「単一の資源を特定するもの」となります。かみ砕いていうと、サーバーの中に入っているあるファイルを特定するための文字情報、ということができます。

ここで押さえておくべきポイントは、ブラウザがサーバーに対して行うrequestと、サーバーが返すresponseは1対1の関係にあるということです。

これをまとめると図1のようになります。

図1 一般的なウェブサーバーの図

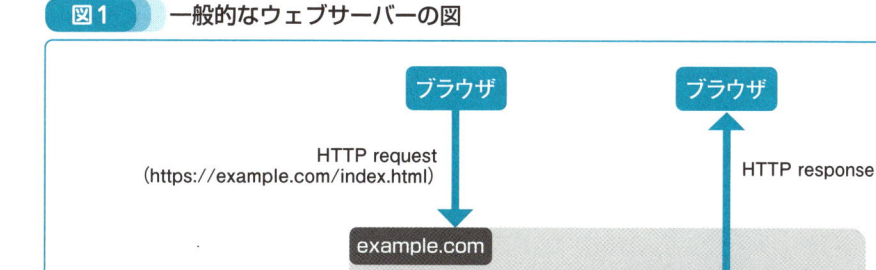

https://example.com/index.htmlというURLと、対象となるファイルが1対1の関係にあることを確認しておきましょう。

次に、Djangoを使って作成されたウェブサイトの中身について見ていきましょう。
図2に、Djangoをもとに作成されたウェブサイトのイメージを示します。

図2 Djangoにおけるrequestとresponseのイメージ

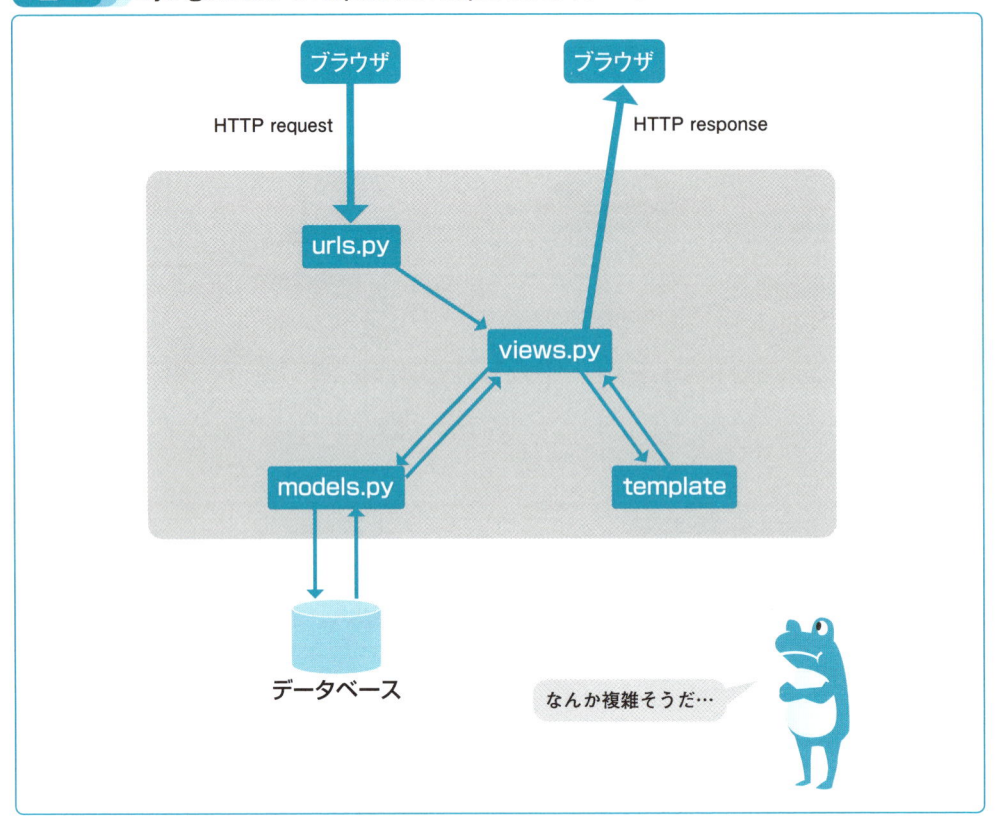

　この図の中身についてはこれからひとつずつ見ていきますが、ここで押さえておきたいポイントは、requestとresponseの間に1対1の関係がないということです。別のいい方をすると、フレームワークを使うことによって、サーバーの中で複雑な処理をすることができるようになるということです。

　この違いを頭に入れた上で、一般的なrequest、responseの流れと、Djangoを使ったrequest、responseの流れについて、具体例を挙げてイメージを膨らませていきましょう。

イメージでフレームワークを理解する

　ここでは、フレームワークを使わないで作られているウェブサイトをドーナツ屋、フレームワークが使われているウェブサイトをラーメン屋に例えて説明します。

フレームワークを使わないウェブサイト（ドーナツ屋）

　まずは、フレームワークを使わないで作られているウェブサイトについて見ていきましょう。ウェブサイトにドーナツ屋のイメージを追加した図を図3に示します。

図3 　　Djangoを使わないウェブサイトのイメージ（ドーナツ屋）

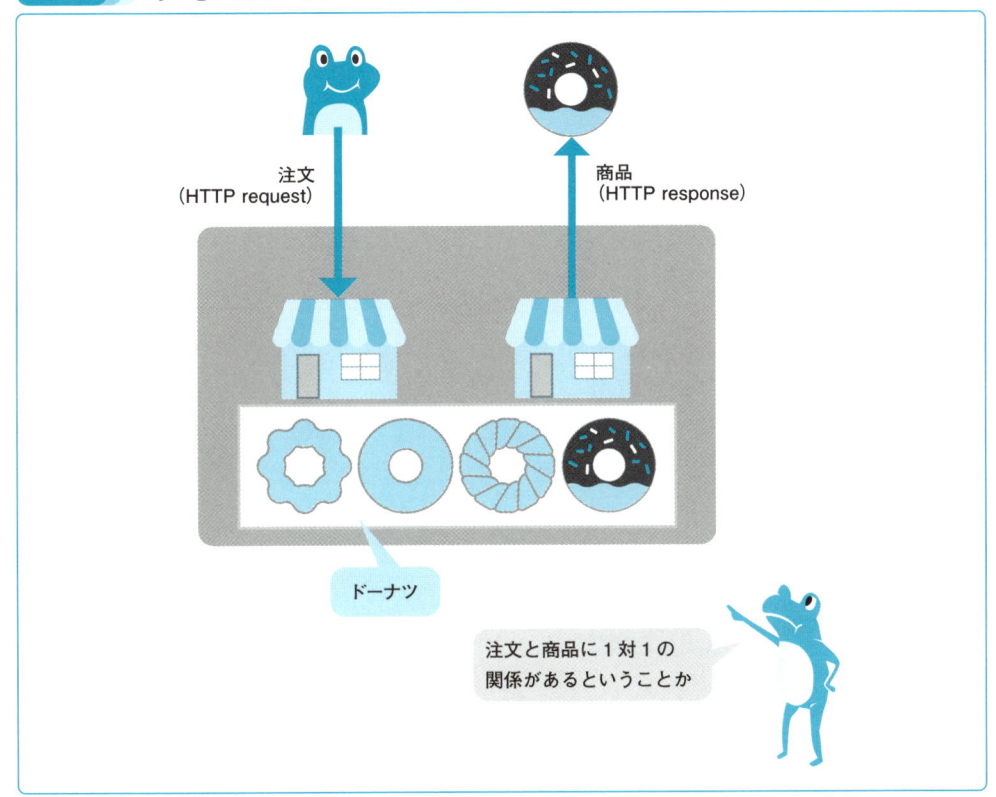

　ドーナツ屋では、既に完成された商品が商品棚に並んでおり、お客さんは並んでいるドーナツから食べたいものを選び、会計をするという流れになります。

　つまり、お客さんが注文するドーナツと販売されているドーナツが、1対1の関係にあるということができます。（もしかするとお店によってはできるかもしれませんが、）基本的にドーナツのクリームを増量することはできませんし、お店が注文を受けてからドーナツを作り始めるということもありません。

　フレームワークを使わないウェブサイトもこれと同じようなイメージであり、requestと対象とするファイルが1対1の関係にある、ということを頭に入れておきましょう。

●**フレームワークを使ったウェブサイト（ラーメン屋）**

　これに対し、Djangoを使って作成されたウェブサイトをラーメン屋として説明しましょう。ここでは、醤油、味噌、塩それぞれで調理担当が違う料理人がいるラーメン屋をイメージしてください。

　ラーメンの場合、事前に調理はせず、注文を受けてからラーメンを作り始めます。また、客は注文をする際に、細かく好みを伝えることができます。例えば、「味噌ラーメンの大盛り、トッピングはもやし大盛」といった具合です。それ以外にも、味の濃さを調整したり、麺の固さを変えたりすることもできるでしょう。ラーメン屋をフレームワークに当てはめると、図4のようになります。

図4 **Djangoを使ったウェブサイトのイメージ（ラーメン屋）**

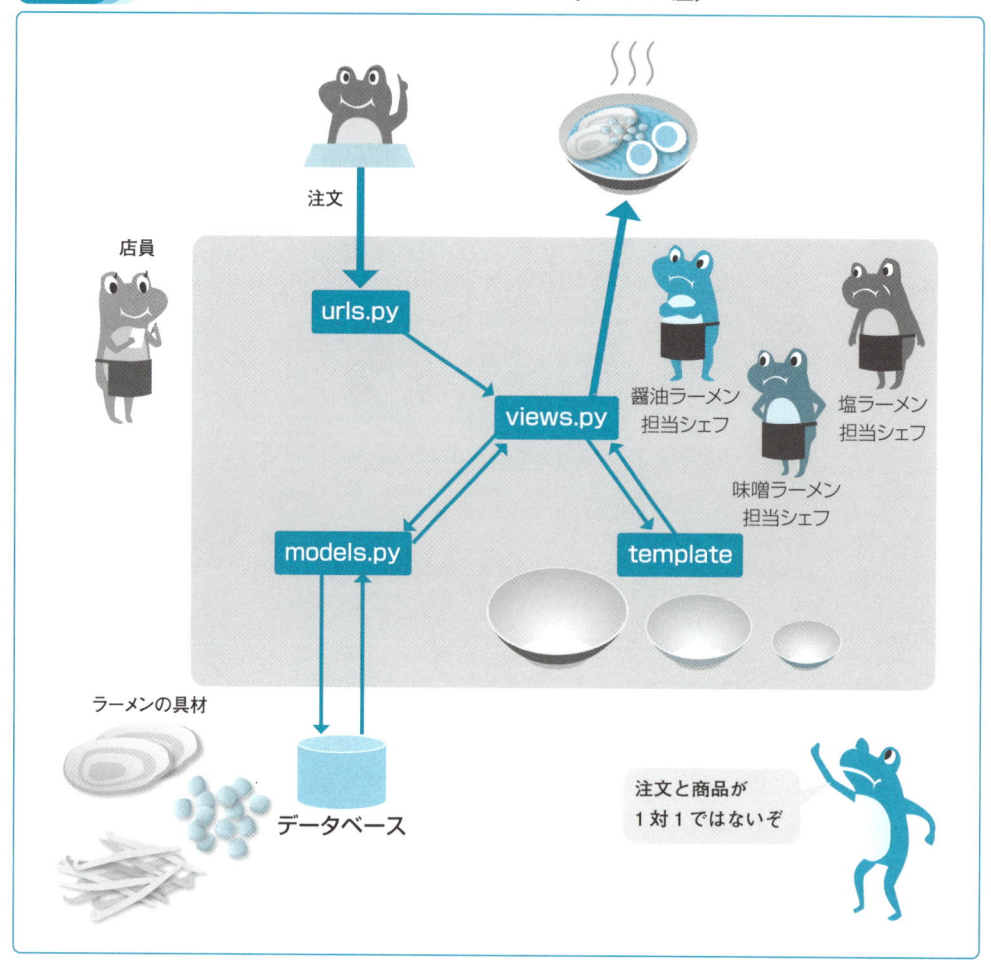

　ラーメン屋に来たお客さんは、メニューを見て食べたいラーメンを注文します。この時、店員が注文を受けます。

　ここで、Djangoにおいて注文を受ける店員がurls.pyというファイルになります。店員（urls.py）は、お客さんから注文を受け、その注文の内容に基づき、醤油・味噌・塩の料理人に対してラーメンを作るよう指示します。この時、注文のあったラーメンを作るための指示書がviews.pyというファイルになります。

　views.pyファイルには、ラーメンの固さ、追加トッピングの有無、大盛りかどうか、といった情報が整理されており、料理人はその指示にしたがってラーメンを作ります。

　料理人は注文に応じたどんぶりに食材を入れてラーメンを作りますが、この時、どんぶりに相当するのがtemplateであり、具材が入っている場所を示しているのがmodels.pyファイルです。つまり、指示書（views.py）の記載に基づき、大盛であればtemplateから大きいどんぶりを、小盛りの場合はtemplateから小さいどんぶりを持ってきて、models.pyファイルに入っているラーメンの具材をどんぶりにトッピングしていくのです。そして、完成したラーメンをお客さんに出します。

　つまり、フレームワークを使って作成されたウェブサイトの場合は、requestと対象のファイルが一対一の関係にはならないのです。

　まとめると、ドーナツ屋（普通のウェブサイト）の場合はrequestとresponseに1対1の関係がある一方、ラーメン屋（フレームワーク）ではrequest（注文）とresponse（商品）に1対1の関係があるわけではなく、内部で複雑な処理をしている、というイメージです。

　なお、この例はイメージを持っていただくことを目的としていますので、厳密な解釈ではありません。ですが、実装を通じ、ここで紹介する内容に対する正しい理解ができていきますのでご安心ください。urls.py、views.py、template、modelについて厳密な理解をしたい方は、Djangoの公式ホームページを参考にしていただければと思います。

・ urls.py

https://docs.djangoproject.com/ja/5.1/topics/http/urls/

・ views.py

https://docs.djangoproject.com/ja/5.1/topics/http/views/

・ template

https://docs.djangoproject.com/ja/5.1/topics/templates/

・**model**

https://docs.djangoproject.com/ja/5.1/topics/db/models/

※なお、上記のURLにアクセスすると、「このサイトの情報は古いです」といった表示がされることがあります。これはDjangoのバージョンが都度アップデートされており、古いバージョンでは上記のような警告がでるように設定されているからです。それぞれのバージョンによる中身の違いはほとんどありませんが、心配な方はURLの数字の部分（5.1）を最新のバージョンに置き換えてください。

Djangoで作成されたサイトでウェブフレームワークの力を確認しよう

ここからは、実際にDjangoで作成されたサイトをもとに、ウェブフレームワークが実際のサイトでどう使われているのかを見ていきましょう。

Djangoで作成されたサイトの一つとして、YouTubeが挙げられます。

一応説明させていただくと、YouTubeはユーザーが動画を投稿したり、見たりすることができる動画投稿サイトです。

YouTubeでは、常に膨大な数の動画がアップロードされています。さらに、ユーザーは検索機能や視聴履歴などを通じ、見たい動画に簡単にアクセスすることができます。

例えば、YouTubeのサイトの左側を見てみると、お気に入りの動画であったり、あとで見るといった動画、視聴履歴といった動画を簡単に見ることができます。

世界中にいる数億のユーザーが、それぞれお気に入りの動画や、視聴履歴を使って動画を見ているのであれば、その動画の管理はとてつもなく煩雑になることは簡単にイメージできるかと思います。

この時、ドーナツ屋のように、requestとresponseが1対1の関係だったらどうなるでしょうか？ 1億人のユーザーがお気に入りページを作成したら、1億のウェブページを作らなければなりません。また、同じ動画が重複することもあるでしょう。つまり、多くのデータを扱うウェブサイトの場合、1対1の関係でデータを管理するのは非常に効率が悪いのです。

このような場合において、ウェブフレームワークが力を発揮します。まずは、DjangoとYouTubeの関係について整理した次の図を見てください（図5）。

図5　Djangoの全体像

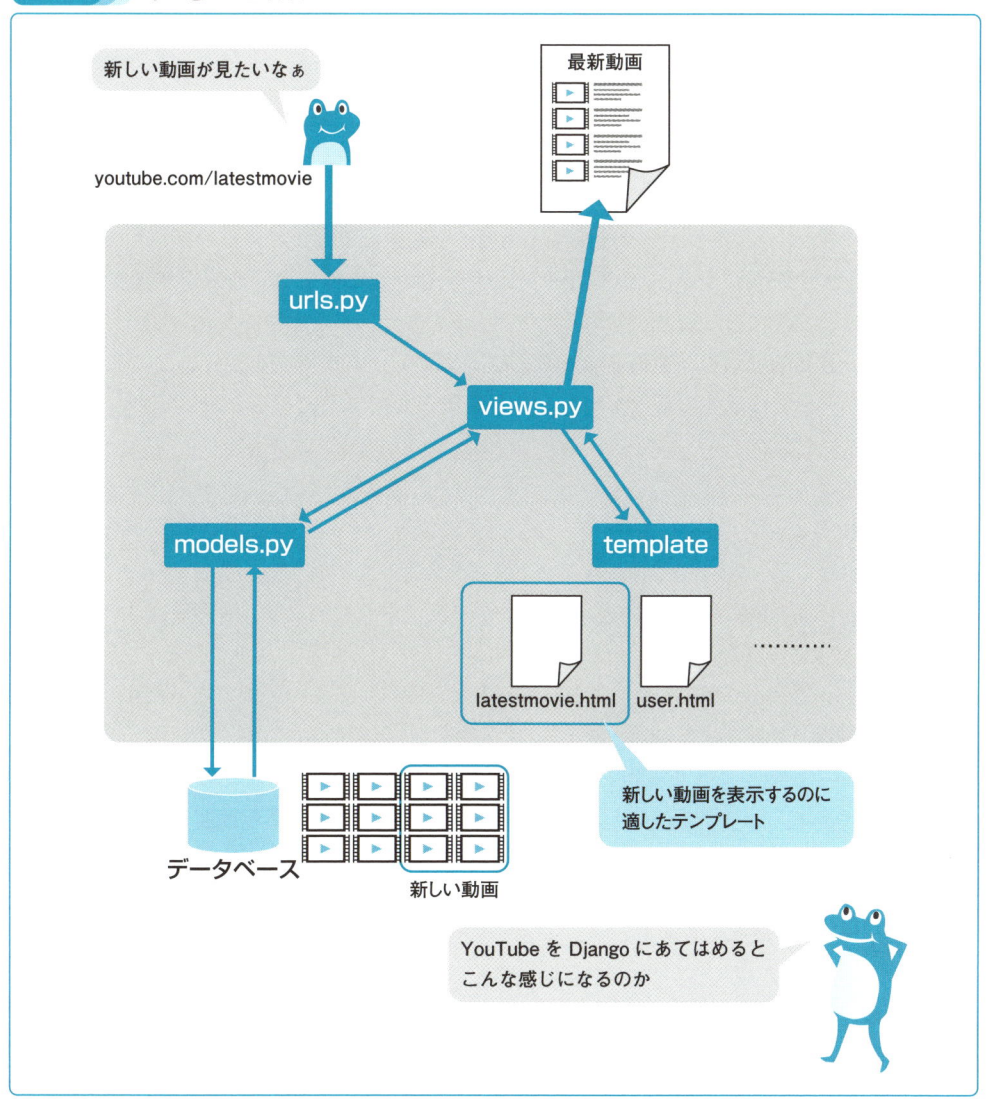

　例えば、YouTubeのあるユーザーが、最新の動画と見たいというrequestをしたとしましょう。

　すると、Djangoの内部では最新の動画を見たいという指示を受けたurls.pyファイルが、views.pyファイルに対し、最新の動画が一覧になって表示されたページを作成するよう指示を出します。

　そして、指示を受けたviews.pyファイルは、まず最新の動画をきれいに表示させるレイアウトで作成されたhtmlファイルをtemplateから持ってきます。さらに数多くの動画の中から新しい動画をmodels.pyファイルから持ってきて、それらの情報をまとめた上でresponseとして返していきます。

　このような仕組みがない中でYouTubeのようなサイトを一から作るとなると、非常に煩雑になってしまいます。1つの動画ごとに1つのhtmlファイルが作成されるとなると、とてつもない数のhtmlファイルが必要になってしまうでしょう。

　そのため、多くの情報がやり取りされるウェブサイトの構築においては、基本的にはDjangoのようなフレームワークを使って作られるのが一般的です。

　本書では、第4章から本のデータを投稿・編集・削除することができるアプリケーションを作成していきますが、こういったアプリケーションを一から作るのも非常に難易度が高いです。

　本書では、具体的なコードを書きながら、ウェブフレームワークを使うことによって効率的にウェブサイトを作成することができることを実感していただけると思いますので、楽しみにしていてください。

 ## Column MVCの考え方について

　ここで、一般的にフレームワークにおける考え方として活用されているMVCという概念を紹介します。

　MVCは、フレークワークの基本的な考え方を抽象的な概念で整理したものです。Mは Modelを、VはViewを、CはControllerを示しています。次の図を参考にしてください。

図　MVCのイメージ

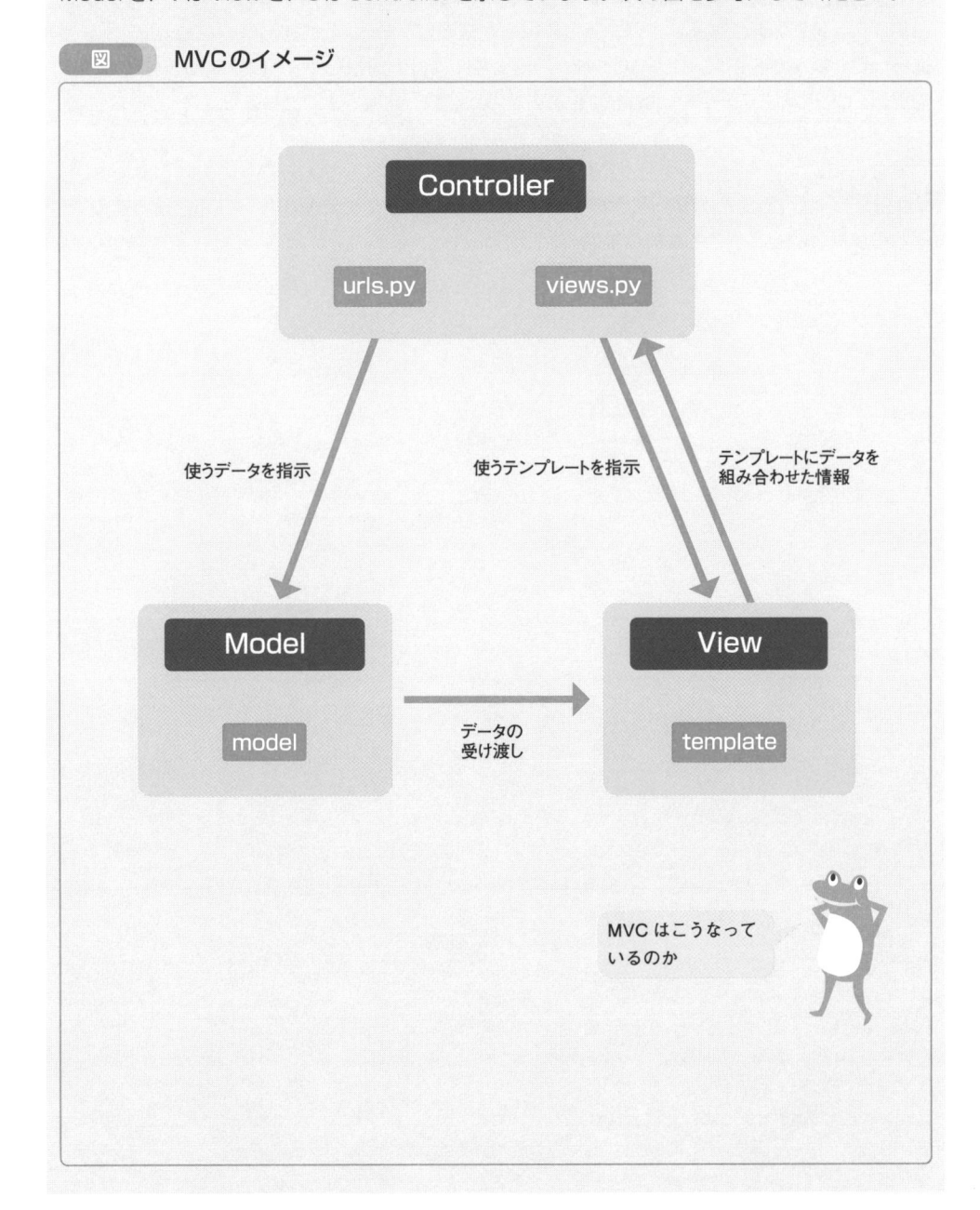

　Djangoでは、Modelはmodels.pyファイルに、Viewはtemplateファイルに、Controllerはurls.pyファイルやviews.pyファイルに対応しています。

　Controllerが、requestに対してどのような処理を行うのかという「司令塔」のような立場となり、見た目を管理するViewや、データを管理するModelと連携しながら、ウェブサイトに求められた情報を効率よく表示できるようにしています。

　より具体的には、Modelはどのようにデータを格納するかを定義するもの、Viewはブラウザに表示する情報の元になるレイアウトの枠組みを整理したもの、Controllerは、ブラウザから送られてきたrequestに対し、ViewとModelの中でどの情報を使うのかという具体的な指示を出し、ウェブサーバーにresponseを返すもの、という認識でよいでしょう。

　ちなみに、インターネット上の情報では、MVCではなく、MTV（Model、Template、View）と呼ばれることが多いようですが、概念を理解するために使われている言葉ですので、どちらが正しいということはありません。

開発環境の構築

Djangoは Python で作成されたフレームワークですので、Djangoを使ってプロジェクトを作成するためには Python と Djangoをインストールしなければいけません。

開発環境の構築は多くのユーザーにとってはじめに訪れる関門ですが、図を使ってイメージしやすいように説明をしていきます。では、早速はじめましょう。

Macの場合の開発環境構築

Pythonがインストールされているかを確認する

まずはMacで開発環境を構築する方法について学びましょう。

パソコンにPythonがインストールされているか確認します。

Macの場合、Ctrl＋Space キーを押すと検索窓（Spotlight検索と呼ばれています）を出すことができます。

この検索窓にターミナルと入力すると、ターミナルのアプリケーションが画面に表示されます（画面1）。

▼**画面1　Macのターミナル**

検索窓から
探してみよう

ターミナルが選択された状態で Enter キーを押してターミナルを起動しましょう。

なお、ターミナルはユーティリティというディレクトリの中に入っていますので、そこから直接起動しても問題ありません。

Pythonコマンドを入力・実行してみる

次に、ターミナル上で下に示すコマンドを入力・実行します。

```
$ python --version Enter
```

もしくは、

```
$ python3 --version Enter
```

上記のコマンドを入力・実行した結果、ブランク画面が出た場合やエラーが表示された場合は、Pythonはインストールされていません。

一方、python 3.12のような表示がされた場合はPythonがインストールされています（なお、本書執筆時点でのPythonの最新バージョンは3であり、Python2は既にサポートが終了していますので、本書ではPython3を使っています）。

なお、pythonコマンドを実行する際は、pythonコマンドもしくはpython3コマンドのどちらかを使うことが一般的です。この違いについては、コラムで解説していますので参考にしてください。

Pythonのインストールが完了していれば、次の「Pythonのインストール」は飛ばしていただいて構いません。

Pythonのインストール

ここではPythonのインストール方法について紹介していきます。

まず、Pythonのオフィシャルウェブサイト（https://www.python.org/）にアクセスします（画面2）。Downloadsタブにカーソルを合わせるとドロップダウンメニューが表示されますので、そこからmacOSをクリックしましょう。

▼**画面2　Pythonのウェブサイト**

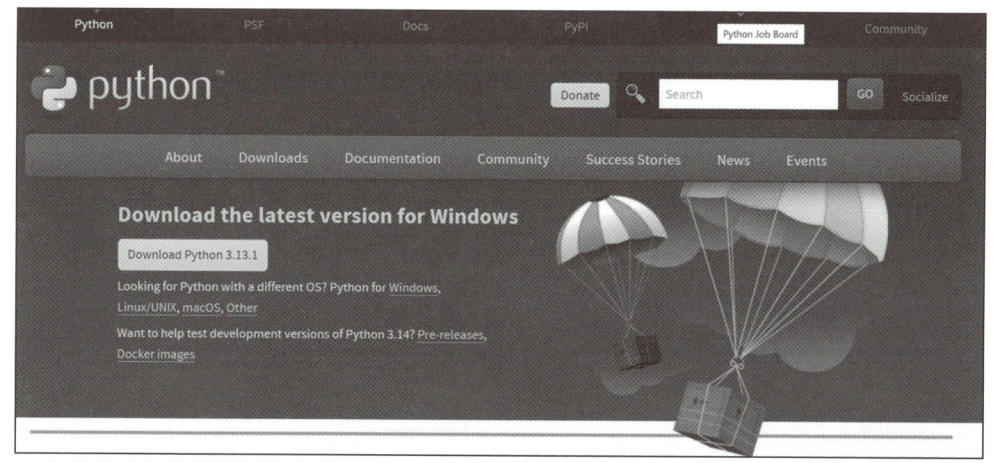

これがPythonのホームページか

そうすると、ダウンロードするバージョンを選択する画面が表示されます（画面3）。

▼**画面3　Pythonのバージョン選択画面**

Python >>> Downloads >>> macOS

Python Releases for macOS

- Latest Python 3 Release - Python 3.13.1

Stable Releases

- Python 3.12.8 - Dec. 3, 2024
  - Download macOS 64-bit universal2 installer
- Python 3.13.1 - Dec. 3, 2024
  - Download macOS 64-bit universal2 installer
- Python 3.11.11 - Dec. 3, 2024
  - No files for this release.

Pre-releases

- Python 3.14.0a2 - Nov. 19, 2024
  - Download macOS 64-bit universal2 installer
- Python 3.14.0a1 - Oct. 15, 2024
  - Download macOS 64-bit universal2 installer
- Python 3.13.0rc3 - Oct. 1, 2024
  - Download macOS 64-bit universal2 installer

バージョンを選ぶんだね

　基本的には最新のバージョンを選択すれば問題ないですが、本書と同じバージョンで実装を進めたい場合はPython 3.12を選択してください。

　バージョンの下に書かれているDownloadというリンクをクリックすると、ダウンロードがはじまります。

　ダウンロードが完了したら、早速インストールしましょう。ダウンロードしたファイルを実行すると、インストール画面が表示されます（画面4）。

▼**画面4　Pythonのインストール画面**

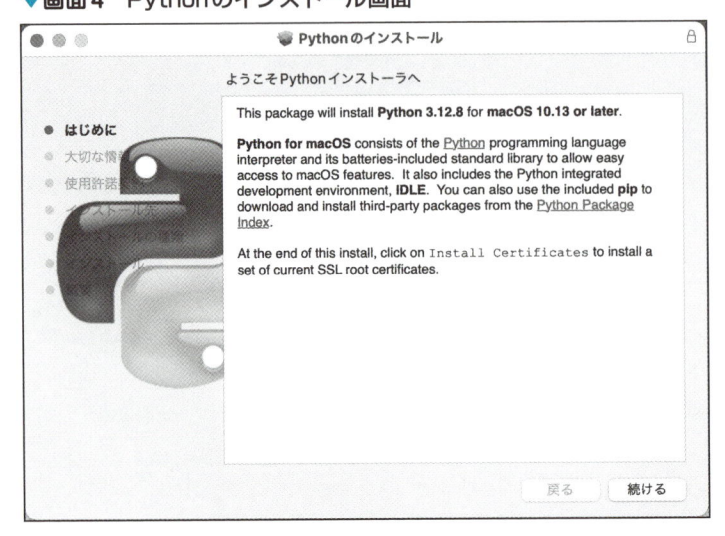

インストールを進めよう

インストールではいくつか選択する項目がありますが、基本的には「Continue」をクリックして進めれば問題ありません。

インストールが完了したら、最初に説明した手順でターミナルを立ち上げ、Pythonがインストールされているか確認しておきましょう。

```
$ python --version Enter
```

もしくは、

```
$ python3 --version Enter
```

もしくは、python 3.12と直接入力、実行しても大丈夫です（画面5）。

▼**画面5　ターミナル上でPythonがインストールされているかを確認する**

```
Last login: Fri Dec 20 19:21:42 on console

The default interactive shell is now zsh.
To update your account to use zsh, please run `chsh -s /bin/zsh`.
For more details, please visit https://support.apple.com/kb/HT208050.
                            $ Python3 --version
Python 3.12.8
                   $ Python3.12
Python 3.12.8 (v3.12.8:2dc476bcb91, Dec  3 2024, 14:43:20) [Clang 13.0.0 (clang-1300.0.29.30)] on darwin
Type "help", "copyright", "credits" or "license" for more information.
>>>
```

Pythonが起動した！

これでPythonのインストールは完了です。次は2-3節の仮想環境の構築をしていきましょう。

2-2 Windowsの場合のPythonのインストール

Windows Subsystem for Linuxの有効化

次に、WindowsでのPythonのインストール方法について学びましょう。

今回はWindows Subsystem for Linux（以下WSLと言います）という機能を使ってLinux環境を構築し、その上でPythonをインストールします。

ここで、WSLの概要と、WSL（Linux環境）を使う理由について説明します。

まず、コンピューターにはそれぞれOSがあります。そして、アプリケーションはそれぞれのOSに対応する形で作成されます（これはPythonも同じであり、Windows用、Mac用のPythonが存在します）。

そして、Djangoで作成したウェブアプリケーションをインターネット上で公開する（デプロイ）際には、一般にLinux OSがインストールされたコンピューターを使うことが多いです。

なぜなら、Linuxは無償で使用することができ、歴史的にLinuxが最もよく使われてきたからです。このような背景から、Windows上でLinux OSを使えるようにするためにWSLのインストールを進めていきます。

なお、Mac OSはLinuxと非常に似ていることから、特にLinux環境を準備しなくても問題ありません。

一方、Windows上ではLinux環境を動かすための仕組みが用意されています。それがWindows Subsystem for Linuxです。

これから、Windows上でLinux環境を作成するためにWSLをインストールしていきましょう。

Windows Subsystem for Linuxのインストール

WSLのインストールに先立ち、まずはWindowsのPowerShellを立ち上げましょう。PowerShellを立ち上げることで、Windowsをコマンドを使って操作できるようになります。

Windowsの検索窓にPowerShellと入力します。すると、PowerShellが検索結果として表示されます。

なお、PowerShellは管理者として実行する必要があります（画面1、2）。

▼**画面1　PowerShellの立ち上げ画面（管理者として実行）**

PowerShellを立ち上げるんだね

▼**画面2　WindowsのPowerShell**

PowerShellが立ち上がった

WSLが既にインストールされているか確認しましょう。

PowerShellを立ち上げ、wslとコマンドを入力します。

その後、画面3のような表示になっていればインストールは完了しています。

▼**画面3　wslのインストールの確認**

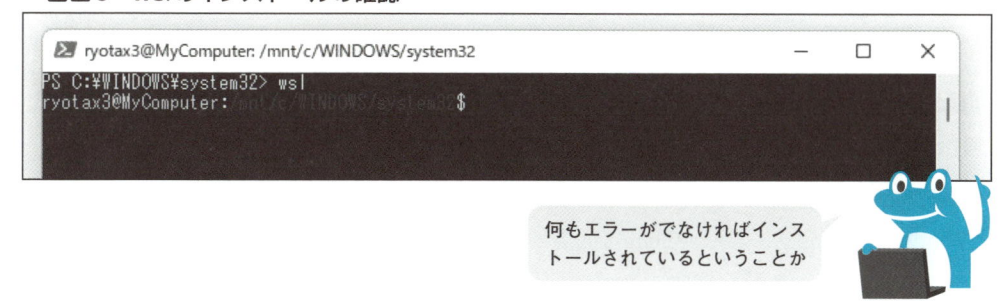

何もエラーがでなければインストールされているということか

　ここからは、WSLがインストールされていないという前提でインストールを進めていきましょう。

　なお、PowerShell上で「wsl --install」というコマンドを入力、実行することでWSLをインストールすることができますが、お使いのPCによっては対応していないことがあります。

　ですので、Windowsのバージョンが古い場合はこれから説明する手順でインストールしてください。

　Windowsのバージョンとそれに対応したWSLのインストールの概要は、Microsoftの公式サイトにも掲載されていますので参考にしてみてください。

> https://docs.microsoft.com/ja-jp/windows/wsl/install

　まずは、PowerShellを管理者権限で立ち上げます。
　その上で、次のコマンドを実行してください。

```
dism.exe /online /enable-feature /featurename:Microsoft-Windows-
Subsystem-Linux /all /norestart Enter
```

Column WSLにはバージョン1とバージョン2がある

　なお、WSLには1と2のバージョンがありますが、本書執筆時点ではWSL2を使うことが一般的です。本書ではバージョン2のインストールを進めていきますが、実装を進めるにあたってはどちらのバージョンでも問題はありません。
　すでにWSL1をインストールしており、バージョンを変更したい場合はこちらのウェブサイトを参考にしてください。

> https://docs.microsoft.com/ja-jp/windows/wsl/install-manual

● 仮想マシンの有効化

　次に、仮想マシンの機能の有効化をしていきます。
　仮想マシンとは、あるコンピューターの中に違うコンピューターをインストールすることができる仕組み、というイメージです。
　PowerShell上で下のコマンドを入力、実行することで仮想マシンを有効化することができます。

```
dism.exe /online /enable-feature /featurename:VirtualMachinePlatform /all
/norestart Enter
```

　上記コマンドを実行してエラーが表示された場合は、コントロールパネルから仮想マシンを有効化することもできます。ここからその手順についてみていきましょう。

　まず、Windowsの検索窓を使ってコントロールパネルを表示します（画面4）。「開く」をクリックします。

▼画面4　コントロールパネルの表示

コントロールパネルを表示しよう

　次に、表示された画面の「プログラム」をクリックしましょう（画面5）。

▼画面5　「プログラム」をクリック

「プログラム」をクリック

　プログラムをクリックした後に表示される画面「Windowsの機能の有効化または無効化」をクリックします。すると、画面6が表示されます。

▼**画面6　Windowsの機能の有効化または無効化の画面**

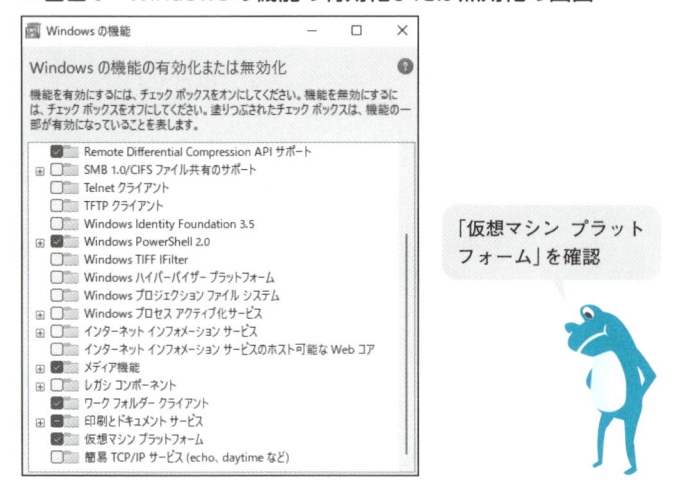

「仮想マシン プラットフォーム」を確認

　画面6の中で、「仮想マシン プラットフォーム」という項目のチェックボックスをオンにすると、仮想マシンが有効になります。

Linuxの更新プログラムのダウンロード・インストール

　次に、Linuxの更新プログラムをダウンロード・インストールしていきましょう。これは、WindowsやiOSの更新と同じようなイメージです。

　次に示すURLを入力して、Linuxの更新プログラムをダウンロードします。ダウンロードが完了したら、プログラムを実行してインストールします。

```
https://wslstorestorage.blob.core.windows.net/wslblob/wsl_update_x64.msi
```

　なお、Linuxの更新プログラムはWindowsの更新とも関係しているため、プログラムを実行してエラーが出た場合は、Windowsの更新をした上で再度実行してみてください。

WSLの有効化

　次に、WSLを有効にします。

　「Linux用Windowsサブシステム」のチェックボックスをオンにすると、WSLが有効になります（画面7）。

▼画面7　WSLの有効化

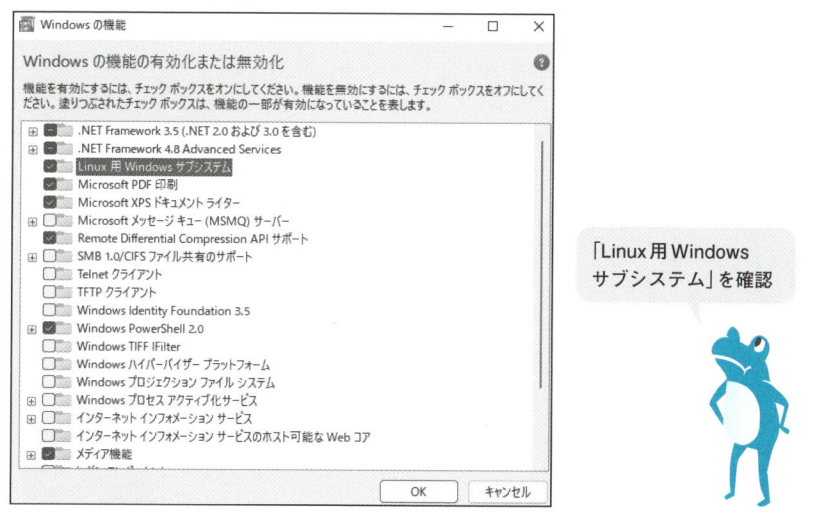

「Linux用Windows
サブシステム」を確認

なお、「Linux用Windowsサブシステム」は「Windows Subsystem for Linux」と表示され
ている場合もあります。

これでWSLの有効化は完了です。

WSLのバージョンの選択

次に、WSLのバージョンを選択します。

PowerShellを立ち上げ、次のコマンドを入力、実行します。

```
> wsl --set-default-version 2 Enter
```

これでバージョン2のWSLを有効化することができました。

Linuxディストリビューション(Ubuntu)のインストール

開発環境の構築も終盤までやってきました。ここでもう一つやらなければいけないことが
あります。それはLinuxディストリビューションのインストールです。

簡単に説明すると、Linuxにも細かい種類があり、ユーザーは任意のディストリビューショ
ンを選択してインストールすることができます。

イメージとしては、Windows 10とWindows 11のどちらかを選ぶような感じです。

そして、ディストリビューションによって、使うことができるコマンドなどに若干の違い
があります。

今回は、最もメジャーなディストリビューションの一つであるUbuntuをインストールしま
す。

UbuntuのインストールはWindowsストア上から行います。まず、検索窓に「Windowsストア」と入力し（画面8）、「開く」をクリックします。Windowsストアの検索窓でubuntuと入力し検索します（画面9）。

▼**画面8　Microsoft Storeの表示**

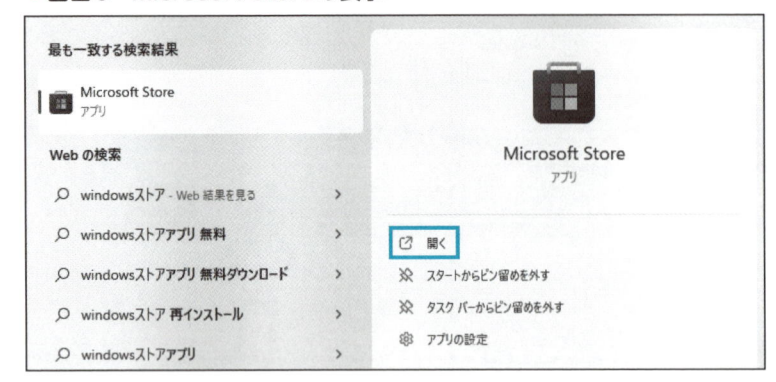

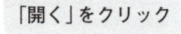

「開く」をクリック

▼**画面9　検索結果の画面**

ubuntuと入力

Ubuntuのバージョンはどれでも基本的に問題ありませんが、本書ではUbuntu 24.04 LTSを前提として実装を進めていきますので、同じ環境で開発を進めたい場合はUbuntu 24.04をインストールしてください。

Ubuntuのインストールが完了すると、WindowsからUbuntuを立ち上げることができるようになります（画面10）。「開く」をクリックして起動することができます。

▼**画面10　Ubuntuの立ち上げ**

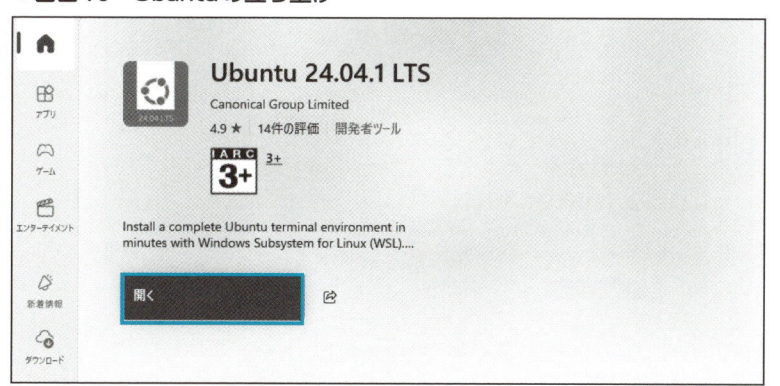

　一度Ubuntuを立ち上げ、初期設定だけ完了しておきましょう。

　Ubuntuを最初に立ち上げると、

Installing, this may take a few minutes…

と表示されるはずです。

　これでしばらく待つと、ユーザー名とパスワードを入力するように求められます。指示に従ってユーザー名とパスワードを入力しましょう。

　情報の入力が完了したら、インストールは完了です。

　ターミナルにexitというコマンドを入力して、Ubuntuを閉じましょう。

Visual Studio Codeのインストール

　このままUbuntuを立ち上げて実装を進めても問題はないのですが、操作をする中で不便なことが多々でてきます。Linux OSは、Windowsのように直観的な操作ができるように作られていないのが理由です。そこで、統合開発環境として昨今の開発でよく使われているVisual Studio Codeをインストールしていきましょう。Visual Studio Codeをインストールすることによって、Visual Studio Code上でUbuntuを操作することができるようになります。

　ブラウザで「Visual Studio Code」と検索をして、Visual Studio Codeのウェブサイトに入りましょう（画面11）。

https://code.visualstudio.com/

▼**画面11** Visual Studio Codeのウェブサイト

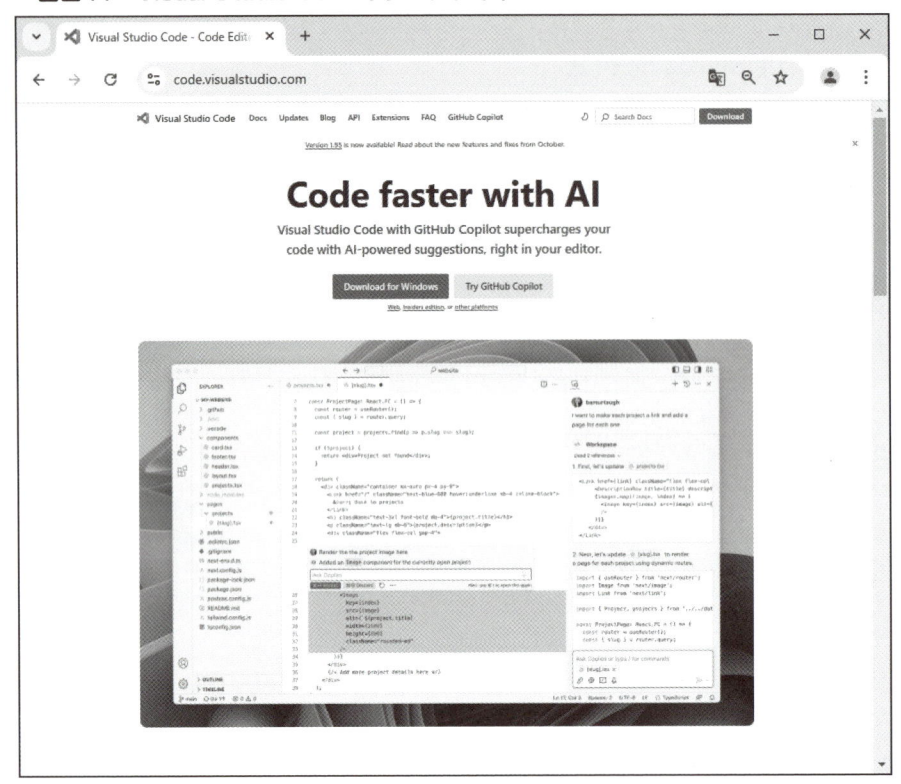

これがVisual Studio Codeの
ウェブサイトか

　トップ画面のダウンロードボタンからダウンロードし、インストールを進めます。

　インストールを進めていくと、いくつか選択を求められると思いますが、そのままYesを
クリックして進めましょう。

　インストールが完了したら、Visual Studio Codeを立ち上げます。

　続いて、Visual Studio Code上でUbuntuを操作するためのツールを導入します。そのツー
ルとはWSLというもので、その名前のとおり、手元のWindowsからUbuntuを操作するため
のツールです。左にあるタブの下のExtension（マウスを上に乗せると表示されます）をクリッ
クして、検索窓に「wsl」と入力します。

　そうすると、画面12のように表示されます。

▼**画面12　Extensionの画面**

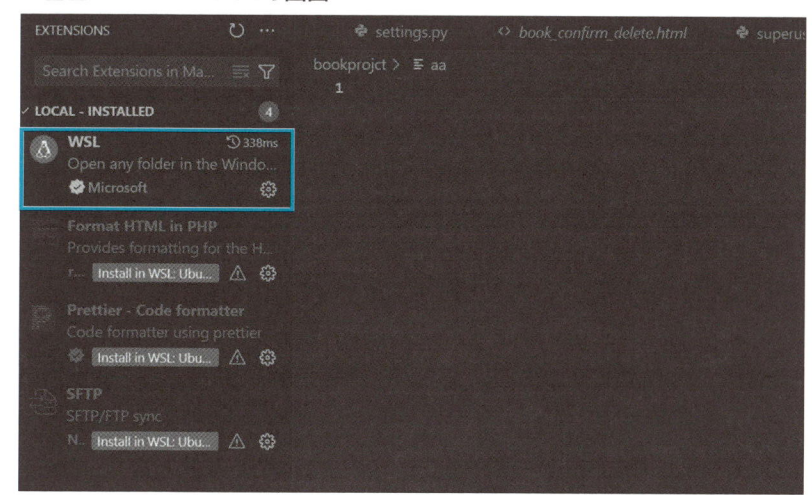

「wsl」で検索

　WSLをクリックすると次のような画面が表示されます（画面13）。「Install」ボタンをクリックしてインストールを進めます。

▼**画面13　WSLのインストール**

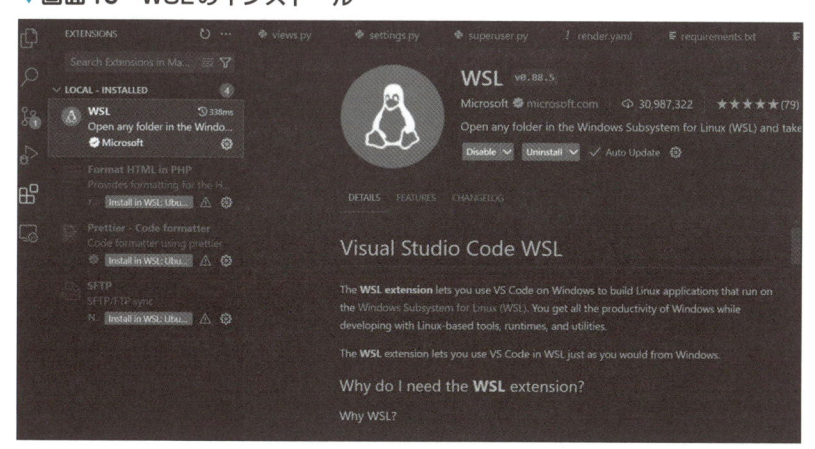

インストールを進めよう

　インストールが完了したら一度Visual Studio Codeを閉じ、再度開きます。
　その後、左下にあるオレンジ色または緑色のアイコン（［＞＜］というマークがついている部分）をクリックします（画面14）。

▼**画面14　WSLへの切り替え**

左下の［>＜］を
クリック

　［>＜］をクリックすると、Visual Studio Codeの画面中央上側に画面15のような表示が現れます。

▼**画面15　wslの選択画面**

「Connect to WSL using
Distro」をクリックしよう

　画面15で、「Connect to WSL using Distro」をクリックします。すると、次の画面16のようにディストリビューションが表示されますので、インストールしたUbuntuを選択します。本書の場合は、Ubuntu 24.04をインストールしていますので、「Ubuntu-24.04」を選択します。
　すると、新しくウィンドウが立ち上がります。画面17では、左下の表示がWSL:Ubuntu-24.04になっていることを確認しましょう。

▼**画面16　ディストリビューションが表示される**

インストールした
Ubuntuをクリック

▼**画面17　Ubuntuとの接続が完了していることを示した画面**

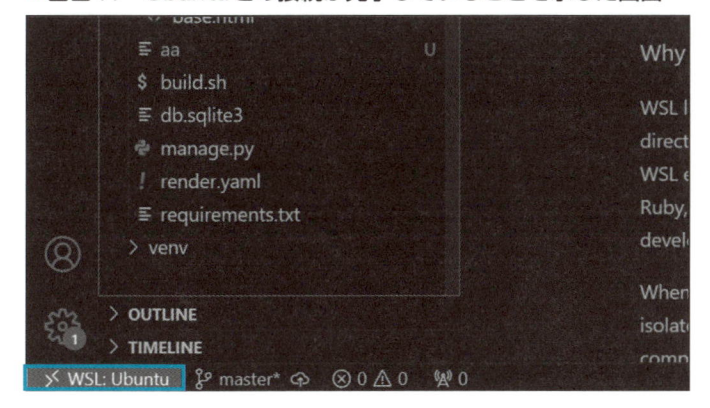

左下の表示が変わった

　Visual Studio Code内でターミナルを立ち上げます。メニューの「Terminal」にある「New Terminal」をクリックします（画面18）。

▼**画面18　メニュー中のTerminalをクリック**

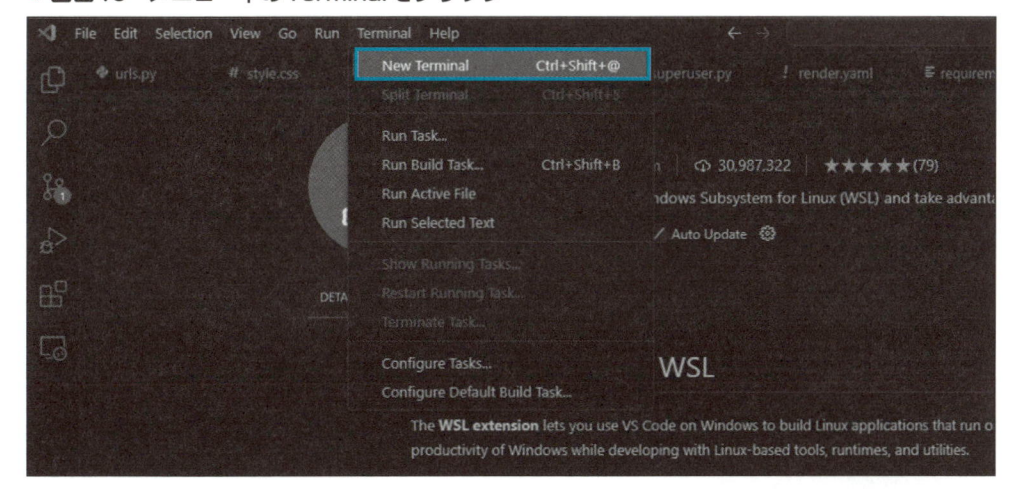

「Terminal」の中の
「New Terminal」をクリック

　画面右下にターミナルが表示されました（画面19）。

▼**画面19　Terminalが表示されている**

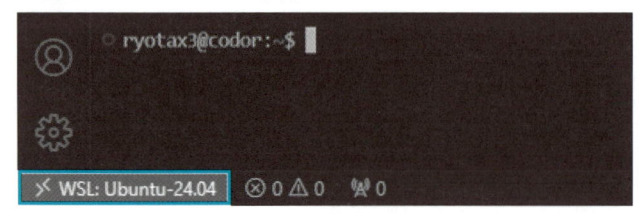

Terminal が表示されたぞ

　これでVisual Studio Codeのインストールと Visual Studio Code 上で Ubuntu を操作することができるようになります。

　なお、Ubuntu 24.04では最初からPythonがインストールされていますので、Pythonをインストールする必要はありません。

　ターミナル上で下に示すコマンドを入力、実行してみましょう。

```
python --version Enter
```

　もしくは、こちらのコマンドを入力、実行してみてください。

```
python3 --version Enter
Python 3.12.3
```

のように表示されるはずです。

　なお、Pythonがインストールされていない場合は、Pythonの公式ウェブサイトの情報などをもとにインストールを進めてください。

Column Pythonを実行する際のコマンド、pythonとpython3について

　Pythonを実行する際のコマンドはpythonの場合とpython3の場合があり、pythonコマンドを入力したときに、どのバージョンのPythonを呼び出しているのか注意しなければいけません。

　なお、Python3を実行する場合のコマンドは多くの場合pythonではなく、python3です。インストールされたPythonのバージョンを確認する際には、pythonコマンドに加えてpython3コマンドも合わせて入力、実行するようにし、pythonコマンドがどちらのPythonのバージョン（2か3）と紐づいているかを確認しておきましょう。

　例えば、（python --versionではなく）python3 --versionとコマンドを実行した時にターミナルに「python3.8」のように表示される場合、python3コマンドとバージョン3のPythonが紐づいています。

　本書では、python3コマンドとバージョン3のPythonが紐づいていることを前提としてコードを書いていきますが、pythonコマンドとバージョン3のPythonが紐づいている場合は、python3コマンドをpythonコマンドに置き換えて実行してください。

1
2
3
4
5
6

2-3 仮想環境の構築

仮想環境とは？

　ここから仮想環境の構築を行います。なお、仮想環境の構築は任意です。ですので、仮想環境を作りたくないという方はそのままDjangoをインストールして問題ありません。ただし、仮想環境を作らない場合はモジュールのインストールやデプロイの際に異なった手順を踏む必要があります。可能なら仮想環境を構築して実装を進めていくことをお勧めします。

　まず、なぜ仮想環境を構築した方が良いのかという点について説明します。

　Windowsのワードやエクセルにおいては、バージョンが変わることで（Excel 97からExcel 2000など）見た目などが変わったり、新しい機能が使えるようになります。

　基本的にはどのバージョンでも同じように使えるように開発されていますが、中には、細かい仕様の違いがあることもあります。例えば、エクセルの場合は古いバージョンでは再現できない色があったりします。

　プログラミング言語も常に新しいバージョンが開発されており、バージョンの変更に伴って中身も少しずつ変わってきます。

　最近では（といってもかなり前ではありますが）、Python 2からPython 3へのバージョンアップでは大幅な変更がありました。

　そして、システム開発をする上では常に何らかのバージョンのプログラミング言語を使うことになります。つまり、あるシステムはPython 2.7で開発されているかもしれませんし、他のシステムはPython 3.3で開発されているかもしれません。

　この時、Python 2.7で開発されたシステムがある一方、手元にあるコンピューターにインストールされているPythonのバージョンが3.7だったとしましょう。すると、手元のコンピューターでシステムを動かそうとすると、予期しない挙動をしてしまう可能性もあります。

　とはいえ、システムごとにPythonのバージョンを変えてインストールするのも手間ということから、そういった場合にあわせ、システムごとに異なるバージョンを使って開発などを進めるようにするための仕組みが**仮想環境**です。

　では早速、仮想環境を作っていきましょう。

仮想環境の作成

　仮想環境を構築する前に、パッケージマネージャーのアップデートをします。

　Linux環境のOSは、非常にたくさんのパッケージ（小さなシステム）が相互に関連しあいながら一つのシステムを作り上げていますが、それぞれのパッケージを一元管理してくれるツールを使い、個別のパッケージをまとめてアップデートします。

```
$ sudo apt update Enter
$ sudo apt upgrade Enter
```

　aptというのがパッケージマネージャーの名前です。aptコマンドを実行することで、数多くのバージョンがあるパッケージを一元管理できるようになります。sudoは管理者権限でコマンドを実行することを意味します。

　上記のコマンドを入力、実行することで、Ubuntuを動かす上で必要な最低限のパッケージのバージョンをまとめて最新の状態にしてくれます。

　仮想環境の構築方法はいろいろとあるのですが、今回はその中でも**venv**というツールを使います。

　次に示すコマンドを入力、実行しましょう。

```
$ python3 -m venv venv Enter
```

　このコードの中身について見ていきましょう。まず、python3はpythonでファイルを実行することを意味しています。

　-mはパラメータです。-mという指定をすることで、具体的なpathを指定しなくても（どのディレクトリの中に入っているどのファイルを実行するかを具体的に指定しなくても）モジュールを実行することができます。

　次に、venv venvと二回続けて同じ文字列情報を入力していますが、はじめのvenvはvenvモジュールを意味しており、仮想環境を作成することを指示するコマンドです。

　そして、後ろのvenvは作成する仮想環境の名前を示しています（ですので、後ろのvenvは任意の文字列情報を指定して構いません）。

　なお、コードを実行すると次のようなエラーが表示されることがあります。

```
ryotax@codor:~$ python3 -m venv venv Enter
The virtual environment was not created successfully because ensurepip is
not
available.  On Debian/Ubuntu systems, you need to install the python3-
venv
package using the following command.
```

```
    apt install python3.12-venv

You may need to use sudo with that command.  After installing the
python3-venv
package, recreate your virtual environment.

Failing command: /home/ryotax/venv/bin/python3
```

　その場合は、エラーコードに記載されているコードを入力、実行することでvenvをインストールします。

```
$ sudo apt install python3.12-venv Enter
```

　インストールが完了したら、改めて仮想環境を作成するためのコマンドを入力、実行していきましょう。

```
$ python3 -m venv venv Enter
```

　コードの実行が完了したら、lsコマンドを入力、実行して現在のディレクトリの中にあるファイル・ディレクトリを確認してみましょう。

```
$ ls Enter
venv
```

　venvというディレクトリが作成されていることがわかります。

　このディレクトリの中に、仮想環境を立ち上げるためのファイル群が入っています。
　早速、仮想環境を立ち上げましょう。

```
$ source venv/bin/activate Enter
```

　sourceコマンドはファイルを実行するために使われるコマンドで、venv/bin/activateは実行するファイルを指定しています。
　つまり、このコードはvenvディレクトリの中のbinディレクトリにあるactivateというファイルを実行しています。

　このコマンドを実行すると、「(venv) ユーザー名@デバイス名:~$」とターミナルの左に(venv)という記載が追加されます。

```
(venv)$
```

　このような表示になっていれば、仮想環境の立ち上げは完了しています。

　つまり、この状態でインストールしたモジュールなどは仮想環境にインストールされることになり、メインのコンピューターとは別にバージョンを管理することができるようになります。

　ここまでで仮想環境の構築は完了です。

2-4 コードフォーマッターの インストール（任意）

コードを自動的に整形しよう

最後に、コードフォーマッターをインストールします。

コードフォーマッターとは、改行の数など、コードを自動的に整えてくれるツールのことです。

コードフォーマッターには数多くの種類があるのですが、今回はblackというコードフォーマッターを使っていきます。

仮想環境が立ち上がっている状態でblackをインストールしていきましょう。

```
(venv)$ pip install black Enter
```

これでblackのインストールは完了です。

コードを整えるには、次のようにコマンドを実行します。

```
(venv)$ black ディレクトリ名
```

コードを実行すると、指定したディレクトリの中のファイルのコードを整えてくれます。

 **Column シングルクォーテーションと ダブルクォーテーションについて**

Pythonで実装をする際には、シングルクォーテーションを使う場合とダブルクオテーションを使う場合があります。

使い分けの厳密なルールはありませんので、お好きな方で実装を進めて構いません。

なお、blackはダブルクォーテーションを使うのがデフォルトです。

一方、Djangoはシングルクォーテーションがデフォルトです。

本書ではシングルクォーテーションを中心に実装を進めています。

次の章から、Djangoの学習に入っていきましょう。

第 3 章

Djangoの基本的な
機能を理解しよう！

　まずは、プログラミングにおける定番である「hello world」を表示させていきます。ブラウザに表示させるのは 1 文だけですが、表示させるために Django の内部で複雑な処理が行われていることを学びましょう。

3-1 本書で作成するもの〜成果物の確認

最終的な成果物を確認しよう

これから作成していくアプリケーションの成果物について見ていきましょう。

画面1が本章の成果物になります。

▼**画面1　成果物**

```
←  →  C    ① 127.0.0.1:8000/helloworldurl/

⠿ アプリ  G Google   ▯ bookmark   ▤ Google Docs   ▮ Google Sheets   ▭ Google Slides

hello world
```

簡単にできそうだけどな

ブラウザにhello worldと表示されていることがわかります。

1行の文を表示させるだけであればすぐに完成するのではないかと思われるかもしれませんが、「hello world」を表示させるだけでも学ぶべき内容は非常にたくさんあります。順番に学んでいきましょう。

3-2 プロジェクトを始める

仮想環境の構築と、Djangoのインストール

まずは仮想環境を作っていきましょう。

任意の場所にディレクトリを作成します。作成するディレクトリの名前は何でも構いません。ここではproject2というディレクトリを作成します。

```
$ mkdir project2 Enter
```

次に、project2ディレクトリに移動し、仮想環境を作成します。

```
$ cd project2 Enter
$ python3 -m venv venv Enter
```

仮想環境の作成が完了したら、仮想環境を立ち上げ、その上でDjangoのインストールを進めましょう。

本書と同じ環境で実装をしたい方は、django==5.1.2とバージョンを指定してインストールをしましょう（＝は2つ繋げますので注意してください）。

```
$ source venv/bin/activate Enter
(venv)$ pip install django==5.1.2 Enter
```

これで仮想環境の構築並びにDjangoのインストールは完了です。

startprojectコマンドでプロジェクトを開始しよう

いよいよDjangoの実装です。Djangoの実装において最初に実行するコマンドが**startproject**です。

これから、プロジェクト名を指定してstartprojectコマンドを実行していきますが、プロジェクト名は任意の名前にして大丈夫です。ただし、本書で用いる名前と異なるものにした場合は、実装を進める中で予期せぬエラーなどが発生してしまう可能性がありますので、基本的には本書と同じ名前で実装を進めていくのがよいでしょう。

今回はブラウザにhello worldを表示させるアプリケーションを作成していきますので、helloworldprojectというプロジェクト名にします。次のように実行します。

```
(venv)$ django-admin startproject helloworldproject Enter
```

コマンドを実行すると、実行したディレクトリに新しくhelloworldprojectというディレクトリが作成されていることがわかります。ディレクトリの構造は次の図の通りです（図1）。

図1 **startproject コマンドで作成されるファイル群**

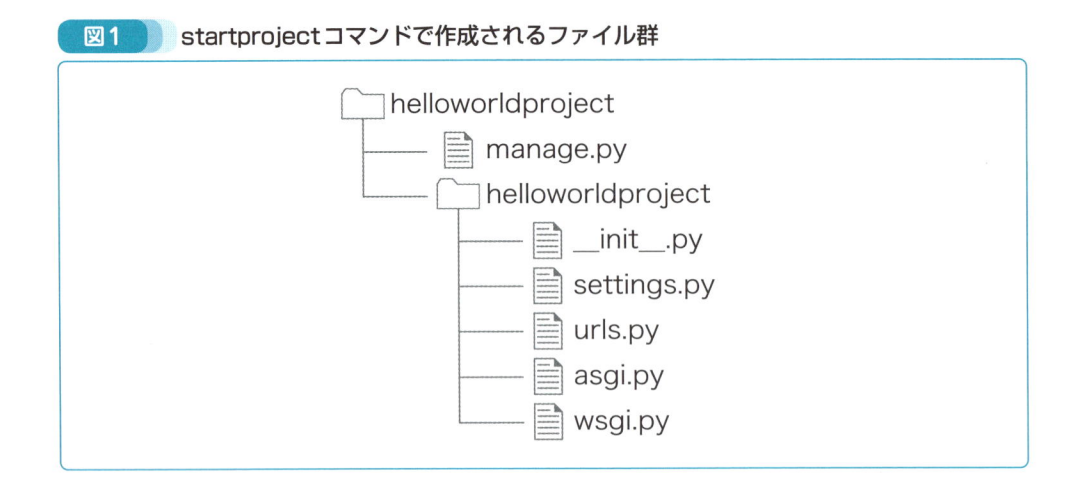

```
📁 helloworldproject
   ├── 📄 manage.py
   └── 📁 helloworldproject
          ├── 📄 __init__.py
          ├── 📄 settings.py
          ├── 📄 urls.py
          ├── 📄 asgi.py
          └── 📄 wsgi.py
```

startproject コマンドとは？

startprojectコマンドは、その名の通りDjangoで新しいプロジェクト（アプリケーション・ウェブサイト）の作成をはじめる際に実行するコマンドです。startprojectコマンドを実行することによって、アプリケーションを効率的に作成する上で（Djangoの実装を進める上で）必要な一連のディレクトリやファイルをコピーすることができます。

第1章で説明したシステムキッチンの例で考えると、startprojectコマンドは台所にシステムキッチンを導入するようなイメージと考えていただければよいでしょう。

なお、次の節でstartprojectコマンドを実行することによって作成されたそれぞれのファイルの意味について説明していきます。

 **Column ターミナル上でのコマンド実行について**

Djangoで実装を進める際、ターミナル上でコマンドを実行することがありますが、その場合は、manage.pyファイルが入っているディレクトリで実行することが一般的です。ですから、本書で記載しているコマンドも特に指示がなければmanage.pyファイルが入っているディレクトリで実行することを前提としています。

3-3 startprojectコマンドで 作成されたファイルの中身

作成されたファイルの中身を確認する

ここから、startprojectコマンドによって作成されたファイルの中身についてひとつずつ説明していきます。なお、具体的なコードを書いていない状況で各ファイルの中身を詳しく理解することは難しいので（システムキッチンの個々の機器について説明を受けても、実際に使ってみないとよくわからない、ということと同じです）、今の段階では何となくこんなファイルがあるんだ、というイメージだけ持っていただければよいでしょう。

__init__.pyファイル（重要度：小）

__init__.pyファイルは、他のPythonファイルから__init__.pyファイルが入っているディレクトリを呼び出した時、そのディレクトリがPythonパッケージであること（Pythonのファイルが入っていること）を知らせるために使われています。

例えば、これからコードを書いていく際に次のようなコードを書くことがあります。sample.pyという名前のファイルの中で次のコードを記載しているという前提です。

```
from django.http import HttpResponse
```

これは、Djangoディレクトリ（一般的にはモジュールと呼ばれますが、イメージしやすいようにディレクトリと呼んでいます）の中に入っているhttpディレクトリの中のHttpResponseというクラスをsample.pyファイルから呼び出しています。

この時、sample.pyファイルからHttpResponseクラスを呼び出すために必要なのが__init__.pyファイルです。つまり、__init__.pyファイルがあることによって、他のファイルからクラスや関数を呼び出すことができるようになるのです。

manage.pyファイル（重要度：中）

manage.pyファイルは、Djangoに備わっている便利な機能を使う際に使われるファイルです。詳しくは次の3-4節で説明しますので、ここでは細かい説明は省略します。

urls.pyファイル（重要度：高）

urls.pyファイルは、第1章のラーメン屋の例で説明した通り、ブラウザから受け取ったrequestをもとに、次のviews.pyファイル（1-2節図5参照）に対して指示を出す役割を担っています。具体的なコードの書き方と中身の詳細については、3-5節で説明していきます。

wsgi.pyファイル（重要度：低）

wsgi.pyファイルは3-6節で補足の説明をしていますが、このファイルも細かく編集をするといったことは基本的にはありませんので、その役割を中心にお伝えします。wsgi.pyファイ

ルは、WSGI（Web Server Gateway Interface）という仕様にのっとってウェブサーバーとDjango間を取り持つような役割を担っています。

　第1章で、Djangoを使って作成されたウェブサイトは、ラーメン屋のようなイメージという話をしましたが、多くのラーメン屋ではお金を支払ってラーメンを提供してもらうという仕様にのっとってサービスを受けることができます。この仕様にのっとっておらず、例えばラーメンを提供してもらうには、お店のお手伝いをしなければならないとなると、多くの客は困惑するでしょう。そういうことにならないように、決まった要求に対して決まった応答を返すという仕様を設ける必要があります。WSGIという仕様にのっとると、WSGIを扱うことができるウェブサーバーであれば、どのウェブサーバーでも利用できるようになるため、Djangoを使ったウェブサイトを公開する際の選択肢を増やすことができる、と考えていただければよいでしょう。

asgi.pyファイル（重要度：低）

　asgi.pyファイルは、Django3.0から新しく導入されたファイルです。

　asgiとはAsynchronous Server Gateway Interfaceの略であり、asynchronousという言葉が持つ「非同期」という意味がポイントとなります。

　一言でいえば、多くのリクエストの記録を取って同時に多くの処理ができるようにしているのですが、本書の範囲を超えていますので、Djangoの機能が増えて便利になっている、という理解をしていただければよいでしょう。

settings.pyファイル（重要度：高）

　settings.pyファイルはプロジェクト全体の設定を行う際に使われるファイルです。ここから、settings.pyファイルの中身についてそれぞれ簡単に学んでいきましょう。なお、startprojectコマンドで作成されるファイルの理解と同様、今の段階では中身についてしっかりと理解する必要はありません。こんなものがあるんだ、という程度で大丈夫です。

　ですから、Djangoに対する理解が深まってきたタイミングで改めて読み返すためのリファレンス、というイメージで活用していただければと思います。

・from pathlib import Path

　pathlibというモジュールからPathというクラスをインポートしています。pathlibモジュールはその名前の通りpathを使う上で使われるモジュールです。ファイルの場所などを指定する際に使われると捉えていただければよいでしょう。Pathはその名前の通り、pathに関する情報を取得したりする際に使われるクラスです。Djangoにおいては、BASE_DIRの設定をする際にPathを使っていきます。BASE_DIRについては3-9節で詳しく説明します。

・BASE_DIR

　BASE_DIRはDjangoのプロジェクトにおける「基準」となる場所を示すために使われます。BASE_DIRに関しては、のちほど詳しく説明しますので、そこで理解を深めていきましょう。

・SECRET_KEY

　SECRET_KEYはDjangoのプロジェクトごとに重複しないように作成される暗号のような
ものです。具体的には、ユーザーのパスワードのsalt（ユーザーが入力したパスワードをハッ
シュ化する際に加える文字列で、パスワード強化のために用いられます）として使われるの
ですが、本書の範囲を超えていますので、セキュリティ対策として設定されているもの、と
認識していただければよいでしょう。

・DEBUG

　DEBUGは、プロジェクトが開発中か本番環境かをDjangoに示すために用いられます。
DEBUG=Trueは開発中であることを意味しており、DEBUG=Trueの場合、Djangoの内部処
理中にエラーが発生するとブラウザ上に詳しいエラー内容が表示されます。

　本番環境において詳しいエラーの内容をブラウザに表示させるのはセキュリティ上問題が
あるので、本番環境ではDEBUG=Falseとします。

・ALLOWED_HOSTS

　ALLOWED_HOSTSは、外部からのアクセスを受けるサーバーを指定する際に用いられます。

　といっても、第三者のサーバーを指定するのではなく、あなたが外部公開用にサーバーを
レンタルした際にそのレンタルサーバーのHOST名を記入します。

　現時点ではこの説明も抽象的であり、イメージしづらいと思いますが、3-4節（コラム「サー
バーとIPアドレス」）を読んでいただいた上で改めて本項目を読むと理解が深まるかもしれ
ません。

・INSTALLED_APPS

　INSTALLED_APPSは、インストールされているアプリを示しています。ここでの「アプリ」
という言葉は、いわゆる完成されたシステムとしてのアプリケーション（ウェブサイト）で
はなく、Djangoを構成する大きな2つの要素である①プロジェクトと②アプリという整理に
おけるアプリです。Djangoにおけるプロジェクトとアプリの違いについては、3-10節で説明
します。

　INSTALLED_APPSを見ると、すでにいくつかのコードが書かれていることが確認できま
すが、これはあらかじめDjangoが準備しているアプリを示しています。

・MIDDLEWARE

　MIDDLEWAREには、Djangoの内部でrequestとresponseが受け渡しされる間に行われ
る処理に関する機能が記載されています。requestとresponseについてはまだ詳しく説明し
ていませんので、今の段階ではrequestとresponseの間で何か複雑な処理をしているんだな、
という認識でよいでしょう。

・ROOT_URLCONF

　ROOT_URLCONFは、ブラウザからrequestが送られた際、最初にそのrequestを受け取

るファイルを指定します。デフォルトではプロジェクトのurls.pyファイルが指定されており、この設定を変更することは基本的にはありません。

・TEMPLATES

TEMPLATESは、その名の通りhtmlファイルなどのテンプレートを入れる場所を示すために使われます。

複数行の記載がありますが、その中でもほぼ必ず設定するのがDIRSです。これは、htmlファイルが入っているディレクトリを指定する際に用いられます。

・WSGI_APPLICATION

WSGI_APPLICATIONはwsgiを実行させる関数が記載されています。この設定も変更することは基本的にはありません。

・DATABASES

DATABASESは、データベースの設定をする際に使われます。デフォルトではsqlite3というデータベースが使われていますが、この設定を変更することによって、mysqlやmongodbなど、アプリケーションの作成においてよく使われるデータベースに変更することができます。

・AUTH_PASSWORD_VALIDATORS

AUTH_PASSWORD_VALIDATORSは、パスワードの強度を高めるための設定が書かれています。例えば、この変数の中にはMinimumLengthValidatorという記載がありますが、これはその名前の通り、最小の文字数の制限をかけるという機能を有しています。

・LANGUAGE_CODE、TIME_ZONE

これはDjangoの中で使われる言語や、どの場所の時間を使うのかという設定を行います。この言語を日本語（'ja'）に変更すると、管理画面の表示が日本語になります。また、TIME_ZONEを変更すると、日時を変更することができ、例えばオンラインで何かを販売するサイトにおいて、受注した日時を記録するデータを作成する場合、ここで設定した時間が表示されることになります。

・USE_I18N、USE_L10N、USE_TZ

USE_I18N、USE_L10N、USE_TZは、言語データ並びに日時のローカライズをするかどうかを指定するものです。いずれもTrueかFalseを指定するものであり、現段階では、それぞれの国で使われるフォーマットを採用するか、選択するために使われるスイッチのようなもの、という認識でよいでしょう。

3-4 manage.pyファイルで Djangoの便利な機能を体感する

1行のコマンドでウェブサーバーを立ち上げよう

　ここでは、manage.pyコマンドを使ってDjangoに備わっている機能を実行する方法を説明していきます。

　前節でお伝えさせていただいた通り、manage.pyファイルはDjangoにあらかじめ備わっている機能を実行する際に使われるコマンドです。この節では、具体的な使い方を通じて理解を深めていきましょう。

　まずは、manage.pyコマンドの一般的な使い方を説明します。3-2節でも説明しましたが「manage.pyファイルが入っているディレクトリで実行」します。

```
(venv)$ python3 manage.py 引数（具体的なコマンド） Enter
```

　この操作は、manage.pyファイルをある引数をもとに実行することを意味しています。そして、引数の部分にいろいろな指示を入れることによって、Djangoに備わっている多くの機能を実行することができます。

　今回は、manage.pyコマンドを使ってウェブサーバーを立ち上げてみましょう。

　ウェブサーバーを一から構築するのは手間がかかりますが、Djangoはあらかじめ簡単なウェブサーバーを準備しています。

　なお、ウェブサーバーの仕組みや、そもそもサーバーって何？　という方は本節の後半で紹介するコラムを参考にしてください。

　ここでは、自分のパソコンをウェブサーバーとして、ブラウザからrequestを受けることができる形を作っていきます。ターミナル上で、manage.pyファイルが入っているディレクトリに移動した上で、次のコマンドを実行しましょう。

```
(venv)$ python3 manage.py runserver Enter
```

　このコマンドを実行すると、ターミナルに次のような表示がされます。

```
Watching for file changes with StatReloader
Performing system checks...

System check identified no issues (0 silenced).

You have 18 unapplied migration(s). Your project may not work properly
until you apply the migrations for app(s): admin, auth, contenttypes,
```

```
sessions.
Run 'python manage.py migrate' to apply them.
November 19, 2024 - 07:35:36
Django version 5.1.2, using settings 'helloworldproject.settings'
Starting development server at http://127.0.0.1:8000/
Quit the server with CONTROL-C.
```

　ポイントは上記の色文字の部分です。これは、127.0.0.1 という IP アドレスの 8000 番のポートでウェブサーバーを立ち上げたということを意味しています。つまり、127.0.0.1:8000 という URL をブラウザに入力することで、このサーバーにアクセスすることができるようになったということです。

　そこで、127.0.0.1:8000 という URL をブラウザに入力してみましょう。
　すると、次のような画面が表示されます（画面1）。

▼**画面1　Django がデフォルトで準備している画面**

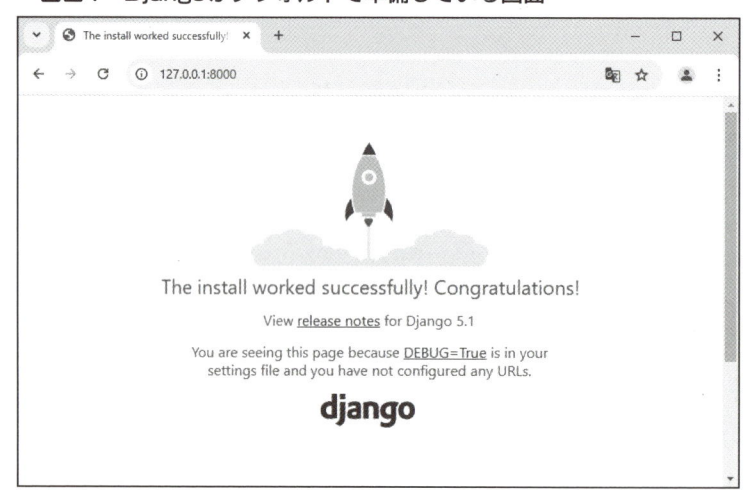

ロケットの画像が表示されたぞ

　この画面は、Django がデフォルトで準備しているものです。ここでのポイントは、ブラウザから 127.0.0.1（自分のパソコンのウェブサーバー）に対して request を送り、ウェブサーバーがブラウザに対して response を返しており、返された response の内容がブラウザを通じて画面上に表示されているということです。つまり、ウェブサーバーが無事に立ち上がっていることを意味しています。

　このように、コマンドを1行実行するだけでウェブサーバーを立ち上げることができました。

manage.pyコマンドはこれからもたくさん使っていきますが、いずれの場合においても、Djangoが準備した機能を簡単に使うことができる、というイメージをもっていただければと思います。

Column サーバーとIPアドレス

ここで、サーバーとIPアドレスが何かという点について理解しましょう。本書を読んでいただいている方であれば、サーバーという言葉を一度は聞いたことがあるでしょう。しかし、「サーバーとは何か説明してください」と聞かれると、意外と難しいと感じる方が多いかもしれません。

具体例として、ウォーターサーバーをイメージしてみましょう。ウォーターサーバーは、水を出す機械の上に水の入ったボトルがついており、ボタンを押すことによっていつでも水を飲むことができる機械のことです。

この時、ウォーターサーバーは「ウォーター」＋「サーバー」と、2つの言葉がくっついていることに意識を向けてみましょう。つまり、ウォーターサーバーというのは、水を供給することを目的としたサーバーということができます。ですから、水のボトルをビールに変えればビールサーバーになり、ジュースに変えればジュースサーバーになります。

すなわち、サーバーというのはものやサービスを提供する「箱」のようなイメージであり、その箱にどのような機能をつけるかによって呼び名が変わってくるということなのです。

そのような意味では、ITにおけるサーバーはあくまでも一般的な名称であり、誤解を恐れずいうなら、パソコンということができます。

パソコンも、何か機能を入れなければただの箱であり、具体的な機能を発揮することはできません。パソコンにWordやExcelなどのアプリケーションや、メールソフトなどが入ってはじめて機能を発揮することができるのです。

この時、サーバーにメールの送受信を提供する機能を付加すれば、それはメールサーバーと呼ぶことができ、ウェブサイトを提供する機能がついているサーバーであれば、それはウェブサーバーと呼ぶことができます。

さらに、ここで意識しておきたい点として、サーバーは複数の役割を担うことができるということが挙げられます。例えば、メールの送受信を提供する機能に加え、ウェブサイトを提供する機能がついていれば、そのパソコンはメールサーバーでもあり、ウェブサーバーでもあるのです。

そして、runserverというコマンドを実行するということは、いま手もとにあるパソコンがウェブサーバーとして機能するようにするためのコマンド、とも言うことができます。

そのような意味では、runserverというコマンドはrun"web"serverという表現の方が適切といえるかもしれません。

サーバーという言葉は単一では意味を持たず、どういった機能を有しているかを捉えることが重要、ということを押さえておきましょう。

次に、IPアドレスです。

IPアドレスとは、世界中のネットワークにつながっているサーバーを識別するために使われている番号のことをいいます。

実は、URLのドメイン名はIPアドレスと1対1の関係にあり、ブラウザのアドレスバーには、文字列としてのURLだけではなく、IPアドレスを打ち込んでアクセスすることも可能です。

例えば、Yahoo! JapanのIPアドレスは、182.22.25.124です。このIPアドレスをブラウザに打ち込むと、次の画面のような表示がされることが確認できます（画面）。

Yahoo! JapanではIPアドレスでのアクセスを許可していないため、このような表示になっていますが、Yahoo! Japanのページにアクセスできたことは間違いありません。

▼**画面　ブラウザに182.22.25.124を入力した画面**

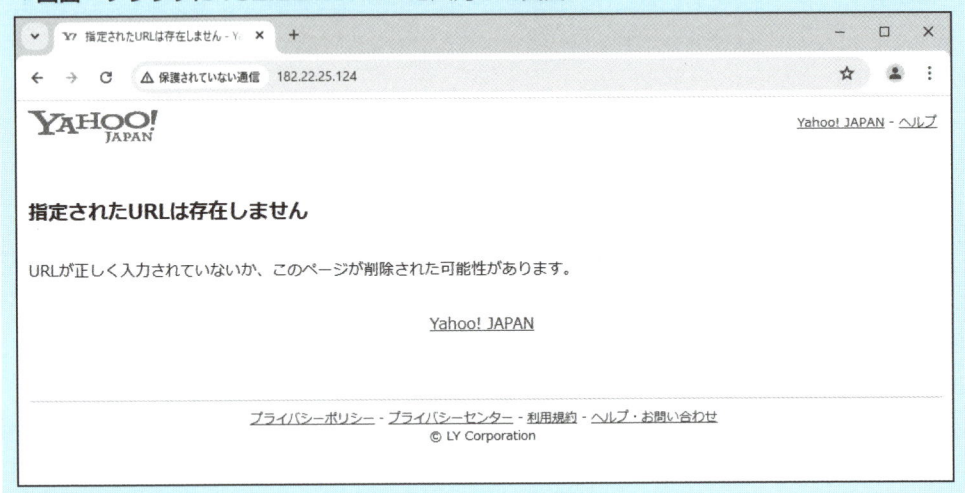

ちなみに、3-4節でmanage.pyを使ってrunserverコマンドを実行した際にはURLに127.0.0.1:8000と入力しました。

127.0.0.1は特殊なIPアドレスで、これは世界中で共有されているIPアドレスではなく、自分のパソコンを意味するIPアドレスです。

つまり、ブラウザを立ち上げて127.0.0.1にアクセスをするということは、自分のパソコン（runserverコマンドでウェブサーバーとしての機能を加えているので、厳密には自分のウェブサーバー）にアクセスをしているのです。

3-5 requestを受け取り 次の指示を出す (urls.py)

urls.pyファイルの中身を理解する

ここから、個別のファイルの設定を進めていきましょう。

まずはurls.pyファイルです。ここで、全体の流れについて図を用いて復習をしましょう（図1）。

図1 Djangoの全体像

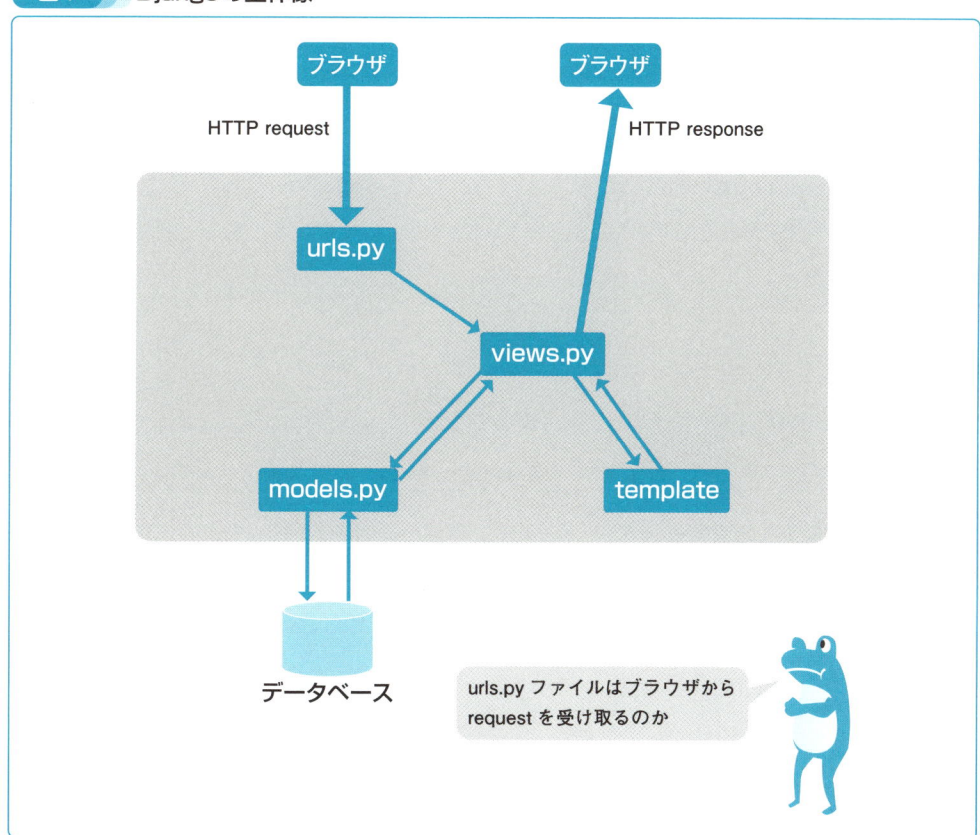

ブラウザからrequestがサーバーに送られると、urls.pyファイルがそのrequestを受け取ります。

requestを受け取ったurls.pyファイルが内部でどのような処理を行っているのか、urls.pyファイルの中身を見ながら理解していきましょう。

manage.pyファイルと同じ階層にあるhelloworldprojectディレクトリの中のurls.pyファイルを開くと、リスト1に示したコードが書かれていることがわかります。

リスト1　helloworldproject/helloworldproject/urls.py

```
"""
URL configuration for helloworldproject project.

The `urlpatterns` list routes URLs to views. For more information please
see:
    https://docs.djangoproject.com/en/5.1/topics/http/urls/
Examples:
Function views
    1. Add an import:  from my_app import views
    2. Add a URL to urlpatterns:  path('', views.home, name='home')
Class-based views
    1. Add an import:  from other_app.views import Home
    2. Add a URL to urlpatterns:  path('', Home.as_view(), name='home')
Including another URLconf
    1. Import the include() function: from django.urls import include,
path
    2. Add a URL to urlpatterns:  path('blog/', include('blog.urls'))
"""
from django.contrib import admin
from django.urls import path

urlpatterns = [
    path('admin/', admin.site.urls),
]
```

　上記のコードの中で、コメントとして書かれている内容（色がついている部分）は不要ですので消してしまいましょう。

　ここから、urls.pyファイルの中でポイントとなるコードの説明をしていきます。
　ポイントとなるコードは以下の部分です。

```
urlpatterns = [
    path('admin/', admin.site.urls),
            ↑             ↑
            ①             ②
]
```

　上記の内容は、ブラウザからのrequestと①に書かれたURLが合致した場合に、views.pyに書かれている②の中身（class、function）を実行するように指示をする、ということを意味

しています。

これを、デフォルトで記載されているpath('admin/',admin.site.urls)というコードを使って理解していきましょう。

①ではadmin/と書かれています。これは、adminという文字列が入ったURLがrequestされた場合にDjangoの内部で次の処理をします、ということを示しています。

違う見方をすると、ブラウザからrequestが送られた場合、まずはurls.pyファイルのurlpatternsとURLが合致しているかチェックされると言うことができます。

なお、ドメインの部分は省略されていますので、厳密にはhttp://127.0.0.1:8000/admin/というURLがリクエストされた場合となります。

そして、合致しないURLがrequestされた場合はブラウザにエラーが返されます。

次の②では、URLが合致した場合に出す指示が示されています。つまり、views.pyファイルの中で具体的にどのコードを実行するかを指示しています。

デフォルトで記載されているadmin.site.urlは少し特殊な表現ですが、これは管理画面を表示するための指示です（厳密な解釈ではありません）。つまり、上記で記載されたurlpatternsにおいては、127.0.0.1:8000/admin/というURLをブラウザに入力することで管理画面が表示されるような仕組みになっているのです。実際に、サーバーを立ち上げてhttp://127.0.0.1:8000/admin/とブラウザにURLを入力してみましょう。なお、runserverコマンドを実行する前に、1つコマンドを実行しますが、この詳細は第4章で説明します。

```
(venv)$ python3 manage.py migrate Enter
(venv)$ python3 manage.py runserver Enter
```

すると、次のような画面が表示されます（画面1）。

▼**画面1　Djangoの管理画面**

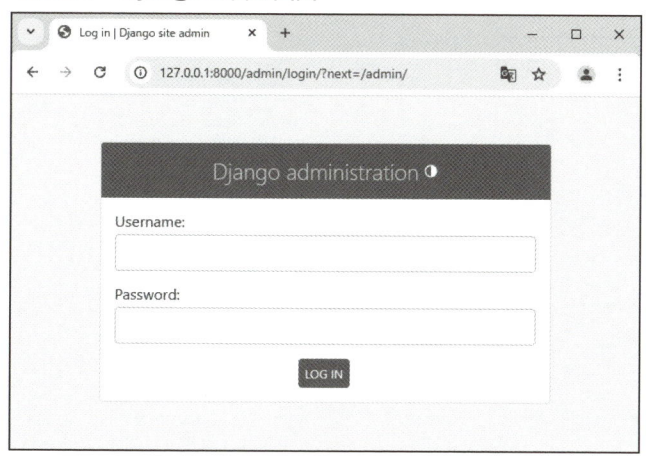

administration（管理）と書かれているぞ

これが、Djangoが準備している管理画面です。IPアドレス/admin/というURLをrequestすることによって、管理画面が表示されることを確認できました。

ここで、DjangoはURLとhtmlファイルが1対1の関係にないことを確認していきましょう。urls.pyファイルのadmin/という部分を違う文字列に変更します。文字列は何でも構いません。今回はhello/という文字列にしましょう（リスト2）。

リスト2 helloworldproject/helloworldprojct/urls.py

```
from django.contrib import admin
from django.urls import path


urlpatterns = [
    path('hello/', admin.site.urls),  ——————————————— コード変更
]
```

ファイルを保存し、URLに127.0.0.1:8000/hello/とブラウザに入力してみましょう。サーバーが停止している場合は、改めてサーバーを立ち上げてからURLに127.0.0.1:8000/hello/とブラウザに入力してにください。

```
(venv)$ python3 manage.py runserver Enter
```

すると、先ほどの管理画面が表示されます（画面2）。

▼**画面2 管理画面**

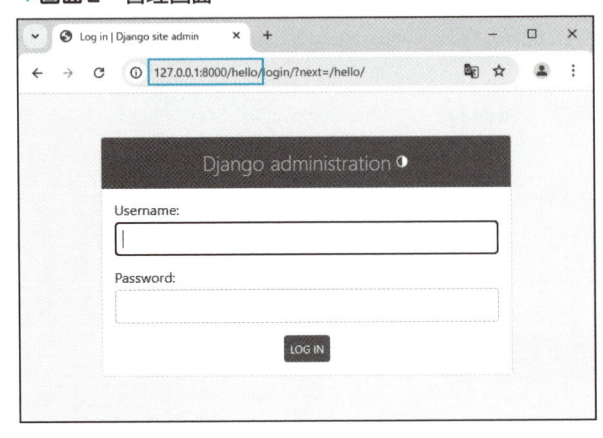

127.0.0.1:8000/hello/にアクセスしても管理画面が表示された！

先ほどとは異なるURLを入力したのに、同じ画面が表示されました。ここから、DjangoはURLとhtmlファイルが一般的なウェブサーバーの仕組みである1対1の関係ではないことがわかります。

ちなみに、urlpatternsをhelloに変えた状態において、127.0.0.0.1:8000/admin/というURL

でrequestを送るとどうなるでしょうか。次のような画面が表示されます（画面3）。

▼画面3　エラー画面

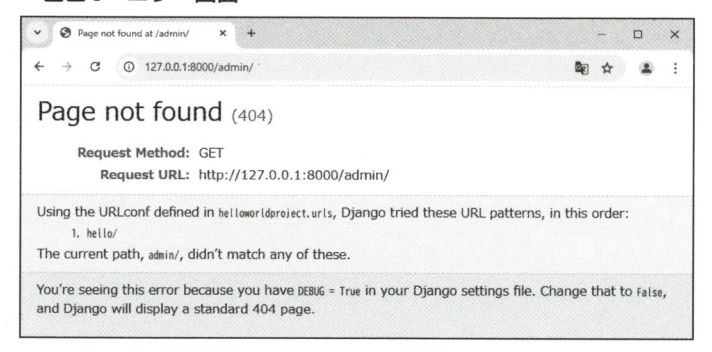

URLにadminと入力
したのに違う画面が
表示されたぞ

　エラーが表示されました。中段の枠で囲まれた部分を見ると、「Djangoはurlpatternsの中で定義されている文字列と照合してみたが、adminに合致するものは見つからなかった」と書かれています。

　このエラーコードの通り、requestされたURLとurls.pyファイルに書かれているurlpatternsに記載された文字列が合致しなかったため、エラーが発生してしまったのです。

　以後、本章で管理画面にアクセスすることはありませんが、よけいな混乱を避けるため、urls.pyファイルのpath('hello/',admin.site.urls)はpath('admin/',admin.site.urls)に戻しておきましょう（リスト3）。

リスト3　helloworldproject/helloworldproject/urls.py

```
from django.contrib import admin
from django.urls import path


urlpatterns = [
    path('admin/', admin.site.urls),　————————————— コード変更
]
```

urls.pyファイルにurlpatternを追加する

　ここまでは、Djangoであらかじめ備えられている管理画面を例としてurls.pyファイルの役割について見てきました。

　ここからは、この章の目的であるhello worldを表示させるためのコードを書いていきましょう。

　まずは、指定した文字列が入ったrequestが送られた場合に、views.pyファイルの中でhello worldを表示させるために作成された関数を呼び出すためのコードをurls.pyファイルに書いていきます。

```
urlpatterns = [
    path('admin/', admin.site.urls),
    path('helloworldurl/,_____),  ──────────── コード追加
                    ↑              ↑
                    ①              ②
]
```

　まず①の部分で、ブラウザに「ドメイン（IPアドレス）/helloworldurl」というURLが入力されたら次の処理を行う」という形を作ります。①に書く文字列は何でも良いのですが、今回はhelloworldを呼び出すことから、helloworldurlという文字列にしましょう。

　次に、②の部分の作成をしていきましょう。②の部分は、次に行う指示を書いていきます。より具体的な表現をすると、②ではviews.pyファイルの中で定義したclass、もしくはfunction（関数）を指定することになります。

　urls.pyファイルの中で定義するclass、functionはまだ存在していませんが、これからviews.pyファイルの中で作成することを前提にコードを書いていきましょう。

　今回は、helloworldを表示させるための関数を書いていきますので、関数名はhelloworldfuncとします。

　urls.pyファイルの中で、views.pyで定義した関数を指定する場合は、その関数の名前を直接書けば良いです。

　結果として、完成したurls.pyファイルは次のようになります（リスト4）。

リスト4　helloworldproject/helloworldproject/urls.py

```
from django.contrib import admin
from django.urls import path
from .views import helloworldfunc ──────────── コード追加

urlpatterns = [
    path('admin/', admin.site.urls),
    path('helloworldurl/', helloworldfunc), ──────────── コード追加
]
```

　これで、urls.pyファイルの実装が完了しました。次に、views.pyファイルにコードを書いていきますが、その前にDjangoの内部処理の全体像を把握する上で大切なポイントをお伝えしていきます。

　はじめはどうしても説明が多くなってしまい、退屈に感じてしまうかもしれませんが、こういった基礎をしっかり固めることで理解度がぐっと高まりますので、お付き合いいただければ幸いです。

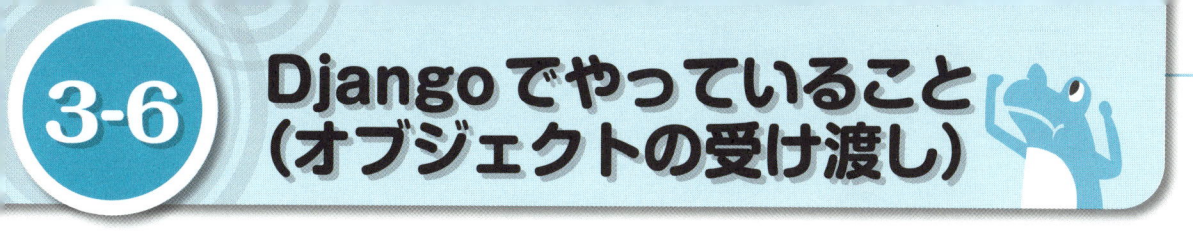

3-6 Djangoでやっていること（オブジェクトの受け渡し）

Djangoはobjectを受け渡している

Djangoの仕組みについて理解を深めるために、Djangoが内部でどのようなことをしているのか説明します。

結論からお伝えすると、Djangoの内部では、オブジェクトを生成してオブジェクトを返すということが行われています。

以下、Djangoの公式ドキュメントに書かれている言葉を引用します。

> あるページがリクエストされたとき、Djangoはリクエストに関するメタデータを含んだ `HttpRequest` オブジェクトを生成します。それからDjangoは `HttpRequest` をビュー関数の最初の関数として渡し、適切なビューを読み込みます。あらゆるビューは `HttpResponse` オブジェクトを返す必要があります。

出典：Django公式ドキュメント（https://docs.djangoproject.com/ja/5.1/ref/request-response/）より

難しい言葉も出てきますが、ここでのポイントは「あるページがリクエストされた時、Djangoは `request` オブジェクトを生成し、`response` オブジェクトを返す」という文です。

この文におけるオブジェクト（object）は、Pythonで使われているobjectと同じようなものと認識していただければ大丈夫です。もう少し具体的にいうと、オブジェクトは `request` された内容をブラウザに表示させるための多くのデータがまとめられたもの、と考えるとイメージしやすいでしょう。

ですから、Djangoの内部で処理を行うためには、まず `request` された内容に応じたオブジェクトを生成する必要があるのですが、どんな `request` であってもオブジェクトを生成できるような設計にはなっていません。

そこで使われるのがWSGIです。settings.pyファイルの中身について説明をした際、wsgi.pyというファイルがあったことを覚えているでしょうか？

WSGIはウェブサーバーとDjangoの間を繋ぐためのインタフェース仕様です。ウェブサーバーから受け取った `request` をDjangoが解釈できる形式に変換しているともいうことができます。また、Djangoの中で処理をされた `response` を受け取り、それをウェブサーバーが解釈できる形式でウェブサーバーに返すという役割を担っているともいえます。

この点を踏まえて、ウェブサーバーからDjangoの内部までの流れを整理した図を次の図1に示します。

図1 オブジェクトの観点からみたDjangoのイメージ

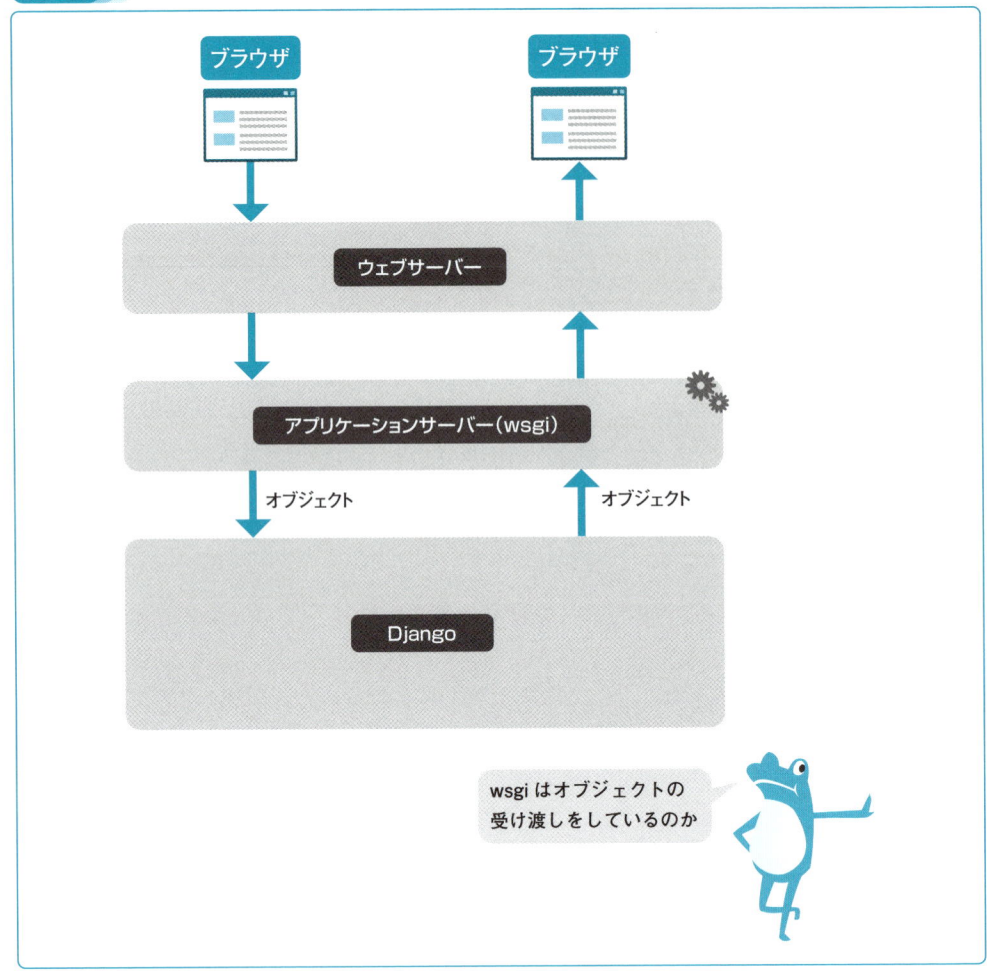

この点を意識しながら実装することにより、次の3-7節における views.py ファイルの実装の意味が、より明確になると思います。

3-7 呼び出す中身の整理をする（views.pyファイル）

views.pyファイルの実装をしよう

ここから、views.pyファイルの実装をしていきましょう。

具体的には、requestオブジェクトを受け取ってresponseオブジェクトを返す仕組みを作っていきます。

startprojectコマンドで作成されたファイル群の中にviews.pyファイルはありませんので、新しくファイルを作成しましょう。この時、作成する場所は、urls.pyファイルが入っているディレクトリと同じ階層にする必要があることを意識しましょう。

なお、WindowsやMac上で（統合開発環境上で）マウスを使ってファイルを作成しても問題ありません。

```
(venv)$ touch helloworldproject/views.py Enter
```

views.pyファイルはDjangoにおいて重要な役割を担っているファイルであるにも関わらず、startprojectコマンドで作成されないのはなぜだろう？　と思われる方もいるでしょう。

その背景を理解するには、プロジェクトとアプリについて学ぶ必要がありますが、これに関しては3-9節で説明しますのご安心ください。

では、views.pyファイルを開き、コードを書いていきましょう。

完成したコードを次のリスト1に示します。

リスト1　helloworldproject/helloworldproject/views.py（色文字はすべてコード追加）

```python
from django.http import HttpResponse

def helloworldfunc(request):
    return HttpResponse('hello world')
```

短いですが、あまり見たことがないコードがたくさん出てきました。順に中身を見ていきましょう。

まず、1行目でHttpResponseというclassをimportしています。このclassをimportすることで、helloworldfuncの中で記載しているHttpResponseクラスを使うことができるようにしています。

次に、関数の中身について見てみましょう。ここではhelloworldfuncという名前で関数を定義しましたが、これはurls.pyファイルで定義した関数名です。念のため、urls.pyファイルで記載した内容を再び載せておきましょう。

```
urlpatterns = [
    path('admin/', admin.site.urls),
    path('helloworldurl/', helloworldfunc),
]
```

おさらいとなりますが、urls.py ファイルで設定したURLとブラウザからrequestされた文字列の内容が合致すると、views.py ファイルの中のhelloworldfuncが実行されるという流れです。

views.py ファイルの中身に戻りましょう。リスト1の4行目を見ると、helloworldfuncの引数としてrequestという記載があります。このrequestは、ウェブサーバー→アプリケーションサーバーという流れで送られてきたrequestオブジェクトを意味しています。この時、def helloworldfunc():としてしまうと（requestが引数として入っていないと）、関数はrequestオブジェクトを受け取ることができず、エラーになってしまいますので注意しましょう。

最後はリスト1の4行目のreturn文の中身です。return HttpResponse('helloworld')という記載がありますが、このコードはDjangoにあらかじめ備わっているHttpResponseクラスから、responseオブジェクトを作成していることを意味しています。

そういった意味においては、次の記載の方がイメージがわきやすいかもしれません（リスト2）。

> **リスト2**　helloworldproject/helloworldproject/views.py

```
from django.http import HttpResponse

def helloworldfunc(request):
    responseobject = HttpResponse('hello world')  ──────────── コード追加
    return responseobject ──────────────────────────────── コード修正
```

responseobject = HttpResponse('hello world')という記載の通り、HttpResponseクラスからresponseobjectというオブジェクトを作成しており、そのオブジェクトをreturn文を使って返しています。

これで、views.py ファイルはrequestオブジェクトを受け取り、responseオブジェクトを返すという形を作ることができました。

● サーバーを立ち上げて確認する

これで設定が完了しましたので、サーバーを立ち上げてブラウザからアクセスをしてみましょう。runserverコマンドを入力、実行してサーバーを起動します。

```
(venv)$ python3 manage.py runserver Enter
```

そして、ブラウザに127.0.0.1:8000/helloworldurl/と入力してみましょう。

すると、次の画面1で表示されている通り、ブラウザにhello worldという文字が表示されます。

▼**画面1　hello worldが表示された画面**

つまり、Djangoが内部でrequestオブジェクトを生成し、responseオブジェクトを返すという流れを作成できたということです。

シンプルですが、最初のアプリケーションを作ることができました。

説明が多く、実装したという実感があまりないかもしれませんが、ここまで学んだ内容を思い出しながら、ご自身で一から実装してみると、だんだんイメージが湧いてくるでしょう。

なお、HttpResponseオブジェクトを作成する際に記述した文字列（hello world）は、普通のウェブサイトを作成する時と同じようにHTMLのタグを使って装飾をすることもできます。

例えば、次のリスト3のようにh1タグで囲ってみましょう。

リスト3　helloworldproject/helloworldproject/views.py

```
from django.http import HttpResponse

def helloworldfunc(request):
    responseobject = HttpResponse('<h1>hello world</h1>') ―――― コード修正
    return responseobject
```

その上で、改めてサーバーを立ち上げ、ブラウザからアクセスします。すると、画面2のような表示になります。

▼**画面2　h1タグで装飾された画面**

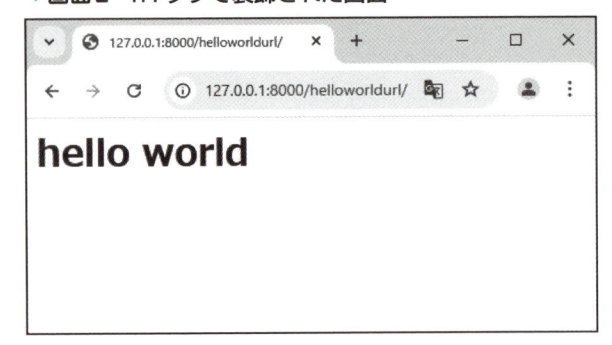

文字が大きくなった！

h1タグの内容が反映され、文字が大きくなりました。

　今回のように、views.py ファイルの中で関数を定義していくものはfunction-based view と呼ばれています。

　なお、Djangoにおけるviewの作成方法は2種類あります。1つが今回説明したfunction-based view、そしてもう1つがclass-based view です。

　3-9節では、class-based view を使ってhello world を表示させるコードを書いていきます。

　class-based view での実装に先立ち、次の節ではclass-based view とfunction-based view の違いについて理解していきましょう。

Column　views.py ファイルとview

　上記本文の最後の段落において、viewの作成方法という記載をしましたが、これは厳密にはviews.py ファイルの中でclass もしくはfunctionを定義することを意味します。そして、これをかみ砕いた表現として「viewを作る」ということが一般的です。はじめは少し混乱してしまうかもしれませんが、徐々に慣れていきましょう。

3-8 class-based viewと function-based view

class-based view と function-based view の違いを理解する

ここでは、class-based view と function-based view の違いについて説明をします。Django で実装をする際には、コードを class-based view を使って書くのか、function-based view を使って書くのか決める必要があります。

class-based view と function-based view の違いを表にまとめましたので、参考にしてみてください（表1）。

▼**表1　class-based view と function-based view の違い**

django での実装 （料理に例えると）	class-based view （オーブンで肉を焼く）	function-based view （フライパンで肉を焼く）
メリット	実装が簡単	コードの修正が容易
デメリット	実装の中身がわかりづらい	実装するのに時間がかかる

イメージで class-based view と function-based view を理解する

ここから、具体例を使って class-based view と function-based view の理解を進めていきましょう。

キッチンで肉を焼く場合について考えてみましょう。

class-based view は、オーブンの自動調理機能を使って肉を焼くイメージということができます。つまり、食材を入れてオーブンのボタンを押せば、自動的に料理ができあがるイメージです。

オーブンを使うことによって（class-based view を使うことによって）、ボタン一つで簡単に肉を焼くことができる一方、オーブンに備わっている機能以上の仕上がりを実現させるのは難しい（微調整が難しい）といえます。

一方、function-based view は、フライパンを使って肉を焼くようなイメージということができます。フライパンを使えば、細かい火加減の調整や、火が通っていない部分に集中的に火を入れるといった微調整を加えることができますが、常に肉の状態を見ていなければならないというデメリットもあります。つまり、細かく手を入れることができる一方、手間がかかるということです。

これを Django に当てはめて考えてみましょう。class-based view は、すでに Django が準備している機能（関数や変数など）を使うことで簡単に実装をすることができるというメリットがある一方、実装の中身が見えづらいため、細かい修正を行う際の難易度が高いというデメリットがあります。

　一方、function-based view は一からコードを書いていきますので、関数がどんな処理をしているのかイメージしやすく、直感的に修正をすることができるというメリットがあります。しかし、一からコードを書いていく分、手間がかかってしまうというデメリットがあります。

　実際に具体的なコードを書いてみないとイメージが湧きづらいかと思いますが、本書の中では実装を通じ、必要に合わせて class-based view と function-based view の実装をしていきます。
　実装を通じ、両者の違いを明確にすることができるようになるでしょう。

　なお、class-based view と function-based view はどちらが優れているということはありません。どちらにもメリットとデメリットがありますので、目的に応じて使い分けていく、というのが正しい考え方です。

class-based viewで実装をする

urls.pyの設定

ここから、class-based viewでの実装を進めていきましょう。

まずはurls.pyファイルの設定を進めます。function-based viewで作成したurls.pyファイルに1行追加します（リスト1）。

リスト1 helloworldproject/helloworldproject/urls.py

```
from django.contrib import admin
from django.urls import path
from .views import helloworldfunc, HelloWorldClass ──────────── コード追加

urlpatterns = [
    path('admin/', admin.site.urls),
    path('helloworldurl/', helloworldfunc),
    path('helloworldurl2/', HelloWorldClass.as_view()), ──────── コード追加
]
```

ここでのポイントは、追加した行のHelloWorldClass.as_view()という部分です。

HelloWorldClassはviews.pyファイルでこれから定義していくclassですが、classを呼び出す場合は後ろにas_view()というメソッドを付ける必要があります。

views.pyファイルの実装（継承とtemplate_name）

ここから、views.pyファイルにclassを書いていきましょう。

今回も完成したコードから書き、その後中身について説明していきます（リスト2）。

リスト2 helloworldproject/helloworldproject/views.py

```
from django.http import HttpResponse
from django.views.generic import TemplateView ──────────── コード追加

def helloworldfunc(request):
    responseobject = HttpResponse('<h1>hello world</h1>')
    return responseobject

class HelloWorldClass(TemplateView): ──────────────────── コード追加
    template_name = 'hello.html' ──────────────────────── コード追加
```

まずは、リスト1で定義したHelloWorldClassとリスト2の8行目のclass HelloWorldClassが同じ文字列である（対応している）ことを確認しましょう。

リスト2では3行コードが追加されています。

まず、2行目でTemplateViewというclassをimportしています。このように記載することで、Djangoがあらかじめ準備しているTemplateViewというclassに書かれている関数や変数を、今回定義したHelloWorldClassの中で使えるようにします。

Pythonの範囲となりますが、このようにclassが他のclassを呼び出し、違うclassで定義された関数を使えるようにすることを、継承と呼びます。

リスト2のコードに戻りましょう。今回の場合、HelloWorldClassはTemplateViewを継承していますので、TemplateViewの中に書かれているさまざまなメソッド（関数）や変数を扱うことができるようになります。

HelloWorldClassの中で定義したtemplate_nameもその中の一つです。TemplateViewの中で定義されているtemplate_nameは非常に複雑なコードですが、継承をすることでその複雑なコードをHelloWorldClassの中で簡単に扱えるようにしているのです。

なお、template_nameは、ブラウザに表示させるhtmlファイルを指定する際に用いられます。つまり、template_nameを指定することによって、どのhtmlファイルを使うのかをDjangoに伝えているのです。

ここからHelloWorldClassの中で呼び出すhtmlファイルを作成していきますが、htmlファイルはプロジェクト内のどこに作成すればよいでしょうか。次はこの点について理解していきましょう。

BASE_DIR

Djangoでは、htmlファイルなどを格納しておく場所を明示する必要があります。その設定は、settings.pyファイルの中のBASE_DIRという変数で行います。settings.pyファイルの中段あたりを見ると、リスト3のようなコードが書かれていることがわかります。

リスト3 helloworldproject/helloworldproject/settings.py

```
・・・省略・・・
TEMPLATES = [
    {
        'BACKEND': 'django.template.backends.django.DjangoTemplates',
        'DIRS': [],
・・・省略・・・
```

DIRSという部分が、htmlファイルが入っている場所を指定するために使われる変数です。

ここに、次のようなコードを書いていきましょう（リスト4）。

helloworldproject/helloworldproject/settings.py

```
・・・省略・・・
TEMPLATES = [
    {
        'BACKEND': 'django.template.backends.django.DjangoTemplates',
        'DIRS': [BASE_DIR / 'templates'],  ─────────────── コード追加
・・・省略・・・
```

ここで、BASE_DIRという変数が出てきました。このBASE_DIRもsettings.pyの中で定義されている変数です。

settings.pyファイルの上の方を見てみましょう。すると、以下のような記載があります。

```
BASE_DIR = Path(__file__).resolve().parent.parent
```

難しそうな記載がされていますが、これがhtmlファイルが入っている場所を指定する上でのポイントです。まずは、このBASE_DIRの中身について理解していきましょう。

なお、結論としてはBASE_DIRはmanage.pyファイルが入っているディレクトリを示していますので、実装を進めたい方は以下の説明は飛ばしていただいて問題ありません。

BASE_DIRは、次の3つから構成されていることがわかります。

① Path(__file__)
② resolve()
③ parent

それぞれの中身について一つずつ見ていきましょう。

① __file__

__file__は、そのコードが記載されているファイル名を示します。この説明だけではわかりづらいので、settings.pyファイルが入っているディレクトリの中に、新しくファイルを作成し、実装を通して__file__を理解していきましょう。

ターミナル上で次のコマンドを実行しましょう。コマンドを実行するディレクトリはhelloworldproject/helloworldproject/（settings.pyファイルが入っているディレクトリ）です。

```
(venv)$ touch filecheck.py Enter
```

filecheck.py ファイルを開き、次のリスト5で示すコードを書きましょう。

リスト5 helloworldproject/helloworldproject/filecheck.py

```
from pathlib import Path ─────────────────── コード追加

print(Path(__file__)) ─────────────────── コード追加
```

その上で、ターミナル上で filecheck.py ファイルを実行しましょう（実行する際のディレクトリは helloworldproject/helloworldproject/ です）。

```
(venv)$ python3 filecheck.py Enter
filecheck.py
```

すると、上記の通り、filecheck.py という文字が出力されたことがわかります。

つまり、__file__ が記載されたファイル名が表示されたということです。

②resolve()

次に、Path(__file__) に resolve() を追記しましょう（リスト6）。

リスト6 filecheck.py ファイルに resolve を追記

```
from pathlib import Path

print(Path(__file__).resolve()) ─────────────────── コード追加
```

resolve() は、引数として入力されたファイルの場所までの絶対パスを示します。

ですので、ターミナル上でコードを実行すると、次のように出力されます（helloworldproject より前の部分（色文字部分）はそれぞれのユーザーの方のディレクトリ構造に依存しますので、同じ結果にはなりません）。

```
/home/ユーザー名/project2/helloworldproject/helloworldproject/filecheck.py
```

③parent

次に、parent を追記します（リスト7）。これは、引数として入力したファイルやディレクトリの一つ上の階層を返してくれる関数です。

コードを書いて実行してみましょう。

リスト7 helloworldproject/helloworldproject/filecheck.py

```
print(Path(__file__).resolve().parent)
```

```
(venv)$ python3 filecheck.py Enter
/home/ユーザー名/project2/helloworldproject/helloworldproject
```

これで、一つ階層が上になりました。ここで、改めてBASE_DIRを見ると、もう一度 parentと書かれていることがわかります。

ここで、もう一度parentを重ねて書きます（リスト8）。

これは、階層をもう一段高くしているということです。

リスト8　helloworldproject/helloworldproject/filecheck.py

```
print(Path(__file__).resolve().parent.parent)
```

```
(venv)$ python3 filecheck.py Enter
/home/ユーザー名/project2/helloworldproject/
```

上記から、最終的にBASE_DIRが示している場所は、manage.pyファイルが入っているディレクトリということがわかります。

この点を踏まえた上で、改めてDIRSの中身について見てみましょう。

DIRSの中身は、[BASE_DIR / 'templates']と書いてきました。このように記載することによって、BASE_DIR直下のディレクトリであるtemplatesディレクトリを指定することになります。

テンプレートファイル（hello.htmlファイル）の作成とブラウザでの確認

BASE_DIRの設定が完了しましたので、template_nameで指定したhtmlファイルを作成していきましょう。

まずは、manage.pyファイルが入っているディレクトリに新しくtemplatesというディレクトリを作成します。

ディレクトリを作成するためにはmkdir（make directoryという意味です）というコマンドを実行します（Visual Studio Codeなどを使っている方は、ツール上でディレクトリを作成しても問題ありません）。mkdirコマンドは、project2の下のhelloworldproject/ディレクトリの中で実行します。

```
(venv)$ mkdir templates Enter
```

これでtemplatesディレクトリを作成できました。

次に、作成したディレクトリの中にhello.htmlファイルを作成します。

```
(venv)$ touch templates/hello.html Enter
```

最後に、hello.htmlファイルの中でhello worldというコードを書きます（リスト9）。

リスト9 helloworldproject/templates/hello.html

```
hello world
```

これで実装が完了しました。サーバーを立ち上げて127.0.0.1:8000/helloworldurl2/にアクセスしてみましょう。

```
(venv)$ python3 manage.py runserver Enter
```

すると、画面1の通り、ブラウザにhello worldという文字が表示されます。

▼**画面1** class-based viewでのhello worldの表示

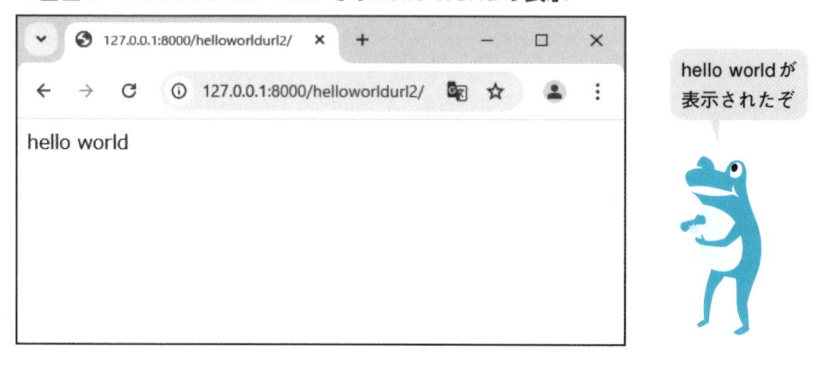

これで、class-based viewに基づいた実装も無事に完了しました。

class-based viewには、今回説明したようなtemplate_nameだけではなく、非常に多くの関数や変数が準備されています。

class-based viewではDjangoの内部でオブジェクトの受け渡しがされていることが理解しづらいですが、次の本棚アプリケーションの作成を通じて、簡単な設定で実装をすることができるという点を実感していただければと思います。

これでhello worldを表示させる実装は完了しましたが、次の本棚アプリケーションを作成する前に、Djangoを構成する大きな流れで理解しておきたい項目であるプロジェクトとアプリについて説明をします。

Column 関数とメソッドについて

　Pythonでは、クラスの中で定義された関数のことをメソッドと呼んだり、クラスの中で定義された変数のことを属性と呼んだりします。

　そういう意味では、Djangoにおいてもclassの中で書かれた関数はメソッドと呼ぶべきですが、Djangoの本質的な理解において関数とメソッドを厳密に使い分けることに意味はなく、むしろよけいな混乱が生まれてしまう原因にもなりますので、本書では基本的には関数（もしくはfunction）と変数という表現で統一させていただきます。

3-10 プロジェクトと アプリについて

プロジェクトとアプリの違いをイメージで理解する

本章の最後として、Djangoの概念であるプロジェクトとアプリについて説明します。
まずはイメージを使って理解をしていきましょう。

プロジェクトは会社の経営企画部、アプリは営業部や開発部といったそれぞれの部署、とイメージしてください。

会社の経営企画部は、会社の大きな方針を決め、その方針をそれぞれの部署に落とし込んでいきます。

この時、全社の方針が揃っておらず、営業部と開発部がバラバラに動いてしまえば、組織として大きな成果を上げるのは難しいといえるでしょう。また、同じスペースにすべての部署の人がごちゃごちゃに座っていれば、円滑にコミュニケーションを取るのが難しいかと思います。

Djangoにおけるプロジェクトとアプリも同じようなイメージです。すなわち、作成するシステム全体の設定をつかさどる部分としてプロジェクトが存在し、その下にそれぞれの機能に応じたアプリがある、というイメージです。

プロジェクトとアプリの関係についてまとめましたので、参考にしてください（図1）。

図1 プロジェクトとアプリが整理された図

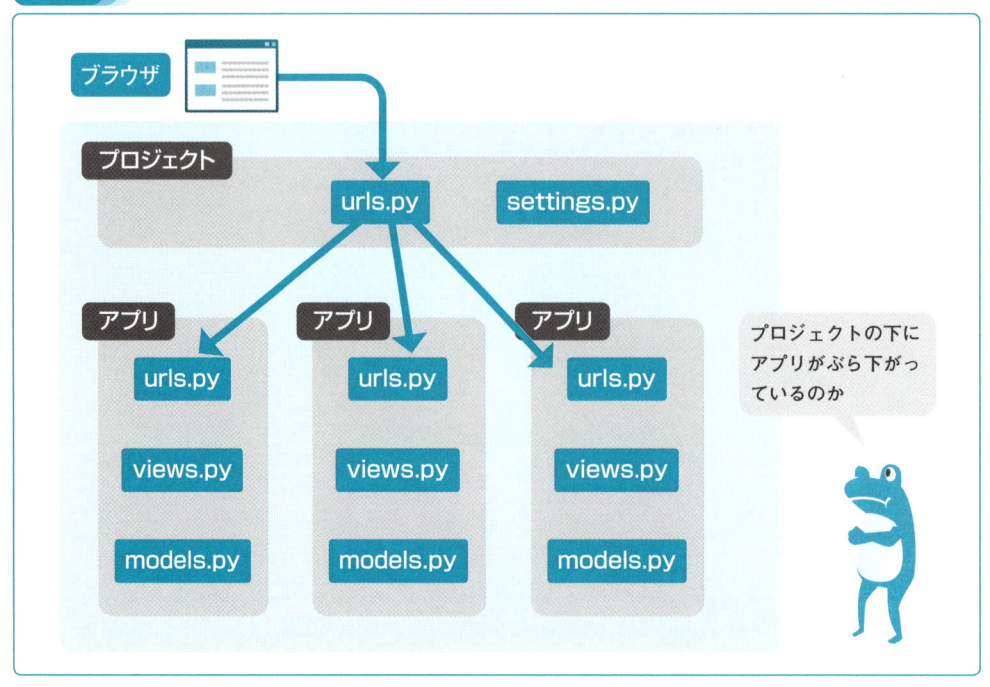

Column アプリケーションという言葉の解釈について

　この節で説明したアプリはアプリケーションの略ですが、本書ではアプリケーションとアプリを違う意味で使っています。

　具体的には、これから作成していくシステム全体（レビューの機能を備えたウェブサイト）のことをアプリケーションと呼び、個別の実装におけるプロジェクトとの対比として使われる言葉をアプリと呼ぶことにします。

　実際、Djangoではアプリをapplicationではなく、appと呼んでいますので、これと同じようなイメージで捉えていただければよいかと思います。

アプリを作成する

　ここからアプリを作成していきましょう。

　アプリの作成には、manage.py コマンドを使います。

　次のコマンドを実行しましょう。

```
(venv)$ python3 manage.py startapp helloworldapp Enter
```

　アプリ名（上記のコードにおける helloworldapp）の部分は、startproject コマンドの時と同様、任意の文字列で問題ありません。今回は helloworldapp という名前にします。

　アプリを作成することによって作成されたファイル群を図2に示します。

図2 startapp コマンドによって作成されるファイル群

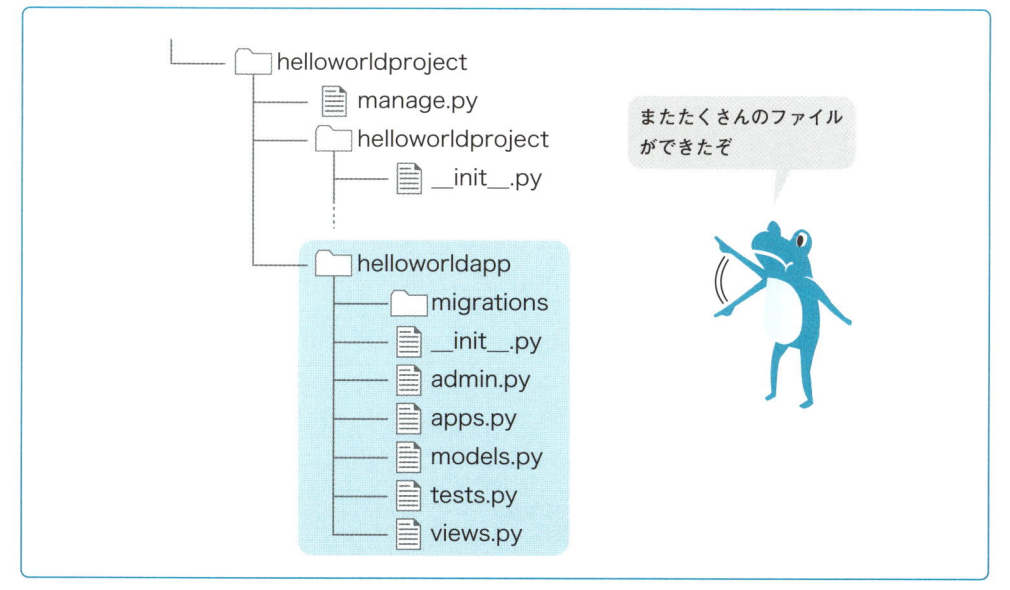

これらのファイルの中身については、のちほど説明します。

アプリを作成したら、まずやらなければならない初期設定があります。次から、その設定を進めましょう。

アプリ作成後の初期設定

アプリを作成した後は、作成したアプリをプロジェクトに認識させる必要があります。その設定はsettings.pyファイルの中で行います。

アプリを追加する場所は、settings.pyファイルの中のINSTALLED_APPSという変数の中です（リスト1）。

リスト1 helloworldproject/helloworldproject/settings.py

```
・・・省略・・・
INSTALLED_APPS = [
    'django.contrib.admin',
    'django.contrib.auth',
    'django.contrib.contenttypes',
    'django.contrib.sessions',
    'django.contrib.messages',
    'django.contrib.staticfiles',
    'helloworldapp.apps.HelloworldappConfig',  ──────────── コード追加
]

・・・省略・・・
```

これでプロジェクトにアプリを認識させることができました。なお、INSTALLED_APPSの中で、今回追加したコードの上にもアプリが書かれていますが、これはDjangoがデフォルトで準備しているアプリで、ユーザーの情報を整理する上で使われるアプリなどが書かれています。

startappコマンドで作成されたファイルの中身

ここから、アプリを作成した時に作られたファイルの中身を見ていきましょう。

アプリを作成した時（startappコマンド実行時）に作られるファイルは次の通りです。

① __init__.pyファイル
② admin.pyファイル
③ apps.pyファイル
④ models.pyファイル
⑤ tests.pyファイル
⑥ views.pyファイル

① __init__.py ファイル

___init__.py はプロジェクトを作成した時に作られる __init__.py ファイルと同じです。

② admin.py ファイル

admin.py は、アプリの中で作成したデータを管理画面で扱う際に使われるファイルです。次の本棚アプリケーションの章で詳しい記述方法について説明します。

③ apps.py ファイル

apps.py はアプリ名の設定などを行う際に使われるファイルです。Djnago の実装において重要なファイルではなく、本書でもこのファイルを編集することはありません。

④ models.py ファイル

models.py はデータを扱う際に使われるファイルです。これも具体的な説明は次の本棚アプリケーションの章で行っていますので、今はデータベースを扱う際に使われるファイルなのだな、と思っていただければよいでしょう。

⑤ tests.py ファイル

tests.py は、テストを行う際に記述していくコードです。本書ではテストについては扱いませんが、テストコードを作成しておくことで、エラーが起こった際の対処が簡単になる場合が多い点は押さえておきましょう。

⑥ views.py ファイル

views.py ファイルは、プロジェクトを作成した際に説明したものと同じです（3-3節を参照してください）。

urls.py ファイルの設定

ここから個別の設定をしていきましょう。まずは、urls.py ファイルの設定を進めていきます。プロジェクトの urls.py にコードを追記します。

大きな流れとしては、Django がブラウザから request を受け取った際、まずはプロジェクトの urls.py がその request を受け取り、request に記載された URL と urls.py ファイルに記載されている文字列が合致した場合に、アプリの urls.py ファイルを呼び出すという形です。

なお、プロジェクトの urls.py から直接アプリの views.py ファイルに書かれた view（class や function）を呼び出すこともできますが、実際の開発においてはアプリの urls.py ファイルを通すことが一般的です。

では、実装を進めていきましょう（リスト2）。

リスト2　helloworldproject/helloworldproject/urls.py

```
from django.contrib import admin
from django.urls import path, include────────────── コード追加
from .views import helloworldfunc, HelloWorldClass


urlpatterns = [
    path('admin/', admin.site.urls),
    path('helloworldurl/', helloworldfunc),
    path('helloworldurl2', HelloWorldClass.as_view()),
    path('', include('helloworldapp.urls')),──────── コード追加
]
```

　新しく追加した下から2行目のコードに注目してください。pathで照合する文字列部分に何も記載がありません。

　これは、127.0.0.1:8000というURLでブラウザにアクセスをした場合、その後にどんな文字列があっても条件に合致することを意味しています。

　つまり、どんな文字列でrequestが送られてきたとしても、include（'helloworldapp.urls'）を呼び出すような設定にしています。

　なお、urls.pyファイルは、上から順にURLの照合が行われていきますので、127.0.0.1:8000/admin/ というURLがrequestされた場合にはadmin.site.urlsが呼び出され、helloworldappのurls.pyファイルが呼び出されることはありません。

　このように記載することによって、127.0.0.1:8000/admin/以外のURLがrequestされた場合は、helloworldappのurls.pyを呼び出すようにしているのです。

　次に、アプリのurls.pyファイルの設定を進めていきましょう。

　アプリを作成した状態ではurls.pyファイルは作成されていませんので、まずはurls.pyファイルを作成します。

```
(venv)$ touch helloworldapp/urls.py Enter
```

　その上で、ファイルの編集をしましょう（リスト3）。

リスト3　helloworldproject/helloworldapp/urls.py（色文字はすべてコード追加）

```
from django.urls import path
from .views import helloworldfunc


urlpatterns = [
    path('helloworldapp/', helloworldfunc),
    ]
```

　ここでのポイントは、アプリのurls.pyファイルに記載するurlpatternは、プロジェクトで合致させたURL部分を取り除かなければいけないということです。

　例えば、次のような記載をしたとしましょう（リスト4、5）。以下はあくまでも例であり、実装はしません。

リスト4　　helloworldproject/helloworldproject/urls.py

```
urlpatterns = [
    path('helloworldapp/', include('helloworldapp.urls')),
    ]
```

リスト5　　helloworldproject/helloworldapp/urls.py

```
urlpatterns = [
    path('helloworldapp/',helloworldfunc),
    ]
```

　この場合、runserverコマンドでサーバーを立ち上げて127.0.0.1:8000/helloworldapp/というURLをブラウザに入力してもエラーが出てしまいます。

　なぜなら、上記の場合においてhelloworldfuncを呼び出すURLは、127.0.0.1:8000/helloworldapp/helloworldapp/となるからです。

　プロジェクトのurls.pyファイルからアプリのurlpatternを呼び出す際には、プロジェクトのurls.pyファイルに記載した文字列情報は含まれないという点を頭に入れておきましょう。

　ここまで設定が完了すれば、あとはviews.pyファイルにclassかfunctionを定義すれば実装は完了です（リスト6）。

リスト6　　helloworldproject/helloworldapp/views.py

```
from django.shortcuts import render
from django.http import HttpResponse ──────────── コード追加


def helloworldfunc(request): ──────────── コード追加
    return HttpResponse('hello world') ──────────── コード追加
```

これで実装は完了です。サーバーを立ち上げ、127.0.0.1:8000/helloworldapp/にアクセスしてみましょう。

すると、次の画面が表示されます（画面1）。

▼**画面1** hello worldの表示

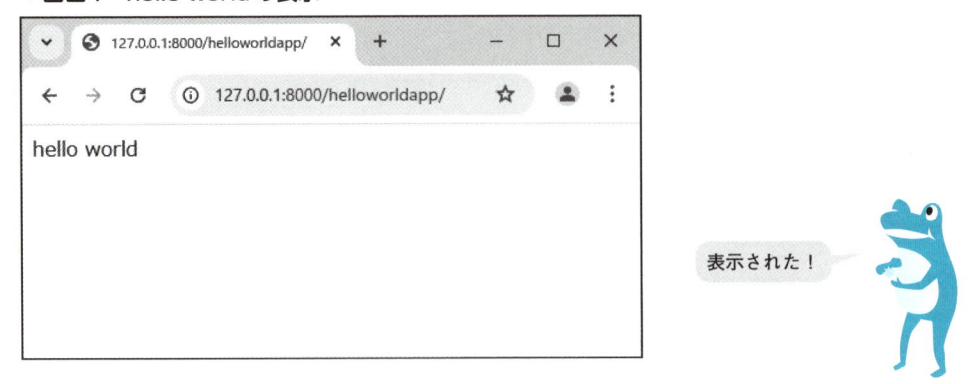

本節において設定したURLにアクセスをしても（アプリで定義したurlpatternに合致したURLにアクセスをしても）無事にブラウザにhello worldが表示されることが確認できました。

第 **4** 章

本棚アプリケーションの作成①（CRUDの理解）

・・・・・・・・・・・・・・・・・・・・・・・・

この章から、本棚アプリケーションの作成を進めていきます。
　アプリケーションの作成を通じ、class-based viewによって
簡単にアプリケーションを作成することができることを実感しま
しょう。

4-1 本棚アプリケーションを 作ろう

成果物を確認する

　ここからは、順を追って1つのアプリケーションを作っていきます。まずは本の情報を整理するためのアプリケーションを作っていきます。

　本章における完成物を確認し、これから作成する本棚アプリケーションのイメージを膨らませていきましょう（画面1）。

▼**画面1　完成イメージ**

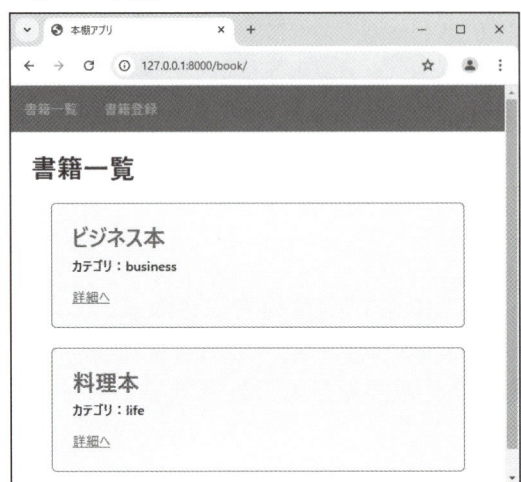

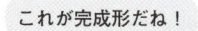

これが完成形だね！

　本書では、本のタイトルと概要についてまとめられたアプリケーションを作成していきます。画面1の完成イメージを見ると、画面上部に書籍一覧というタイトルが書かれています。そして、タイトルの下を見ると2冊の本の情報があることがわかります。

　この2つの本の中で、上の本の「詳細へ」をクリックしてみましょう。すると、画面2のように本の詳細が表示されます。

▼**画面2 書籍の詳細情報**

記事の編集、削除も
できるんだ

また、本の詳細の下には、「編集する」「削除する」というボタンがあり、それぞれのボタンをクリックすることによって、本の内容を編集したり、本を削除したりすることができます。

編集画面を画面3に示します。

▼**画面3 編集画面**

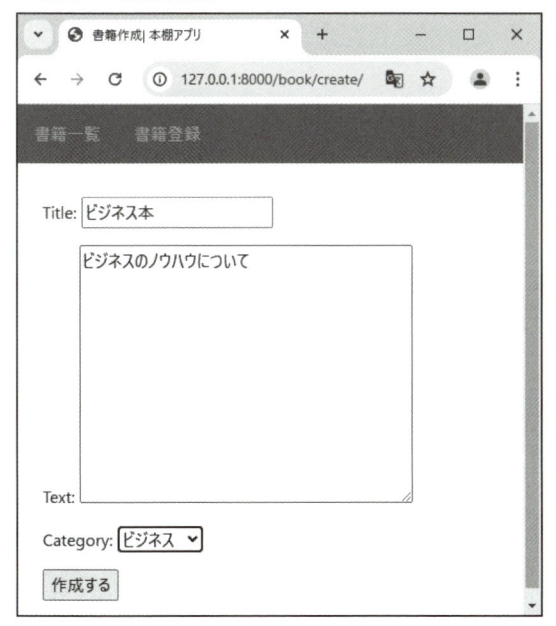

編集画面はこんな感じ

これが今回作成するアプリケーションの全体像です。ではさっそく実装を進めていきましょう。

4-2 初期設定

仮想環境の構築と、Djangoのインストール

まずは仮想環境を作っていきましょう。任意の場所にディレクトリを作成します。ここでは「project3」というディレクトリを作成しました。

```
$ mkdir project3 Enter
```

なお、作成するディレクトリの名前は何でも構いません。

次に、作成したproject3ディレクトリに移動し、仮想環境を作成します。

```
$ cd project3 Enter
$ python3 -m venv venv Enter
```

仮想環境の作成が完了したら、仮想環境を立ち上げ、次にDjangoのインストールを進めていきましょう。

本書と同じ環境で実装をしたい方は、django==5.1.2とバージョンを指定してインストールをしましょう（＝は2つ繋げますので注意し」てください）。

```
$ source venv/bin/activate Enter
(venv)$ pip install django==5.1.2 Enter
```

これで仮想環境の構築並びにDjangoのインストールは完了です。

プロジェクトとアプリのベースを作る

ここから、プロジェクトの作成をはじめましょう。なお、今回はプロジェクト名をbookproject、アプリ名をbookとします。

最初に、ターミナル上でプロジェクトとアプリを作成します。

```
(venv)$ django-admin startproject bookproject Enter
(venv)$ cd bookproject Enter
(venv)$ python3 manage.py startapp book Enter
```

次に、プロジェクトのurls.pyファイルからアプリのurls.pyファイルを呼び出すためのコードを、プロジェクトのurls.pyファイルに書きましょう（リスト1）。なお、アプリのurls.pyはこのあとに作成します。

リスト1　bookproject/bookproject/urls.py

```
from django.contrib import admin
from django.urls import path, include ───────────── コード追加

urlpatterns = [
    path('admin/', admin.site.urls),
    path('', include('book.urls')), ───────────── コード追加
]
```

次に、settings.pyファイルにコードを追記し、プロジェクトにアプリを認識させます（リスト2）。

また、htmlファイルが入っている場所をDjangoに伝えるため、DIRSにもコードを追記しましょう。

リスト2　bookproject/bookproject/settings.py

```
・・・省略・・・

INSTALLED_APPS = [
    'django.contrib.admin',
    'django.contrib.auth',
    'django.contrib.contenttypes',
    'django.contrib.sessions',
    'django.contrib.messages',
    'django.contrib.staticfiles',
    'book.apps.BookConfig', ───────────── コード追加
]

・・・省略・・・

TEMPLATES = [
    {
・・・省略・・・
        'DIRS': [BASE_DIR / 'templates'], ───────────── コード追加
・・・省略・・・
    }
]

・・・省略・・・
```

　最後に、bookアプリにおいてurls.pyファイルを作成の上、リスト3に最低限のコードを書きます。この設定をしないと次の節でエラーが発生してしまうからです。

　bookproject/bookディレクトリに移動し、次のコマンドを入力、実行しましょう。

```
(venv)$ touch urls.py Enter
```

リスト3　bookproject/book/urls.py

```
urlpatterns = []                                              コード追加
```

　これで初期設定は完了です。

4-3 model（データベース）について

model とは

この章において新しく学ぶ知識の一つが、model（モデル）です。

モデルという言葉は、プログラミングの世界で一般的に使われている「データベース」に対応しています。

データベースという言葉は、一般的に使われている用語という意味においては、聞いたことがある方も多いと思います。しかし、抽象的な言葉でもあり、わかるようでよくわからない言葉でもあります。ですからここからは頭を整理するという意味も込めてデータベースが何かという点について理解していきましょう。

データベースという言葉は、正確にはデータベースマネジメントシステムと呼ばれています。

これは、物理的なデータを入れる箱のようなものがデータベースなのではなく、物理的なデータを「どのように」整理していくのかという「考え方」をまとめたものであることを意味しています。この点について具体例を使って理解を深めていきましょう。

具体例を使って model を理解する

今回は、図書館の例を使って説明していきます。まずは、データベース、データベースサーバーと図書館の関係を次の図に示します（図1）。

図1 データベースと図書館の関係

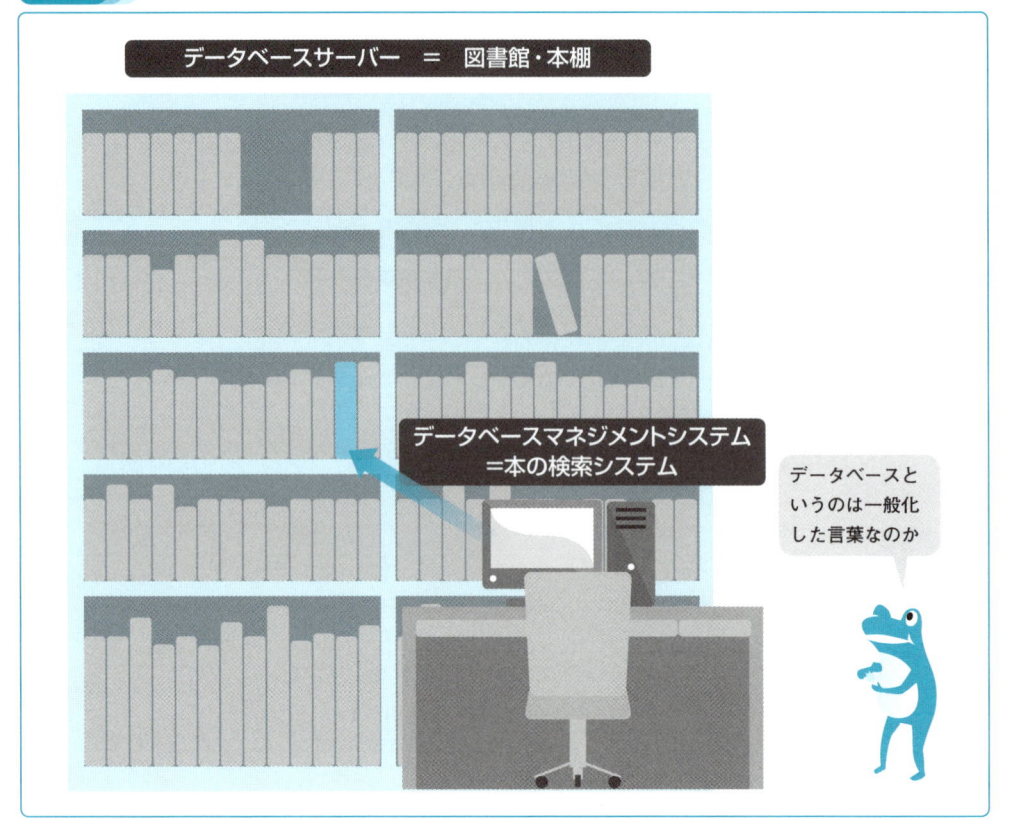

データベースサーバー ＝ 図書館・本棚

データベースマネジメントシステム
＝本の検索システム

データベースというのは一般化した言葉なのか

あなたは、図書館に行って「Djangoマスターへの道」という本を借りたいと考えているとします。

この時、たとえ本の名前がわかっていても、どこに置かれているかわからなければ、目的の本を見つけるのは非常に大変です。

また、運よく見つけることができたとしても、適当な場所に置いて帰ると、後日、改めて探す際にも非常に時間がかかってしまうことでしょう。

つまり、いくらたくさんの本があったとしても、その本があるルールに基づいて整理されていなければ実質的に意味をなさない（本がないことと同じになってしまう）のです。

このような混乱を避けるため、図書館には本を検索するためのシステムが備わっています。また、1つひとつの本には番号が振られており、その番号に沿って本棚に本が納められています。

1つひとつの本に対してラベル付けをしていくように、データにもラベル付けをして整理しやすくします。そのためのルールを作ることができるのがデータベースマネジメントシステムです。

このイメージを持っていただいた上で、データベースという言葉に対する理解を深めてい

きましょう。

　第3章のコラムで、サーバー（パソコン）は箱であり、そこに機能を付加することによって呼び名が変わることを説明しました（水のボトルがついたサーバーはウォーターサーバーと呼ばれる、と説明しました）。

　これと同じように、データベースマネジメントシステムがインストールされたパソコン（サーバー）のことを、一般的にデータベースサーバーと呼びます。

　つまり、データベースマネジメントシステムをパソコン（サーバー）にインストールすることで、データを整理しやすくするための仕組みを整えることができるのです。

　この時、一般的に用いられるデータベースという言葉は、データベースマネジメントシステムがインストールされたデータベースサーバーを指します。ですから、まずはデータベースというのはデータを入れる物理的な箱ではない、という点を理解しておきましょう。

　そして、Djangoがデータを扱う際は、データベースを使ってデータを操作することが一般的です。つまり、Djangoはデータベースサーバーと連携しながらデータのやり取りをしているのです。

　ちなみにDjangoにおいてはデフォルトでsqlite3というデータベース（データベースマネジメントシステム）を使う設定がされています。

　つまり、自分でデータベースサーバーのインストールやDjangoとデータのやり取りをする仕組みの設定をしなくても、簡単にデータベースを使うことができるのです。

　そして、データベースの設定が書かれているのがsettings.pyファイルです。settings.pyファイルの中の該当部分を見てみましょう（リスト1）。

リスト1　　bookproject/bookproject/settings.py

```
・・・省略・・・
DATABASES = {
    'default': {
        'ENGINE': 'django.db.backends.sqlite3',
        'NAME': BASE_DIR / 'db.sqlite3',
    }
}
・・・省略・・・
```

　中身を見ると、sqlite3という記載がある通り、Djangoではデフォルトでsqlite3というデータベースマネジメントシステムを使えるように設定されていることがわかります。

前節でデータベースの概要についてお伝えしましたが、Djangoでデータベースを扱う際に使うファイルがmodels.pyです。models.pyファイルは、データベースを作成する上で用いられる設計図のようなものです。

models.pyファイルで作成する内容は、Excelなどの表計算ソフトにおいて表（テーブル）を作るようなイメージと捉えていただければよいでしょう（図2）。

図2 models.pyのファイルで作成するもののイメージ

データベース

SampleModel

Id	title	number
1	りんご	30
2	みかん	50

表計算ソフトの表のような感じだね

つまり、データにどんな名前をつけるのか、どんなデータを入れるのか、そのデータの型をどうするのか、といった情報を定義するために使われるのがmodels.pyファイルです。

まずは簡単なコードを書いてmodels.pyファイルの中身のイメージを膨らませていきましょう（リスト2）。

リスト2	bookproject/book/models.py

```
from django.db import models


class SampleModel(models.Model):                        ── コード追加
    title = models.CharField(max_length=100)            ── コード追加
    number = models.IntegerField()                      ── コード追加
```

　リスト2のコードで書かれている通り、モデル（データベーステーブル）の名前（SampleModel）はclassとして定義していきます。この名前（SampleModel）は任意につけて問題ありません。

　そして、classの下の行で具体的なデータの定義をしていきます。2行目に書いたmodels.CharFieldはデータの種類（データ型）を示しており、左側の変数（title）がそのデータを呼び出すときに使う名前を示しています。なお、CharFieldは文字列型のデータです。

　そして、データを作成する際には引数として細かい条件を加えることができます。

　今回の場合、models.CharFieldの引数としてmax_lengthを指定しており、その値を100にしています。これは、データ（文字列）の最大長が100ということであり、このように引数を指定することで、データ（文字列）の最大長を指定することができます（CharFieldの場合、max_lengthは必ず設定しなければなりません）。

　次の行のIntegerFieldは整数型のデータであることを示しています。

　modelの中で指定できる型にはどのようなものがあるのか、という点についてはこのあとの4-5節で説明します。

● makemigrations（データを整理する設計図を作成するコマンド）

　models.pyファイルの中身を作成したら、データベース（今回の場合はsqlite3）にその内容を反映させる必要があります。

　そのためには2つのコマンドを実行する必要があり、それぞれmakemigrationsとmigrateと呼ばれています。この2つのコマンドのイメージは次の図3のようになります。

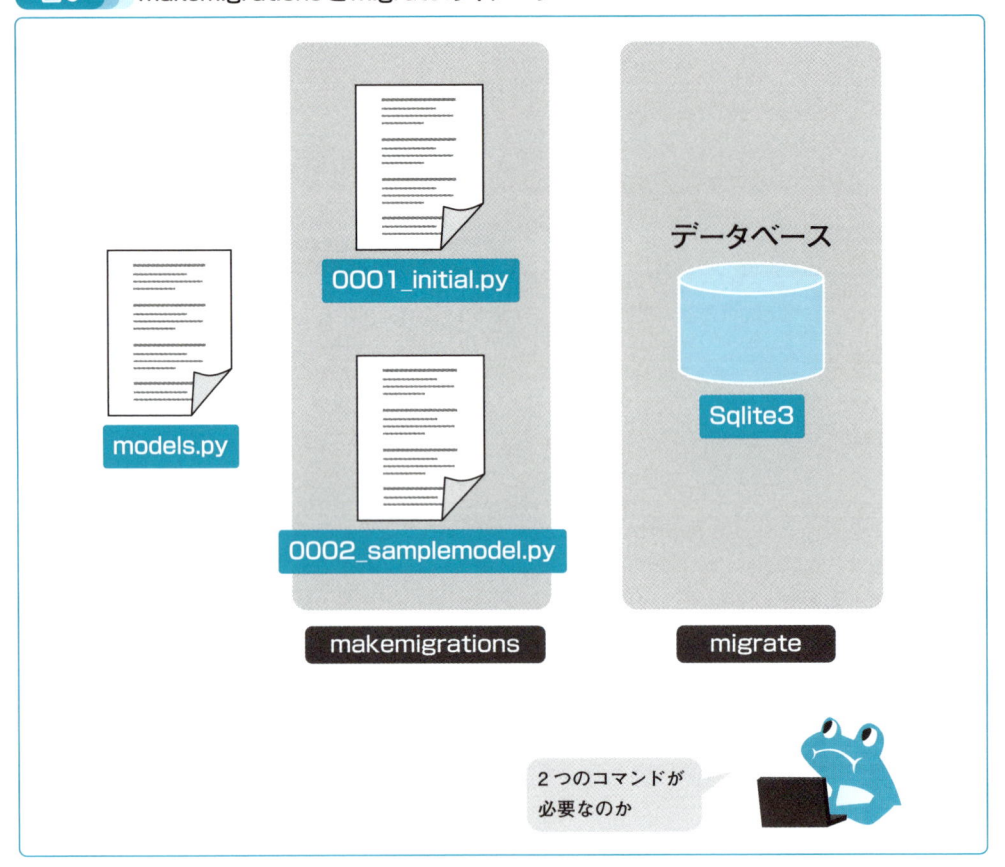

図3　makemigrationsとmigrateのイメージ

この2つのコマンドの中身について順に見ていきましょう。

まずはmakemigrationsです。

makemigrationsは、models.pyファイルの記載内容に基づいて、データベースの設計図のようなファイルを作成するために使われるコマンドです。

この時、models.pyファイルの内容を変更した上でmakemigrationsコマンドを実行すると、新しくファイルが作成されます。

実行のたびに新しいファイルが作成されるという意味においては、makemigrationsコマンドはデータベースの設計図の変更の記録、ともいうことができます。

makemigrationsコマンドを実行することによって設計図を作成することのメリットはいろいろありますが、今回はその理由の1つを紹介します。

その理由とは、エラーなどがあった場合、データベースに反映させる前に教えてくれるというものです。

ここで、データベーステーブルを作成し、その中で既にデータが入力されている場合を考えてみましょう。データベーステーブルに新しい項目を追加する場合は、既存のテーブルの

中身との整合性を取ることが必要になります。

　図4の0002_から始まるファイルでは、新しくdate（日付）という列が追加されていますが、すでに作成されている2つのデータのdate列にはどのようなデータを入れればよいのでしょうか？　もしくは、データは入れなくてもよいでしょうか？

図4　既存のテーブルにデータを追加する場合

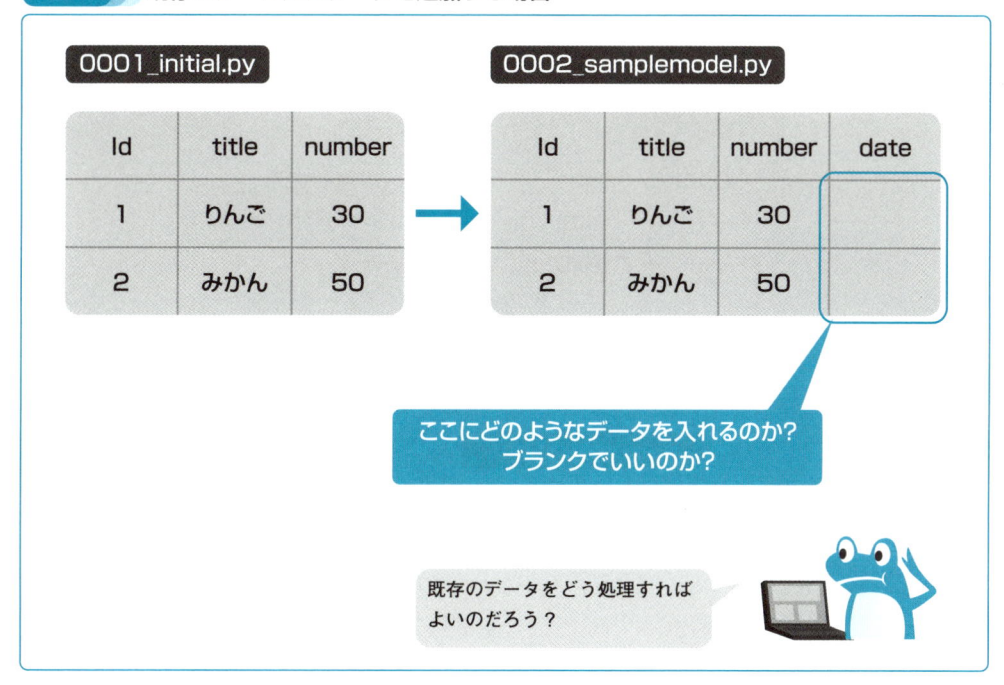

　このような場合にmakemigrationsコマンドを実行すると、既存の行のdate列にどのようなデータを入れるのかをDjangoがターミナル上で聞いてくれます。

　この機能があることによって、データベーステーブルに誤った操作が行われることを防いでくれるのです。

　実装に戻りましょう。ここで、makemigrationsコマンドを実行してみましょう。ターミナル上で次のコマンドをmanage.pyのあるディレクトリで実行します。

```
(venv)$ python3 manage.py makemigrations Enter
```

　すると、ターミナルに次のような出力がされます。

```
Migrations for 'book':
  book/migrations/0001_initial.py
    - Create model SampleModel
```

この中で、一番下にCreate model SampleModelという記載があることがわかります。また、その上の行にbook/migrations/0001_initial.pyという記載があります。これは、設計図であるmigrationsファイルが作成されたことを示しています。

ここで、bookディレクトリの中を改めて見てみましょう。すると、新しくmigrationsというディレクトリが作成されていることがわかります（図5）。

図5 migrationsディレクトリ

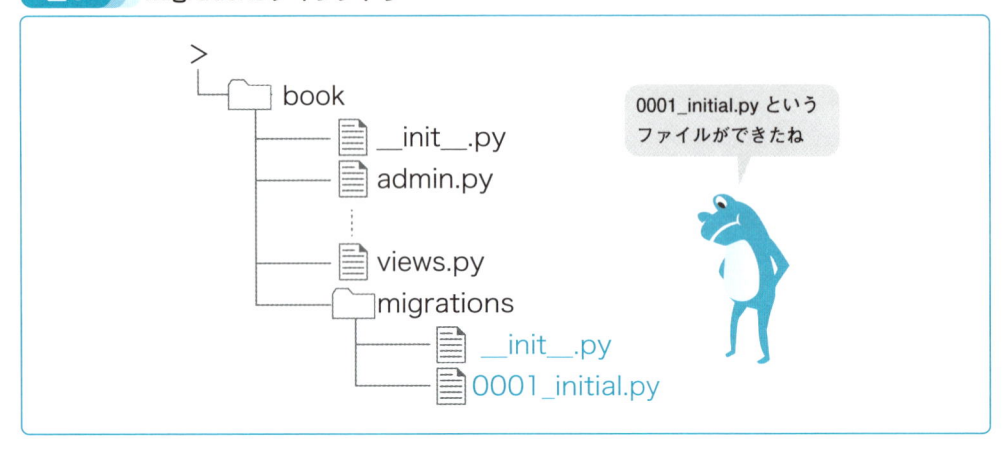

migrationsディレクトリの中に作成された0001_initial.pyがmakemigrationsコマンドによって作成されたファイルです。

この時、models.pyファイルの内容を更新・変更した上でmakemigrationsコマンドを実行していくと、0002_...、0003_...、…という形で順次ファイルが作成されていきます。

ここで、作成された0001_initial.pyファイルを見てみましょう（リスト3）。

リスト3 bookproject/book/migrations/0001_initial.py

```
from django.db import migrations, models


class Migration(migrations.Migration):

    initial = True

    dependencies = [
    ]

    operations = [
```

```
        migrations.CreateModel(
            name='SampleModel',
            fields=[
                ('id', models.BigAutoField(auto_created=True, primary_
key=True, serialize=False, verbose_name='ID')),
                ('title', models.CharField(max_length=100)),
                ('number', models.IntegerField()),
            ],
        ),
    ]
```

　色文字の部分を見ると、確かにmodels.pyファイルで定義した内容（titleとnumber）が反映されていることがわかります。

Column　アプリごとのmakemigrationsコマンドの実行

　makemigrationsコマンドは、次のコマンドのように、対象とするアプリの名前を最後に指定することで個別に実行することが可能です。

```
(venv)$ python3 manage.py makemigrations book Enter
```

　今はアプリが一つだけですが、アプリの数が複数になってくると、それぞれのアプリでmodels.pyファイルを作成していくことになります。

　この時、一度にすべてのアプリに対してmakemigrationsコマンドを実行すると（個別のアプリ名を指定せずにmakemigrationsコマンドを実行すると）、トラブルなどが発生した場合に元の状態に戻すことが難しくなるなど、修正する際の手間が増えてしまいます。ですのでmakemigrationsコマンドは個別のアプリ名を指定した上で実行した方がよいでしょう。

　なお、本書では簡潔な記載で統一するため、アプリ名をつけずに、makemigrationsコマンドを実行していきます。

migrate コマンド

migrate コマンドは、makemigrations コマンドによって作成されたファイルの内容に基づき、データベースに変更を反映させるために使われるコマンドです。

実際にコマンドを実行してみましょう。

```
(venv)$ python3 manage.py migrate Enter
Operations to perform:
  Apply all migrations: admin, auth, book, contenttypes, sessions
Running migrations:
  Applying contenttypes.0001_initial... OK
  Applying auth.0001_initial... OK
  Applying admin.0001_initial... OK
  Applying admin.0002_logentry_remove_auto_add... OK
  Applying admin.0003_logentry_add_action_flag_choices... OK
  Applying contenttypes.0002_remove_content_type_name... OK
  Applying auth.0002_alter_permission_name_max_length... OK
  Applying auth.0003_alter_user_email_max_length... OK
  Applying auth.0004_alter_user_username_opts... OK
  Applying auth.0005_alter_user_last_login_null... OK
  Applying auth.0006_require_contenttypes_0002... OK
  Applying auth.0007_alter_validators_add_error_messages... OK
  Applying auth.0008_alter_user_username_max_length... OK
  Applying auth.0009_alter_user_last_name_max_length... OK
  Applying auth.0010_alter_group_name_max_length... OK
  Applying auth.0011_update_proxy_permissions... OK
  Applying auth.0012_alter_user_first_name_max_length... OK
  Applying book.0001_initial... OK
  Applying sessions.0001_initial... OK
```

実行をすると、非常にたくさんのコードが表示されます。

このコードの中を見ていくと、下の方に Applying book.0001_initial... OK という出力があることがわかります。

この出力は、book アプリの 0001_initial ファイルをデータベースに反映させることが無事に完了したことを示しています。

ただ、migrate コマンドを実行することによって表示されたコードを見てみると、0001_initial 以外のファイル以外にも、auth.0001_initial といった記載があることがわかります。

これらは、Django があらかじめ作成しているアプリに対して migrate コマンドを実行したことを意味しています。

それを確認するために、settings.pyファイルのINSTALLED_APPSの中身を見てみましょう（リスト4）。

```
・・・省略・・・
INSTALLED_APPS = [
    'django.contrib.admin',
    'django.contrib.auth',
    'django.contrib.contenttypes',
    'django.contrib.sessions',
    'django.contrib.messages',
    'django.contrib.staticfiles',
    'book.apps.BookConfig',
]
・・・省略・・・
```

INSTALLED_APPSの中身を見ていくと、authなどの記載があることがわかります。ちなみに、authはユーザーの情報を管理するためのアプリです。このように、Djangoではアプリケーション（ウェブサイト）を作成する上で基本的に必要とされるアプリを事前に作成してくれているのです。

そして、プロジェクト作成後、はじめにmigrateコマンドを実行した際に、デフォルトで準備されているアプリの中で定義されたmodelがデータベースに反映されるのです。

管理画面でユーザーテーブルを確認する

モデル（データベーステーブル）を作成することができたので、実際に作成されたテーブルを確認してみましょう。

今回は、Djangoにおいてデフォルトで準備されているuserテーブルを、管理画面上で確認します。

管理画面に入るためにはユーザー名とパスワードを入れてログインをしなければなりませんが、まだログインするためのユーザーが作成されていません。

Djangoでは、ターミナル上でユーザーを作成するためのコマンドがあります。それが、createsuperuserコマンドです。

実際にターミナル上でユーザーを作成していきましょう。

```
(venv)$ python3 manage.py createsuperuser Enter
```

createsuperuserというコマンド名の通り、これはsuperuser（管理ユーザー）を作成するためのコマンドです。

createsuperuserコマンドを実行すると、次の実行結果で示すようにユーザー名、メールアドレス、パスワードの入力が求められます。

```
(venv)$ python3 manage.py createsuperuser Enter
Username : ryota Enter
Email address: Enter
Password:          Enter
Password (again):          Enter
This password is too short. It must contain at least 8 characters.
This password is too common.
Bypass password validation and create user anyway? [y/N]: y Enter
Superuser created successfully.
```

メールアドレスは入れても入れなくても構いませんので、簡単なユーザー名とパスワードを入れてsuperuserを作成しましょう。

なお、パスワードに使う文字列がDjangoの内部フィルターに引っかかった場合（文字数が少ない場合など）、上記のように、ターミナルに「Bypass password validation and create user anyway？ [y/N]:」と警告が表示されるかと思いますが、これはy（yesのyです）を入力し、そのままsuperuserを作成してしまって大丈夫です。

これでsuperuserを作成できましたので、管理画面に入ってみましょう。まずはサーバーを立ち上げます。

```
(venv)$ python3 manage.py runserver Enter
```

その上で、ブラウザで127.0.0.1:8000/admin/にアクセスし、管理画面を表示させましょう。

ブラウザでアクセスすると、画面1のような画面が表示されますので、先ほど作成したsuperuserのユーザー名とパスワードを入力してログインします。

▼**画面1　管理画面**

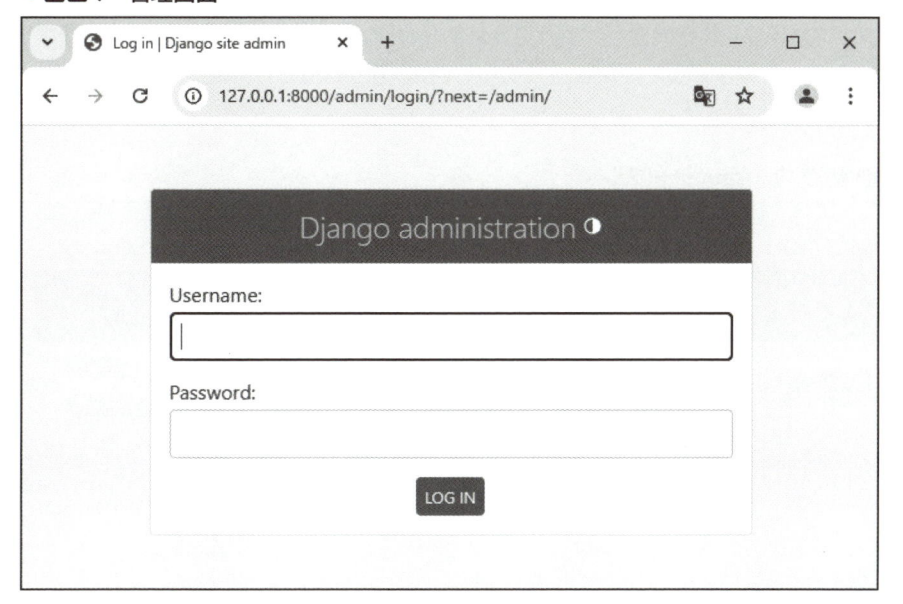

設定したsuperuserのユーザー名とパスワードを入力してログイン

すると、次のような画面が表示されるかと思います（画面2）。

▼**画面2　ログイン後の管理画面**

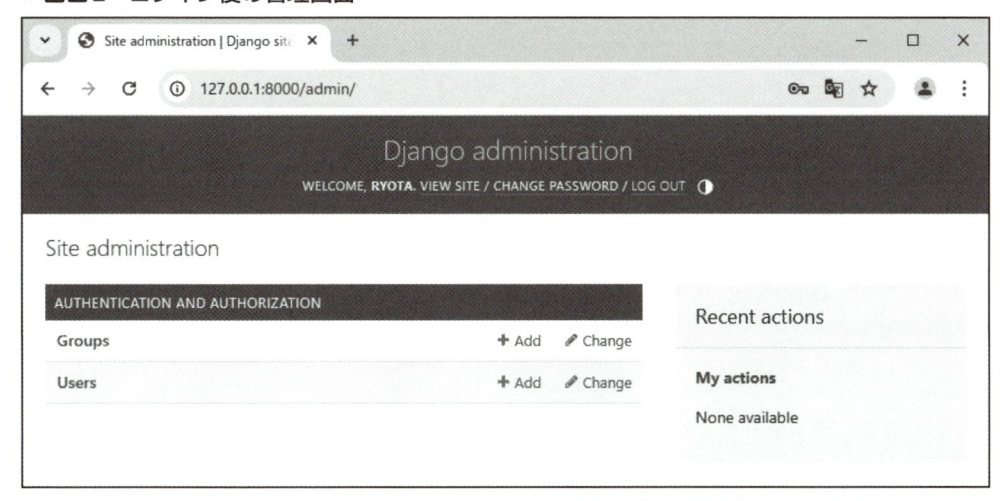

ログインしたらこんな画面が表示された

　画面2のUsersをクリックすると画面3が表示されます。右上にある「ADD USER」という
ボタンをクリックすると、管理画面上でデータを追加したり、削除したりすることができます。

　また、ターミナル上で作成したsuperuserのデータができていることも確認しておきましょ
う。

▼**画面3　管理画面内、userテーブル**

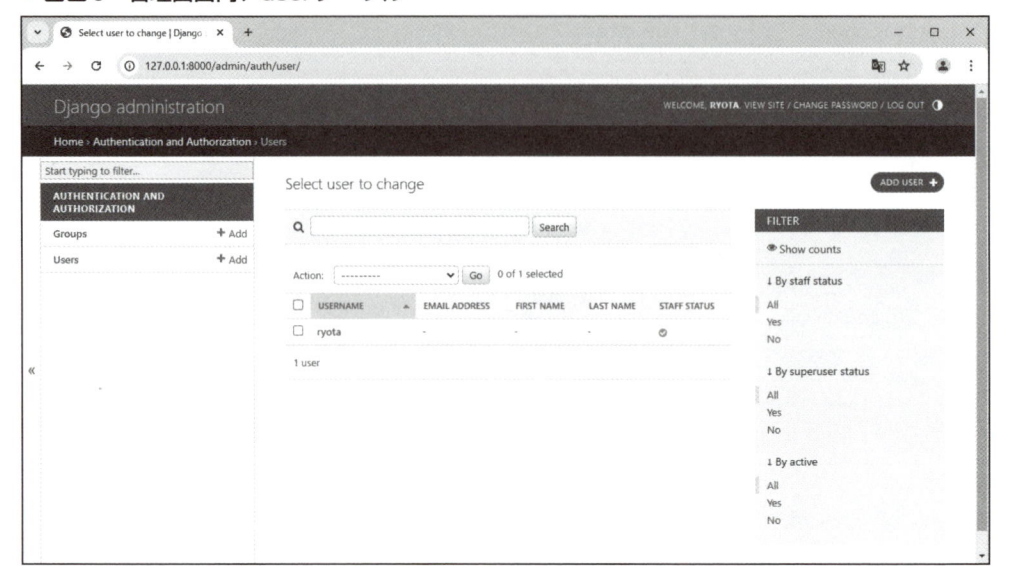

画面2のUsersをクリック
するとこんな感じ

　このように、管理画面を使って簡単にデータの操作をすることができるのもDjangoの強み
の1つです。

　次に、models.pyファイルで定義したSampleModelのデータを操作してみましょう。再度
トップページに戻り、画面3の左上のHomeをクリックします。

　トップページは画面4のように表示されており、SampleModelテーブルに関する記載が見
当たりません。

▼**画面4　ログイン後の管理画面**

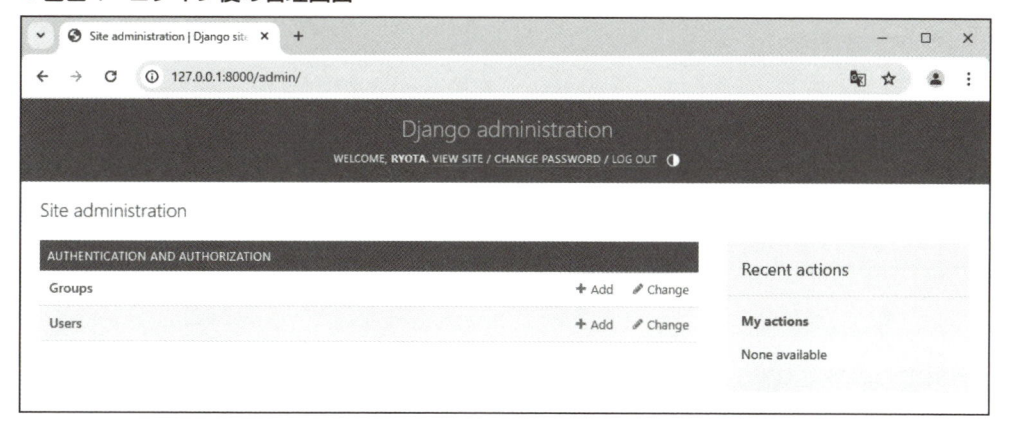

　実は、アプリで作成したデータベーステーブルを管理画面に表示させるには、そのための設定をしなければなりません。

　その設定をする際に使うのが、admin.pyファイルです。

　bookディレクトリの中にあるadmin.pyファイルを開いた上で、管理画面に認識させるためのコードを書きましょう（リスト5）。リスト5に記載するコードを書くことによって、管理画面にモデルを認識させることができるようになります。

　イメージとしては、INSTALLED_APPSにアプリを追加することでDjangoがそのアプリケーションを認識できるようになるのと同じように、admin.pyファイルにモデルを追加することで、Djangoの管理画面がそのモデルを認識できるようになるという考え方がわかりやすいでしょう。

リスト5　　bookproject/book/admin.py

```
from django.contrib import admin
from .models import SampleModel                              コード追加

admin.site.register(SampleModel)                            コード追加
```

　改めてサーバーを立ち上げて、管理画面にログインしましょう（画面5）。

▼**画面5　管理画面、テーブルの一覧**

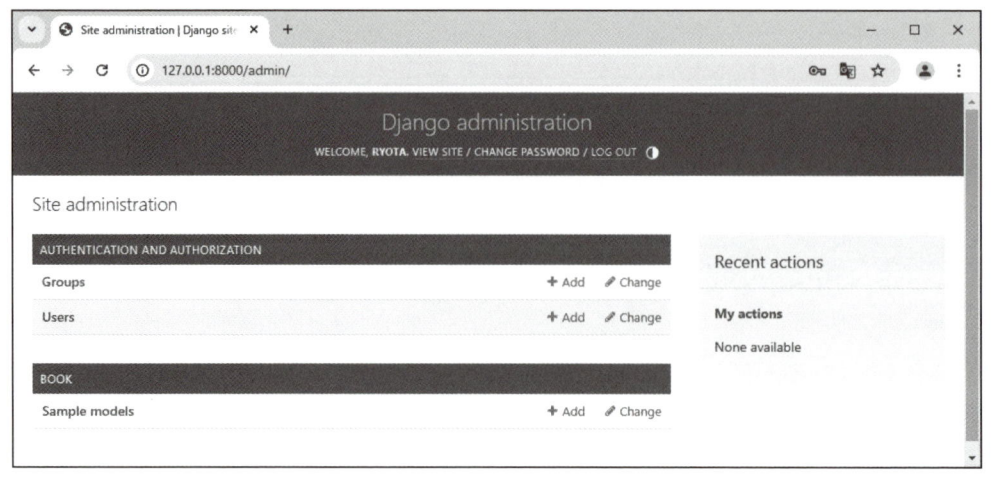

画面の下の方にSampleModelが
表示されたぞ

　画面の下の方に、Sample modelsという表示が追加されていることがわかります。

　models.pyファイルでSampleModelと定義した一方、管理画面ではSample modelsと表現が異なっていますが、同じテーブルを示しています。

　SampleModelに新しくデータを追加しましょう。Sample modelsの右に記載されているAddをクリックします。

　すると、画面6が表示されます。この画面にはTitleとNumberという項目の記載があることがわかります。TitleとNumberは、models.pyファイルで定義したデータです。

▼**画面6　管理画面、データの追加**

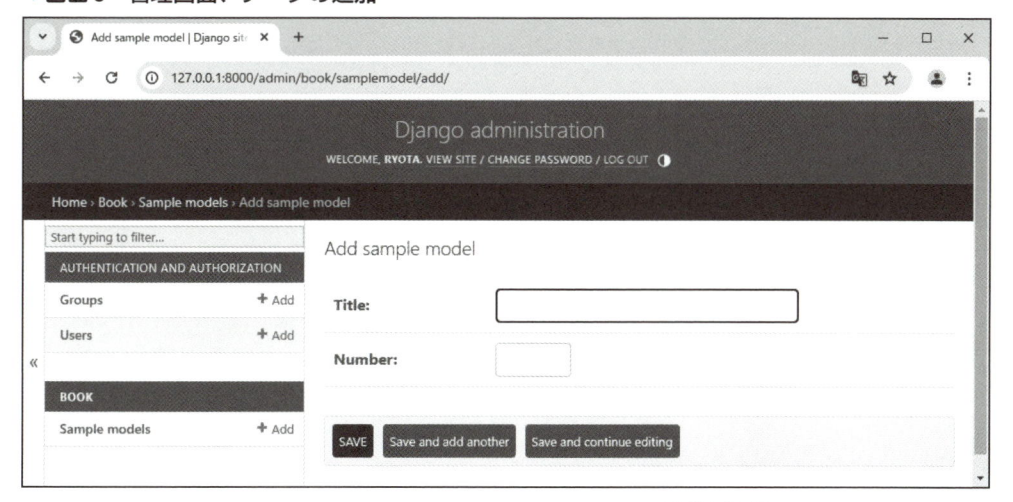

データの追加ができるぞ

　models.pyファイルではtitleと先頭を小文字で定義しましたが、Djangoの管理画面ではデフォルトで先頭が大文字になるようになっています。

　TitleとNumberの入力欄に任意の文字列や数字を入力し、右下のSAVEボタンをクリックすることによって、データを作成（データベースにデータを保存）することができます。

　データの作成だけではなく、編集や削除もできますので、管理画面でいろいろなデータの操作をしてみるとよいでしょう。

4-4 CRUDについて

ウェブフレームワークのイメージを固めよう

　ここから、class-based viewを使って本棚アプリケーションの実装に入っていきますが、その前提となる考え方について学んでいきましょう。

　第1章で、Djangoはウェブフレームワークであるという話をしました。そして、Djangoを使って作成されたサイトの例として、YouTubeを紹介しました。

　ところで、YouTubeのようなサイトにおいてユーザーが行う操作としては、新しく動画を作成する、作成した動画を削除する・編集する・見る、といったものが考えられます。
　YouTube以外にも、このような機能が求められるサイトとして、Facebook、Twitter、Instagramといったものが挙げられます。

　このようなサイトを少し抽象化して考えると、共通した特徴があることがわかります。
　その特徴とは、ユーザーがデータの一覧や個別のデータを見たり、また、データを投稿したり、編集したりしているということです。
　突き詰めると、データが効率よく整理され、それが見やすい形でまとめられている、といえます。

　そして、上記のようにデータを扱う仕組みを総称して、CRUDと呼ばれています。
　CRUDは、次のそれぞれの頭文字をとったものです。

C：Create
R：Read
U：Update
D：Delete

　Facebookを例に考えてみると、C（reate）は投稿を作成する、R（ead）は投稿を読み込む、U（pdate）は投稿を更新する、D（elete）は投稿を削除するという形です。
　つまり、Facebookというサービスは、この4つの機能を中心として作成されているということです。

　これからDjangoのclass-based viewを使って実装を進めていきますが、継承するViewは、このCRUDの考え方に基づいているといえます。

　以下に、CRUDとDjangoが準備しているview（views.pyファイルの中で継承するclass）の関係を示します（表1）。

▼**表1**　CRUDとDjangoが準備しているview（views.pyファイルの中で継承するclass）の関係

CRUD	Djangoで対応するView
C（Create）	CreateView
R（Read）	ListView　DetailView
U（Update）	UpdateView
D（Delete）	DeleteView

　このイメージを持っていただいた上で、実際に本棚アプリケーションの作成に入りましょう。

4-5 一覧画面 (ListView)

本の一覧を作成しよう

まずは、本の一覧を表示するListViewの作成を進めていきましょう。

ListViewは、本のタイトルをずらっと並べたようなイメージです。そういった意味では、書籍一覧の方がイメージが湧きやすいかもしれません。

はじめにコードを書いていき、その上で中身について説明していきます。

urls.py ファイルの作成

まずは、urls.py ファイルです。

はじめに、views.py ファイルで定義するListBookViewというclassを呼び出すための流れを作成していきましょう（リスト1）。

> **リスト1**　bookproject/book/urls.py（色文字はすべてコード追加）

```
from django.urls import path                                    コード追加

from . import views                                             コード追加

urlpatterns = [
    path('book/', views.ListBookView.as_view()),                コード追加
]
```

requestされたURLにbookという文字列が入っていると、views.py ファイルの中でListBookViewとして定義されたviewを呼び出すようにしています。

なお、今回はhello worldアプリの場合と比べて少しだけ書き方を変えています。

from . import viewsという記載にした上で、urlpatternsの中のListBookViewの前にviews.を付けることで個別にviews.py ファイルの中で定義した関数やクラスをインポートしなくてもよい形にしています。

views.py ファイルの作成

次に、views.py ファイルにコードを書いていきましょう。

views.py ファイルで書くコードの内容は、基本的にはhelloworldアプリケーションで説明した内容と同じです。

helloworldアプリケーションとの違いは、models.py ファイルの中のどのデータベーステーブルを使うかをviews.py ファイルの中で指定する必要があるということです。

その設定方法は、model=モデル名という形です。

本棚アプリケーションで使うモデルはこれからmodels.pyファイルで作成していきますが、その名前をBookとする前提で次のようにコードを書いていきましょう（リスト2）。

リスト2 bookproject/book/views.py

```
from django.shortcuts import render
from django.views.generic import ListView                    ── コード追加
from .models import Book                                      ── コード追加


class ListBookView(ListView):                                 ── コード追加
    template_name = 'book/book_list.html'                    ── コード追加
    model = Book                                              ── コード追加
```

これでviews.pyファイルの作成は完了です。

ここで、ListBookViewがListViewを継承していることを確認しておきましょう。
ListViewはデータの一覧を表示させるのに適したViewです。

ちなみに、第3章のclass-based viewで実装した際に継承したclassはTemplateViewでした。TemplateViewは、最小限の機能が入っているViewという認識を持っていただけば良いでしょう。

models.pyファイルの作成

次に、models.pyファイルの作成を進めていきましょう。
まずはタイトル、内容、カテゴリーの3つの情報を扱えるようにしていきます。
コードを書いていきましょう（リスト3）。

リスト3 bookproject/book/models.py

```
from django.db import models


class SampleModel(models.Model):
    title = models.CharField(max_length=100)
    number = models.IntegerField()
CATEGORY = (('business', 'ビジネス'), ('life','生活'), ('other','その他'))
                                                              ── コード追加
class Book(models.Model):                                     ── コード追加
```

```
title = models.CharField(max_length=100)─────────── コード追加
text = models.TextField() ────────────────── コード追加
category = models.CharField( ───────────────── コード追加
        max_length=100, ───────────────── コード追加
        choices = CATEGORY ──────────────── コード追加
        ) ─────────────────────── コード追加
```

順番に見ていきます。

まず、4-3節で説明した通り、モデルの定義はclassによって行います。classの名前は今回はBookとします。

そして、modelsモジュールの中のModelクラスを継承させるために、Bookの中でmodels.Modelというコードを書いています。

また、SampleModelの削除に伴い、admin.pyファイルで書いたコードも削除しておきましょう（リスト4）。

リスト4 bookproject/book/admin.py

```
from django.contrib import admin
from .models import SampleModel



admin.site.register(SampleModel)
```

今回定義した個別のフィールドに関する説明をする前に、Djangoが準備しているフィールドについて簡単に学んでいきましょう。

Djangoで準備されているフィールド

ここで、Djangoで準備されているフィールドの一部を紹介します。

次のURLをブラウザに入力することによって、Djangoが準備しているフィールドを確認することができます。

https://docs.djangoproject.com/ja/5.1/ref/models/fields/

Djangoで準備されているフィールドには次のようなものがあります。

```
AutoField
BooleanField
CharField
DateField
EmailField
FileField
ImageField
TextFireld
TimeField
URLField
```

上記の名前から、その役割がなんとなくイメージできると思います。

例えば、BooleanFieldはブール値、EmailFieldはメールアドレス、ImageFieldは画像を扱います。

詳しい内容について理解をしたい方は、上で紹介したDjangoの公式ページを参考にしてください。

では、本棚アプリケーションに戻りましょう。今回作成したフィールドの中身について1つずつ説明していきます。

CharField

まずは、本のタイトル（title）を格納するデータとしてCharFieldを定義しました。CharFieldのCharはCharacterを示しており、文字という意味を持っています。

ちなみに、DjangoではCharFieldのほかにTextFieldがあるのですが、Djangoの公式ドキュメントによると、長い文字情報を扱う場合にはTextFieldを使ってください、と記載がありますので、文字数の長さによって使い分けをする、というイメージを持ちましょう。

そして、CharFieldを指定した場合にデフォルトでhtmlファイル上に表示されるのは、一行の入力であるTextInputです。

なお、CharFieldを作成する際にはmax_lengthという引数を設定しなければなりません。max_lengthはその名の通り、最大文字数を意味します。

TextField

次に、本の内容（text）としてTextFieldを定義しました。

TextFieldは、CharFieldと同じようなイメージで、文字列情報を格納する際に使われます。

デフォルトでhtmlファイル上に表示されるのは、複数行の入力であるTextareaです。

CharField（引数付き）

最後は本のカテゴリー（category）として、既に紹介したCharFieldです。Djangoでは、

Fieldに引数を入れることにより、あたかも違うフィールドのように扱うことができます。

今回定義したCharFieldには、categoryの引数としてmax_lengthに加えてchoicesが入っています。これは、入力されるフィールドをプルダウンの選択肢にするために使われるものです。そして、プルダウンで選択させる項目をCATEGORYという変数で定義しており、CATEGORYをBookの上で定義しています。

なお、CATEGORYの中を見ると個別のデータは('business', 'ビジネス')という形で対になっていることがわかります。

このデータの中で、右側の表示がhtmlファイル上で表示される項目（人が理解できる項目）、左側の表示が、pythonの実装やhtmlファイルのコード上で表示される項目（機械が理解できる項目）です。

言葉だけではイメージしづらいと思いますので、この後に示す画面で改めて説明します。

作成したファイルをデータベースに反映させるため、bookprojectディレクトリに移動した上で、makemigrationsとmigrateコマンドを実行しましょう。次のコマンドを実行します。

```
(venv)$ python3 manage.py makemigrations Enter
Migrations for 'book':
  book/migrations/0002_book_delete_samplemodel.py
    + Create model Book
    - Delete model SampleModel
(venv)$ python3 manage.py migrate Enter
Operations to perform:
  Apply all migrations: admin, auth, book, contenttypes, sessions
Running migrations:
  Applying book.0002_book_delete_samplemodel... OK
```

これでテーブルの作成が完了しました。

作成したモデルを管理画面に反映させるため、アプリのadmin.pyファイルにコードを追記していきましょう（リスト5）。

リスト5　bookproject/book/admin.py

```
from django.contrib import admin
from .models import Book                                      ── コード追加


admin.site.register(Book)                                     ── コード追加
```

サーバーを立ち上げ、ログインします。

```
(venv)$ python3 manage.py runserver Enter
```

ブラウザで127.0.0.1:8000/admin/にアクセスし、管理画面を表示させましょう。

管理画面上でユーザー名とパスワードを入れてログインをすると、Booksという名前でテーブルが表示されます（画面1）。

▼**画面1　管理画面**

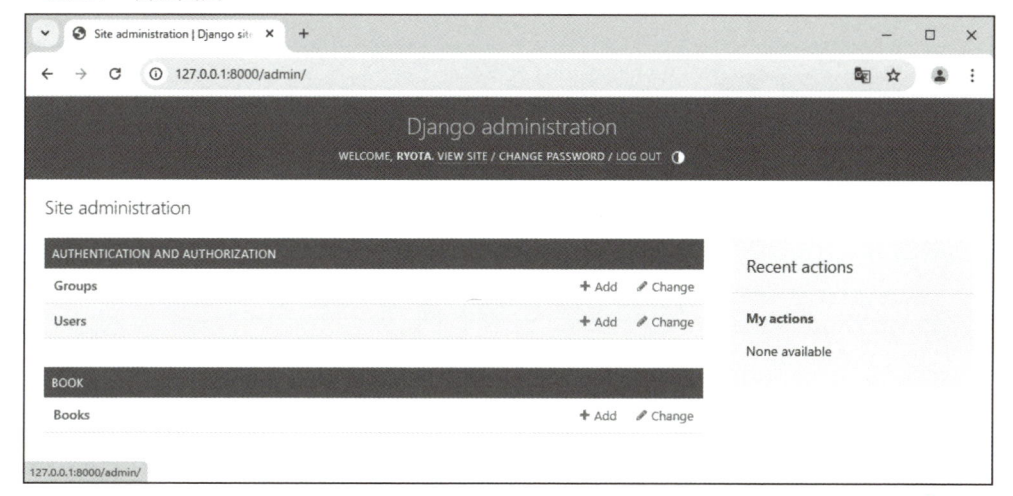

Booksが
追加されたぞ

管理画面からいくつかデータを作成していきましょう。画面1のBooksの右にあるAddをクリックします。

次の画面2で、Title、Text、Categoryの情報を入力して、データを作成します。

▼**画面2　管理画面でのデータの追加**

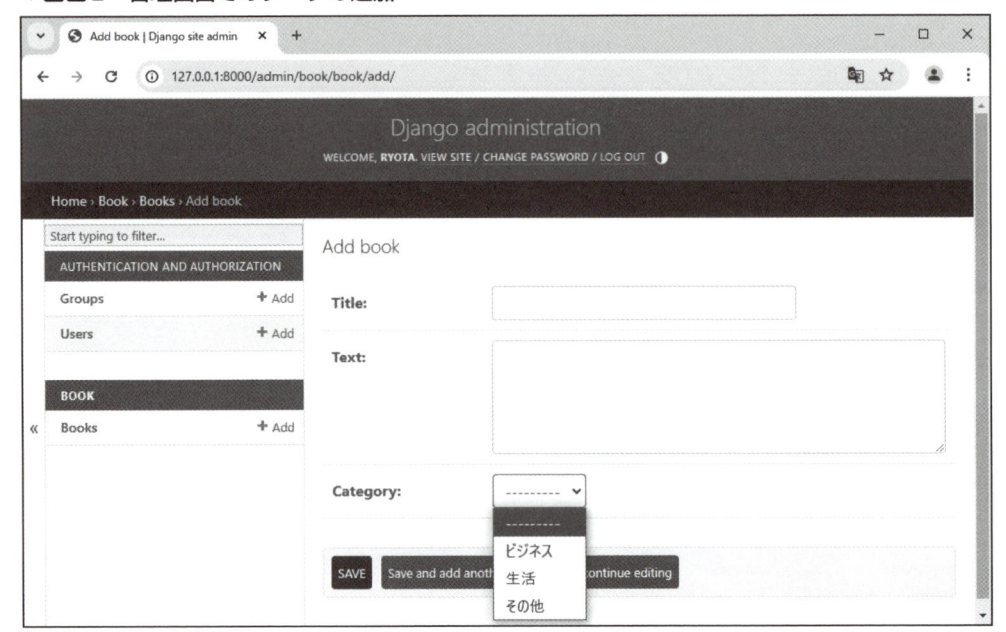

choicesで指定した情報が
プルダウンで表示されている

　今回は、次に示す2つのデータを作成します（表1）。

▼**表1　追加するデータ**

Title	Text	Category
ビジネス本	ビジネスのノウハウについて	ビジネス
料理本	おいしい料理の作り方について	生活

　作成した上で、管理画面上の記事一覧を見てみましょう。

　すると、次のような記載になっていることがわかります（画面3）。

▼**画面3　管理画面（Book）**

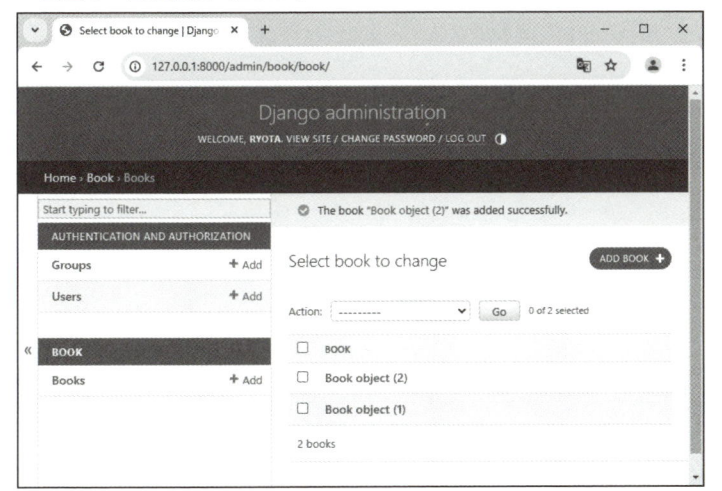

Book object（1）と
Book object（2）があるね

　タイトルがBook objectとなっており、これではタイトルから中身を推測できません。

　この記載を変更するには、models.pyファイルに一部コードを追加する必要があります（リスト6）。

リスト6　bookproject/book/models.py

```python
from django.db import models


CATEGORY = (('business', 'ビジネス'), ('life','生活'), ('other','その他'))
class Book(models.Model):
    title = models.CharField(max_length=100)
    text = models.TextField()
    category = models.CharField(
            max_length=100,
            choices = CATEGORY
            )

    def __str__(self):                              ──── コード追加
        return self.title                           ──── コード追加
```

このコードの意味はのちほど解説しますので、まずはサーバーを立ち上げ、管理画面に入ってデータを表示させましょう。なお、strの前後の_（アンダーバー）は2つですので注意してください。

```
(venv)$ python3 manage.py runserver Enter
```

ブラウザで127.0.0.1:8000/admin/にアクセスし、管理画面を表示させましょう。画面右下のBooksのリンクをクリックします。

すると、画面4に示すようにタイトルが表示されたことがわかります。

▼**画面4　book（タイトル文変更）**

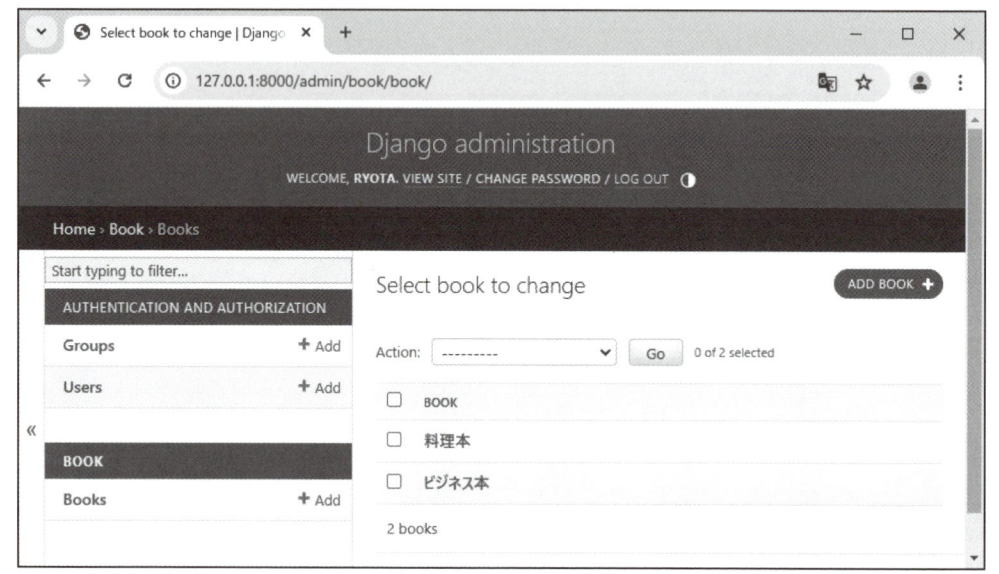

タイトルが表示された！

リスト6の__str__は特殊メソッドと呼ばれており、オブジェクトの文字列表現を返すという役割を持っています。具体的にいうと、Bookというクラスから作成された個別のオブジェクトに、self.title（それぞれのデータのタイトル）という文字列表現を与えている（オブジェクトをタイトルで表現している）ことになります。

つまり、self.textとすればデータの中身（textフィールドの文字列データ）でオブジェクトを表現することになる、ということです。

ちょっとしたテクニックですが、頭に入れておくとよいでしょう。

htmlファイル（テンプレート）の作成

次に、htmlファイルの作成を進めていきましょう。templatesディレクトリを作成した上で、その中にbook_list.htmlファイルを作成します（リスト7）。

なお、今回はhello worldアプリケーションで作成した場所とは別のディレクトリにtemplatesディレクトリを作成していきます。

具体的には、bookアプリ直下にtemplatesディレクトリを作成していきます。

settings.pyファイルで指定したDIRSが示している場所はプロジェクトディレクトリ（manage.pyが入っているディレクトリ）ですので、アプリの中にtemplatesディレクトリを作成したらエラーが出ると思われる方もいるでしょう。

実は、DjangoではDIRSで設定したディレクトリ以外にも、アプリの場所で指定することもできるのです。早速ディレクトリを作成していきましょう。

```
(venv)$ cd book Enter
(venv)$ mkdir templates Enter
(venv)$ cd templates Enter
(venv)$ mkdir book Enter
(venv)$ cd book Enter
(venv)$ touch book_list.html Enter
```

その上でhtmlファイルにコードを書いていきましょう（リスト7）。

リスト7 bookproject/book/templates/book/book_list.html

```
{% for item in object_list %}
  {{ item.title }}
  {{ item.text }}
  {{ item.category }}
{% endfor %}
```

見慣れないコードがたくさんあることがわかります。これらのコードの中身について順に理解していきましょう。まずは、{{}}や{%%}について見ていきます。

● Djangoで使われるテンプレートについて

book_list.htmlファイル内で書かれている {% %}や{{ }}はDjangoにおいてテンプレートと呼ばれ、{% %}はテンプレートタグ、{{}}はテンプレート変数と呼ばれています。名称を覚えることにあまり意味はありませんので、ここでは、Djangoで特別な意味を持っているもの、という理解でよいでしょう。

テンプレートの考え方は、htmlの場合において<h1>と囲むことで重要な見出しという意味を持たせるのと同じであり、テンプレートを使うことによってコードになんらかの意味を持たせることができます。

なお、{% %}は「なんらかの処理」を行う場合に用いられ、{{ }}は「データ」を扱う場合に用いられるということを頭に入れておきましょう。

テンプレートの具体例を表2に整理しましたので、参考にしていただければと思います。

▼**表2　HTMLのタグとDjangoのタグの関係**

言語	テンプレート	意味
HTML	<h1></h1>	見出し
	<p></p>	段落
Django	{% comment %}	コメントアウト
	{% for … %}	繰り返し文
	{{ object.●● }}	objectの●●データ

テンプレートはhtmlの
タグのようなものか

テンプレートのイメージを持った上で、book_list.htmlファイルの中身を見ていきましょう。

まずは{% for item in object_list %}の部分です。これは、Pythonにおけるfor文と同じようなイメージです。

例えば、Pythonでは、for i in [1,2,3] というコードを書くと、1、2、3が順番に取り出され、その数字が変数iの中に順番に格納されていくことを意味しますが、{% for item in object_list %}の場合も基本的な考え方は同じで、object_listに入っているデータを1つずつ取り出し、それをitemの中に格納していくことを意味します。

なお、object_listはListViewで指定したモデルのすべてのデータを示しており、今回の場合はBookの中のすべてのデータがobject_listに格納されています。

そして、for文を使うことで一つ一つのデータが順番にitemの中に格納されていきます。

次に、{{ }}の部分についてみていきましょう。{{ item.title }}というのは、object_listから取り出された個別のデータの中のtitleフィールドを意味しています。

titleは、Bookで定義したtitle = models.・・・のtitleに対応しています。

item.titleの下の行に記載したitem.textとitem.categoryも同じ考え方です。つまり、

object_listの中に入っているデータを、itemという名前で順番に呼び出せるようにしているのがbook_list.htmlで書いたコードの意味となります。

Column object_listを違う名前に変更する方法

object_listという記載は、抽象的でわかりづらいと考える方もいるでしょう。実は、object_listはviews.pyファイルの中で変更をすることが可能です。

具体的には、context_object_name ＝ 新しい名前、という形で変更できます。

なお、ListViewの場合はobject_listのobjectの部分をモデル名に置き換えたbook_listという名前も使えます。

本書ではobject_listのままコードを書いています。

サーバーを立ち上げ、list.htmlにアクセスしてみましょう。ブラウザで127.0.0.1:8000/book/にアクセスします（画面5）。

```
(venv)$ python3 manage.py runserver Enter
```

▼**画面5** htmlファイル上でのリストデータ表示

データが表示された

データが順番に表示されていることが確認できました。

ただ、すべてのデータが横に並んでしまっており、これではどれがタイトルでどれが中身なのかよくわかりません。

そこで、htmlに少し装飾を加えていきましょう（リスト8）。

| リスト8 | bookproject/book/templates/book/book_list.html |

```
{% for item in object_list %}
<ul>                                              コード追加
  <li>{{ item.title }}</li>                       コード追加
  <li>{{ item.text }}</li>                         コード追加
  <li>{{ item.category }}</li>                     コード追加
</ul>                                             コード追加
{% endfor %}
```

　改めてサーバーを立ち上げ、listを見てみましょう。ブラウザで127.0.0.1:8000/book/にアクセスします（画面6）。

▼**画面6　データのリスト表示**

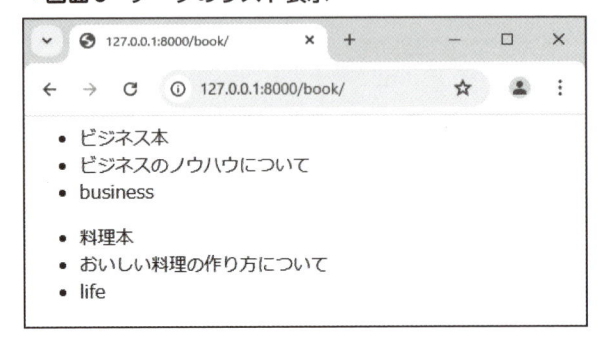

さっきとは見た目が
変わったね

　すると、リストとしてデータが縦に表示されていることがわかります。

　あと後で見た目を整えていきますが、ListViewの本質的な部分の実装はこれで完了です。

4-6 詳細画面（DetailViewの作成）

本の詳細ページを作成しよう

次に、DetailViewの作成を進めていきましょう。

DetailViewは、データベースに入っている個別のデータを表示する際に使われます。

ここからは、Djangoの理解を深めるため、あえてエラーを意図的に出していくこともありますので、あらかじめご了承いただければと思います。

urls.pyファイルとviews.pyファイル

まずは、urls.pyファイルの作成を進めましょう（リスト1）。ListViewと同じような形で、urls.pyファイルにコードを書いていきます。

リスト1　bookproject/book/urls.py

```
from django.urls import path

from . import views

urlpatterns = [
    path('book/', views.ListBookView.as_view()),
    path('book/detail/', views.DetailBookView.as_view()),　——— コード追加
]
```

次に、views.pyファイルの作成を進めましょう。views.pyファイルに書いていく内容も基本的にはListBookViewと同じです。

htmlファイルとしてtemplate_nameを指定し、使うモデルとしてmodelの指定をしましょう（リスト2）。

リスト2　bookproject/book/views.py（色文字はすべてコード追加）

```
from django.shortcuts import render
from django.views.generic import ListView, DetailView
from .models import Book

・・・省略・・・

class DetailBookView(DetailView):
    template_name = 'book/book_detail.html'
    model = Book
```

次に、htmlファイルの作成をしましょう。

htmlファイルの作成も基本的にはListBookViewと同じです。ただし、for文を使ってデータを一つずつ取り出す必要がありませんので、コードはListBookViewよりも簡単なものとなります（リスト3）。

```
(venv)$ touch book/templates/book/book_detail.html Enter
```

リスト3 bookproject/book/templates/book/book_detail.html（色文字はすべてコード追加）

```
{{ object.category }}
{{ object.title }}
{{ object.text }}
```

ターミナル上でrunserverコマンドでサーバーを立ち上げ、book_detail.htmlページにアクセスしましょう。ブラウザで127.0.0.1:8000/book/detail/にアクセスします。

```
(venv)$ python3 manage.py runserver Enter
```

すると、エラーが表示されてしまいました（画面1）。

▼**画面1　エラー画面（objectを識別する番号が指定されていない）**

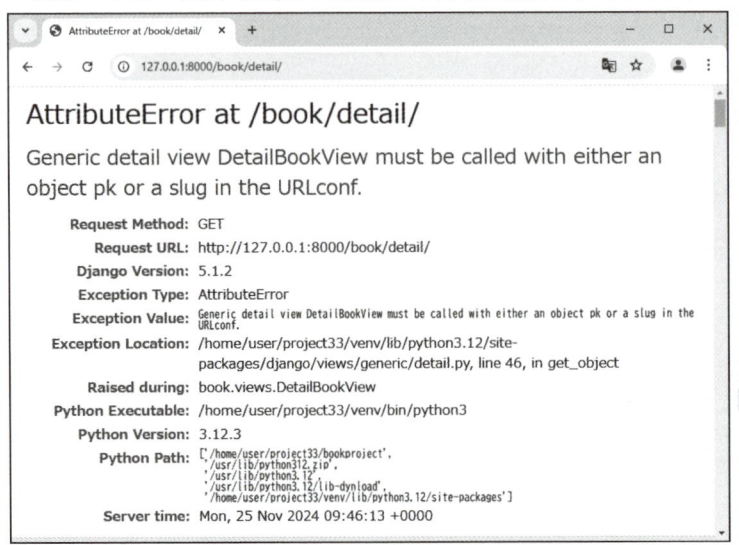

エラーが表示された…

エラーの内容を確認していきましょう。2行目に書かれているエラーは、「detailviewはurlpatternの中で、object pkかslugとともに呼び出される必要があります」と書かれています。
つまり、今回の場合はURLにobject pkやslugの指定がないのでエラーが出てしまったの

です。もう少し具体的にいうと、127.0.0.1:8000/book/detail/という情報だけではDjangoがBookモデルの中のどのデータを引っ張ってくればよいかわからないので、エラーとなってしまったのです。

　ListViewの場合はすべてのデータを持ってくればよいので、個別のデータを指定する必要はありませんでしたが、DetailViewの場合はどのデータを使うのかを明示しなければいけないということです。

● エラーを修正する

　ここから、エラーの修正をしていきましょう。具体的には、urls.pyファイルの中で対象とするテーブルの中からどの（何番の）データを持ってくるのか、という指示をします。

　まずはコードを書きます（リスト4）。

リスト4　　bookproject/book/urls.py

```
from django.urls import path

from . import views

urlpatterns = [
    path('book/', views.ListBookView.as_view()),
    path('book/<int:pk>/detail/', views.DetailBookView.as_view()), ─コード追加
]
```

　detailの前に<int:pk>という記載があることがわかります。この<int:pk>が、テーブルに入っているデータを具体的に指定する上で使われるコードになります。

　intはintegerの略であり、整数型のデータであることを明示するために用いられます。

　次のpkというのはprimary key（プライマリーキー）の略です。

　primary keyというのはデータベースで用いられる言葉で、データベースがデータを特定する時に使われる項目を意味します。具体的にいうと、空ではなく、かつ重複しないデータとして整理することを明示するkeyであると示すために使われるもの、ということができます。データベーステーブルにおいて、primary keyが設定されている項目はidです。ですから、<int:pk>というのはprimary keyが設定されているidという列で指定されている番号のデータを明示するために使われるということになります。

　少し難しい表現になってしまいましたが、一言でいうと、重複しない通し番号と認識していただければよいでしょう。

　primary keyが設定されたデータは、特定のデータを削除した場合でも、そのデータに対応していた番号は再利用されず、データの数が増えるたびに新しい番号が設定されていきます。例えば、番号が1のデータを削除して、再度データを作成すると、そのデータの番号は1にはならず、2が割り振られます。

● primary keyが設定されている項目を確認する

ところで、models.pyファイルの中のBookで設定した項目の中で、primary keyはどこに設定されているのでしょうか。

実は、primary keyはDjangoが自動的に作成するidにひもづけられています。

ここで、makemigrationsコマンドを実行することによって作成されたファイルの中で、0002_から始まるファイルの中身を見ていきましょう（リスト5）。

ファイルを開いてみると、次のような表示がされていることがわかります。

リスト5 bookproject/book/migrations/0002_book_delete_samplemodel.py

```python
# Generated by Django 5.1.2 on 2024-11-25 09:03

from django.db import migrations, models


class Migration(migrations.Migration):

    dependencies = [
        ('book', '0001_initial'),
    ]


    operations = [
        migrations.CreateModel(
            name='Book',
            fields=[
                ('id', models.BigAutoField(auto_created=True, primary_key=True, serialize=False, verbose_name='ID')),
                ('title', models.CharField(max_length=100)),
                ('text', models.TextField()),
                ('category', models.CharField(choices=[('business', 'ビジネス'), ('life', '生活'), ('other', 'その他')], max_length=100)),
            ],
        ),
        migrations.DeleteModel(
            name='SampleModel',
        ),
    ]
```

ファイルの中身には、models.pyファイルで定義した項目に加え、idという項目（色文字部分）が入っていること、そしてidのフィールドの中の引数にprimary_key = Trueという表示があることがわかります。このように、Djangoではテーブルを作成した際には自動的にidというフィールドが作成され、そのフィールドはprimary keyとして重複しない番号が割り振られるように設定しているのです。

idを確認する方法

ここから、idを確認する方法について見ていきましょう。idを確認するいちばん簡単な方法は管理画面を見ることです。

runserverコマンド実行してサーバーを立ち上げた上で、管理画面にアクセスしましょう。

```
(venv)$ python3 manage.py runserver Enter
```

ブラウザで127.0.0.1:8000/admin/にアクセスし、管理画面を表示させましょう。

その上で、ユーザー名とパスワードを入れてログインし、次の画面のBooksをクリックします（画面2）。

▼**画面2　管理画面**

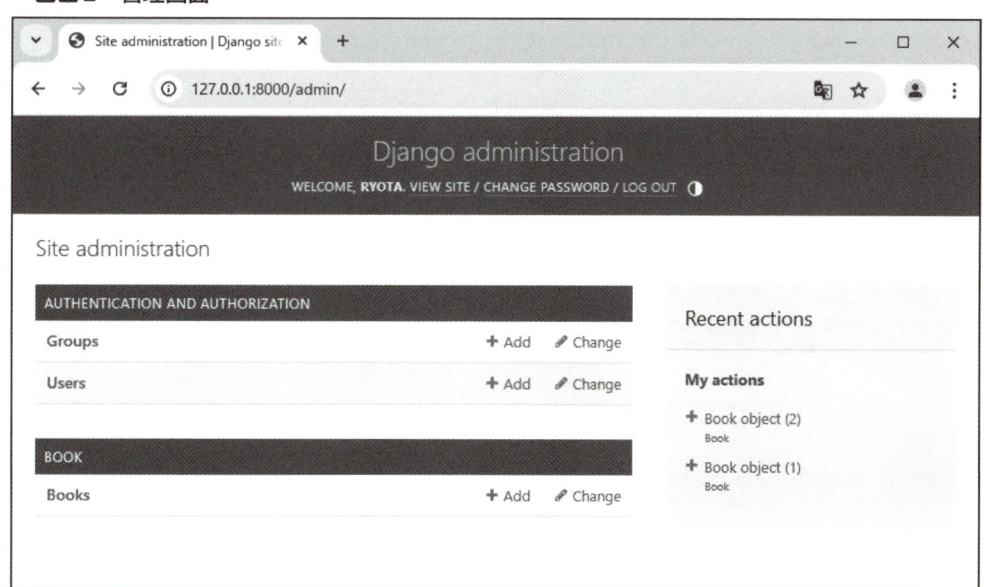

Booksをクリック

すると、画面3のように作成されたデータの一覧が表示されますので、この中の個別のデータをクリックします。クリックするのはどのデータでも構いません。

▼**画面3　Bookのデータ一覧**

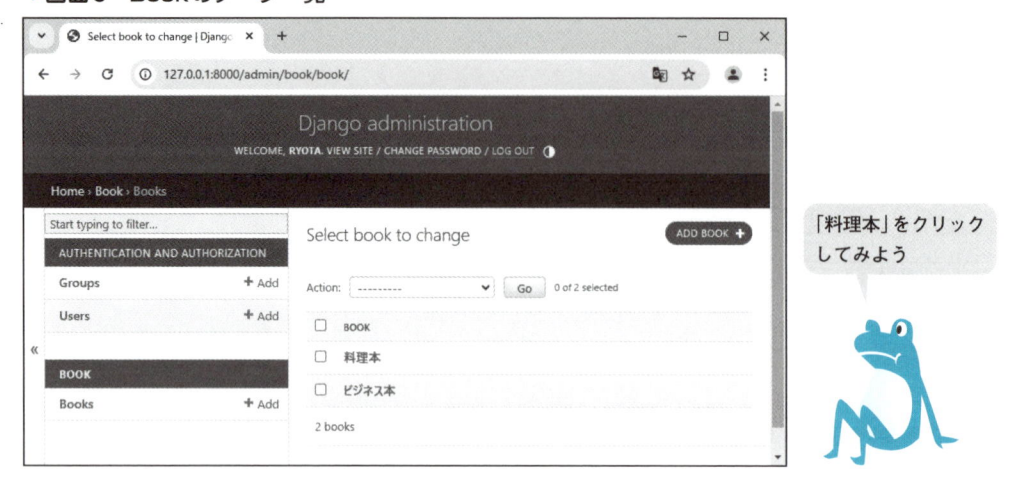

「料理本」をクリックしてみよう

この時、画面4の個別のデータのURLを見ると、番号が入っていることがわかります。この番号がidです。画面4ではURLの中に「2」という番号が入っています。

▼**画面4　データのidを確認する方法（URL）**

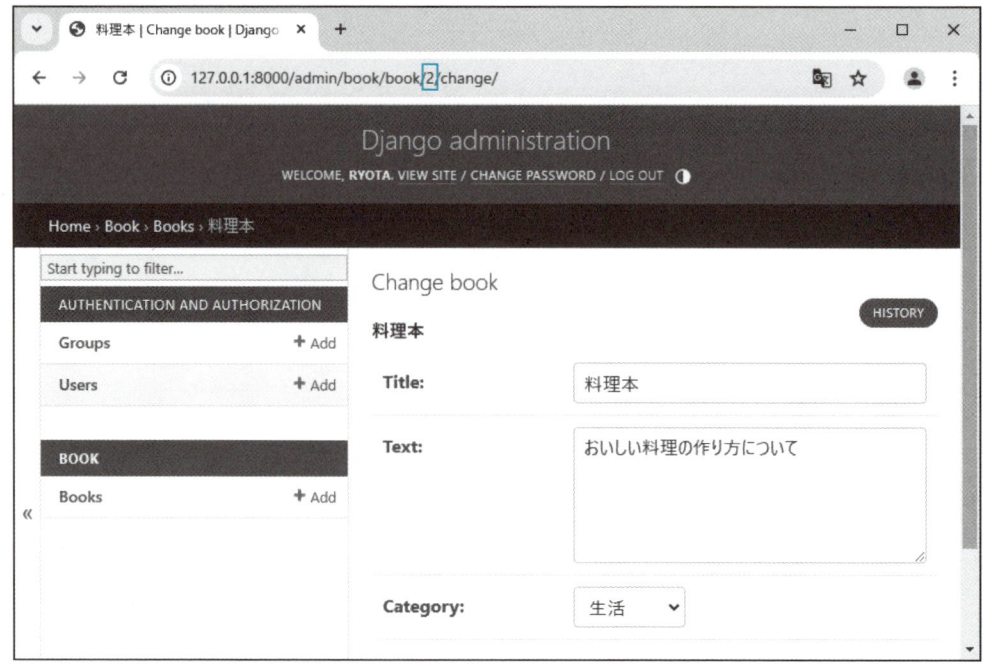

URLの中に「2」があるね

ここで、ブラウザから作成した記事を呼び出してみましょう。

画面4の記事idは2ですので、ブラウザで127.0.0.1:8000/book/2/detail/と入力します。すると、次のような画面が表示されました（画面5）。

▼**画面5　個別の記事の表示**

先ほど管理画面で見たidが2のデータと同じであることがわかります。

このように、idを使うことで個別のデータを表示させることができました。

カテゴリの表示を確認する

ここで、カテゴリの表示も合わせて確認していきましょう。

データ入力画面のカテゴリフィールドを見ると、ビジネスや生活といった記載がされていることがわかります。これは、models.pyファイルで作成した(('business', 'ビジネス'), ('life', '生活'), ('other', 'その他'))という記載において、右側で記載した内容です。

その一方で、html上などで選択肢を選ぶ場面では、business、lifeといった左側のデータが表示されています。右側のデータは人が読む内容、左側のデータは機械が読む内容といえます。

図1に、それぞれのファイル、ブラウザでどのように表示されるかを整理しましたので、参考にしていただければと思います。

図1 Categoryの表示の関係

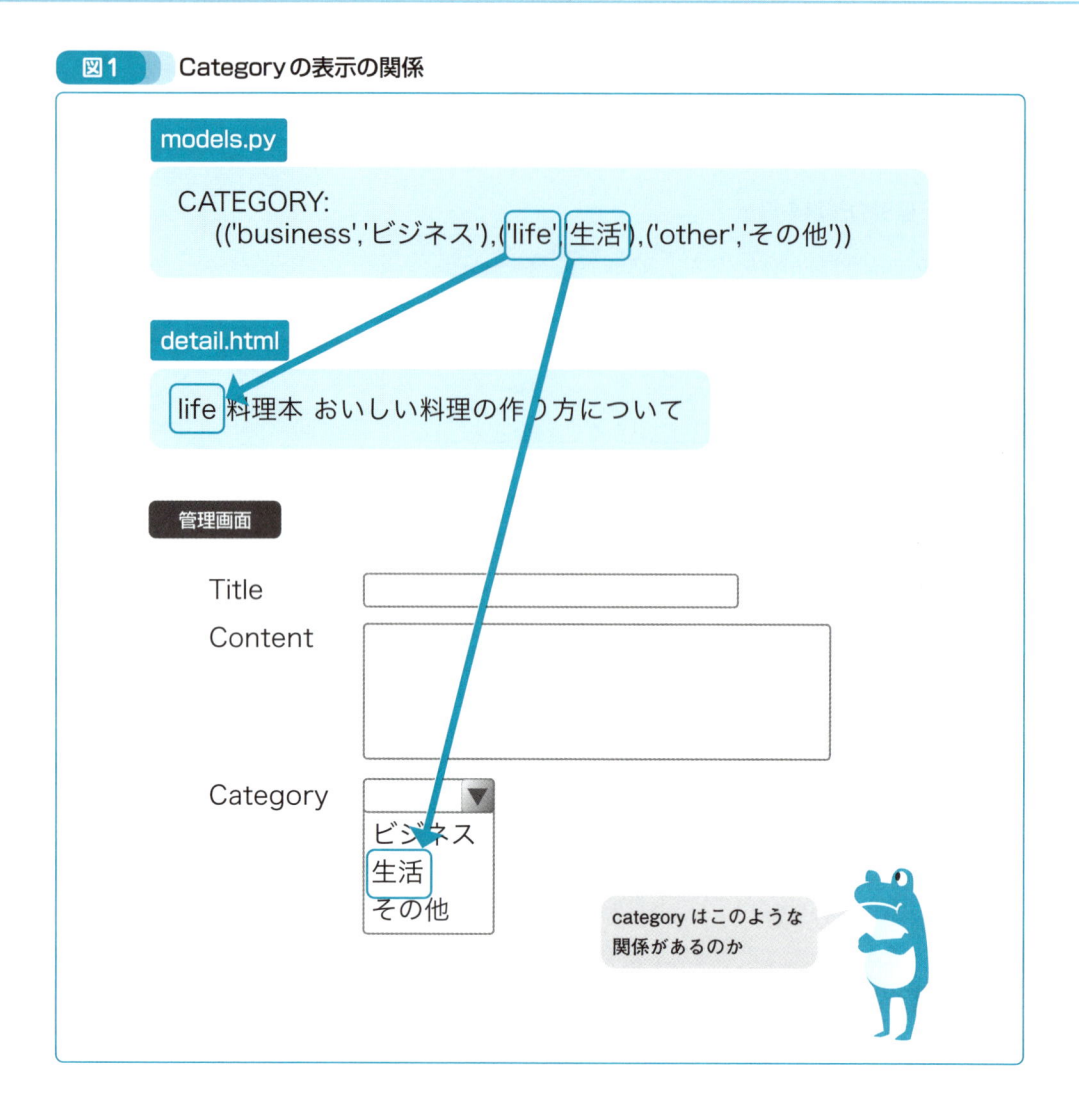

4-7 Bootstrapで見た目を整えよう

Bootstrapとは

ここまで、ListViewとDetailViewの作成をしてきましたが、ブラウザに表示される内容はお世辞にもきれいなレイアウトになっているとはいえません。

そこで、ここではレイアウトを整える方法について学んでいきましょう。

ここから使っていくのはBootstrapというフレームワークです。Bootstrapはウェブサイトの見ためを整えることに特化しており、CSSフレームワークとも呼ばれています。

冒頭において、フレームワークはあってもなくてもよいが、あることによって効率的に実装を進めることができる、ということをお伝えしました。

そういう意味で、Bootstrapを使わなくても見ためを整えることはできるのですが、使うことによってより簡単に見ためを整えることができる、という理解をしておくとよいでしょう。

Bootstrapの使い方

ここからBootstrapを使う方法を説明していきます。Bootstrapを使ういちばん簡単な方法は、htmlファイルに直接Bootstrapを使うためのコードを入力するという形です。

では、コードが書かれている場所を確認していきましょう。

まずはブラウザでBootstrapと検索し、Bootstrapのサイトに入っていきます。

次のURLを直接入力しても構いません。

Bootstrapのウェブサイト

```
https://getbootstrap.com/
```

Bootstrapのウェブサイトが表示されたら、左上にある「ドキュメント」もしくは画面1の「ドキュメントを読む」をクリックしましょう（画面1）。

▼**画面1　Bootstrapのトップ画面**

Bootdtrapを
はじめよう

　クリック後に表示された画面の中で「2.BootstrapのCSSとJSを入れます。」という部分に
移動し、そこに書かれているコードをコピーします（画面2）。

▼**画面2　Top→ドキュメント**

2. **BootstrapのCSSとJSを入れます。** CSSのための`<link>`タグを`<head>`内に、JavaScriptバンドル（ドロップダウン、ポッパー、ツールチップを配置するPopperを含む）のための`<script>`タグを`</body>`を閉じる前に配置します。CDNリンクについて詳しくはこちら。

```
<!doctype html>
<html lang="en">
  <head>
    <meta charset="utf-8">
    <meta name="viewport" content="width=device-width, initial-scale=1">
    <title>Bootstrap demo</title>
    <link href="https://cdn.jsdelivr.net/npm/bootstrap@5.3.0/dist/css/bootstrap.min.css" re
  </head>
  <body>
    <h1>Hello, world!</h1>
    <script src="https://cdn.jsdelivr.net/npm/bootstrap@5.3.0/dist/js/bootstrap.bundle.min.
  </body>
</html>
```

画面に表示されている
コードをコピーしよう

このコードをhtmlファイルに貼り付けることでBootstrapが使えるようになります。

つまり、簡単なコードを入力するだけで、htmlファイル上の見ためをきれいに整える仕組みを作る準備ができるということです。

では、先程のコードをbook_list.htmlに当てはめていきましょう（リスト1）。

リスト1 bookproject/book/templates/book/book_list.html

```html
<!doctype html>
<html lang="en">
  <head>
    <meta charset="utf-8">
    <meta name="viewport" content="width=device-width, initial-scale=1">
    <title>本棚アプリ</title>
    <link href="https://cdn.jsdelivr.net/npm/bootstrap@5.3.0/dist/css/
bootstrap.min.css" rel="stylesheet" integrity="sha384-9ndCyUaIbzAi2FUVXJi
0CjmCapSmO7SnpJef0486qhLnuZ2cdeRhO02iuK6FUUVM" crossorigin="anonymous">
  </head>
  <body>
    {% for item in object_list %}
    <ul>
    <li>{{ item.title }}</li>
    <li>{{ item.text }}</li>
    <li>{{ item.category }}</li>
    </ul>
    {% endfor %}
    <script src="https://cdn.jsdelivr.net/npm/bootstrap@5.3.0/dist/js/
bootstrap.bundle.min.js" integrity="sha384-geWF76RCwLtnZ8qwWowPQNguL3RmwH
VBC9FhGdlKrxdiJJigb/j/68SIy3Te4Bkz" crossorigin="anonymous"></script>
  </body>
</html>
```

これでbook_list.htmlの見ためをきれいにするための準備が整いました。

⬤ レイアウトを調整していく

ここから、Bootstrapをbook_list.htmlに適用していきましょう。レイアウトの調整は、Bootstrapであらかじめ作成されているレイアウトの中から、好みの内容のコードをhtmlファイルに反映させる形で行っていきます。

今回は、画面3で示している枠のデザインを使いましょう。

▼**画面3　ドキュメント→コンポーネント→カード**

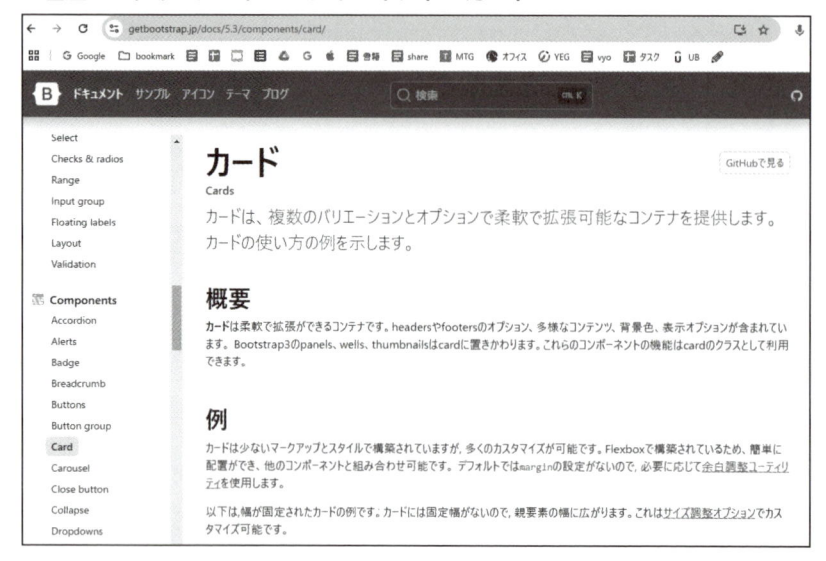

Cardというレイアウトを使うよ

コードは次のリスト2の通りです。

リスト2　　Bootstrap内、Cardレイアウト

```
<div class="card" style="width: 18rem;">
  <img src="..." class="card-img-top" alt="...">
  <div class="card-body">
    <h5 class="card-title">Card title</h5>
    <p class="card-text">Some quick example text to build on the card
title and make up the bulk of the card's content.</p>
    <a href="#" class="btn btn-primary">Go somewhere</a>
  </div>
</div>
```

今回は、リスト2のコードをbook_list.htmlにあてはめていきます。
当てはめた後のコードがリスト3になります。

リスト3 bookproject/book/templates/book/book_list.html

```html
<!doctype html>
<html lang="en">
  <head>
    <!-- Required meta tags -->
    <meta charset="utf-8">
    <meta name="viewport" content="width=device-width, initial-scale=1">

    <!-- Bootstrap CSS -->
    <link href="https://cdn.jsdelivr.net/npm/bootstrap@5.3.0/dist/css/bootstrap.min.css" rel="stylesheet" integrity="sha384-9ndCyUaIbzAi2FUVXJi0CjmCapSmO7SnpJef0486qhLnuZ2cdeRhO02iuK6FUUVM" crossorigin="anonymous">

    <title>本棚アプリ</title>
  </head>
  <body>
    {% for item in object_list %}
    <div class="card">                                          ─── コード追加
      <h5 class="card-header">{{ item.title }}</h5>             ─── コード追加
      <div class="card-body">                                   ─── コード追加
        <p class="card-text">{{item.text}}</p>                  ─── コード追加
        <a href="#" class="btn btn-primary">Go somewhere</a>    ─── コード追加
        <h6 class="card-title">{{ item.category }}</h6>         ─── コード追加
      </div>                                                    ─── コード追加
    </div>                                                      ─── コード追加
    {% endfor %}
  </body>
</html>
```

ブラウザ上で確認してみましょう（画面4）。

サーバーを立ち上げ、127.0.0.1:8000/book/にアクセスをします。

```
(venv)$ python3 manage.py runserver Enter
```

▼**画面4　Bootstrapを適用したbook_list.html**

見ためがきれいになったことがわかると思います。

このように、Bootstrapを使うことによって、デザインを簡単に整えることができるという点をおさえておきましょう。

4-8 base.html ファイルの作成

同じレイアウトを使いまわす

前節で、Bootstrapを使ってbook_list.htmlの見た目を整えました。これからbook_detail.htmlなどのファイルについても見た目を整えていきますが、starter templateなど、基本的にどのhtmlファイルにも同じような記載をする場合、個別のhtmlファイルを修正していくのは非効率です。なぜなら、同じコードを複数のファイルに記載した場合、そのコードに変更が発生すると、他のファイルも個別に変更しなければならないからです。

Djangoでは、そういった手間を避けるために、同じようなコードを使いまわすことができる仕組みが準備されています。ここからは、その仕組みについて学んでいきましょう。なお、これから説明していく内容は、Django（公式ドキュメント）ではtemplate inheritance（テンプレートの継承）と呼ばれています。

テンプレートの継承のイメージ

まずは、テンプレートの継承の全体像から押さえていきましょう（図1）。

図1 base.htmlと個別のhtmlファイルの関係

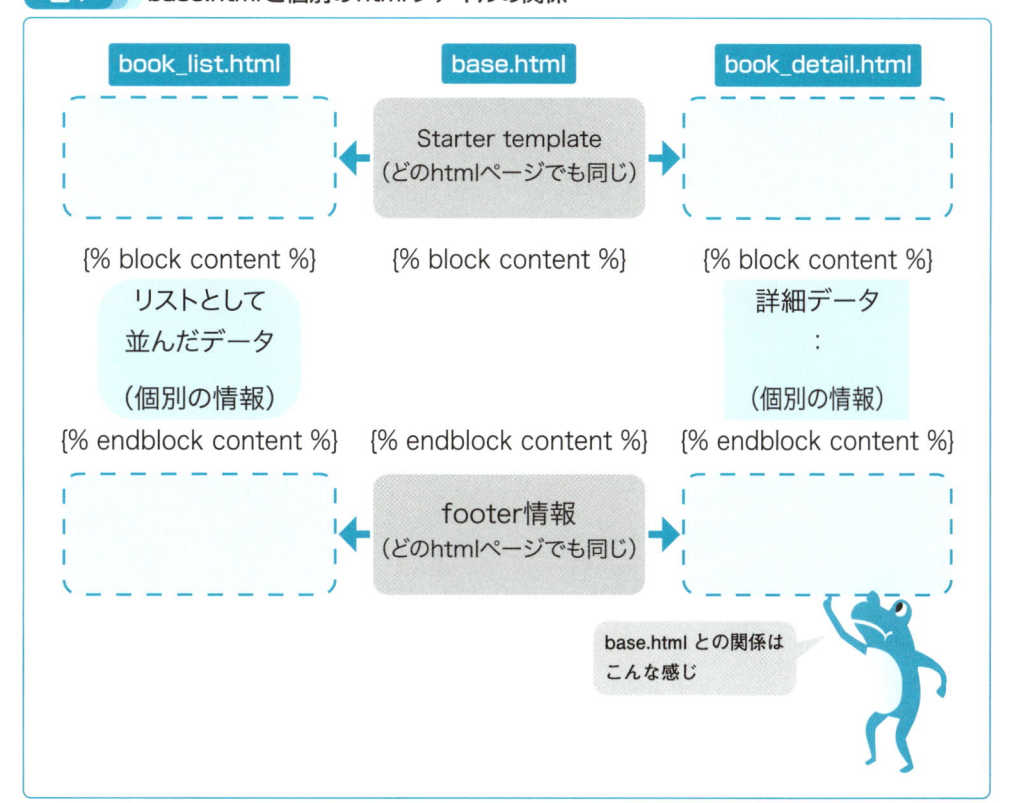

定型のhtmlを別のファイルとして作成しておき、その中身を別のhtmlファイル内でそのたびに呼び出していく、というイメージです。

さっそく、ベースとなるhtmlを作成していきましょう。

なお、base.htmlのような、どのアプリでも使いまわすことができるファイルは、プロジェクト直下のディレクトリ（manage.pyファイルが入っているディレクトリの中）に作成することが一般的です。

bookprojectプロジェクト直下に移動した上で、ディレクトリを作成していきましょう。

```
(venv)$ mkdir templates Enter
(venv)$ touch templates/base.html Enter
```

今回、templatesディレクトリをプロジェクト直下に作成した理由は、base.htmlファイルはプロジェクト全体に対して使うことを想定しているからです。

同じ名前のディレクトリが複数の場所にあるので、少しややこしいと思う方もいるかもしれませんが、結果的には開発の効率化につながりますので、今回紹介する作成方法に慣れておくとよいでしょう。

今回はヘッダーとコンテンツの2つのブロックを作成します。作成するファイル名は何でも構いませんが、base.htmlという名前にすることが一般的ですので、今回もbase.htmlという名前にしましょう。

作成したbase.htmlファイルに、Bootstrapのstarter template（よけいなコードを取り除いたもの）を貼り付け、さらにtitleとcontentの2つのブロックを作成していきます（リスト1）。

リスト1　bookproject/templates/base.html

```html
<!doctype html>
<html lang="en">
  <head>
    <meta charset="utf-8">
    <meta name="viewport" content="width=device-width, initial-scale=1">
    <title>{% block title %}{% endblock title %}| 本棚アプリ</title>  ── コード追加
    <link href="https://cdn.jsdelivr.net/npm/bootstrap@5.3.0/dist/css/
bootstrap.min.css" rel="stylesheet" integrity="sha384-9ndCyUaIbzAi2FUVXJi0CjmC
apSmO7SnpJef0486qhLnuZ2cdeRhO02iuK6FUUVM" crossorigin="anonymous">
  </head>
  <body>
    {% block content %}{% endblock content %}───────────── コード追加
    <script src="https://cdn.jsdelivr.net/npm/bootstrap@5.3.0/dist/js/
```

```
bootstrap.bundle.min.js" integrity="sha384-geWF76RCwLtnZ8qwWowPQNguL3RmwHVBC9F
hGdlKrxdiJJigb/j/68SIy3Te4Bkz" crossorigin="anonymous"></script>
  </body>
</html>
```

ここでのポイントは、{% block title %}と{% block content %}の部分です。

図1の通り、base.htmlファイルが全体の枠組みとなり、その上で、book_list.htmlなどの個別のページの中で{% block title %}と{% block content %}などの個別情報を入れていくというイメージです。

実際に、book_list.htmlファイルを書き換えてみましょう（リスト2）。

リスト2 bookproject/book/templates/book/book_list.html

```
{% extends 'base.html' %}————————————————————— コード追加

{% block title %}書籍一覧{% endblock %}————————————— コード追加

{% block content %}————————————————————————— コード追加
  {% for item in object_list %}
  <div class="card">
    <h5 class="card-header">{{ item.title }}</h5>
    <div class="card-body">
      <p class="card-text">{{item.text}}</p>
      <a href="#" class="btn btn-primary">Go somewhere</a>
      <h6 class="card-title">{{ item.category }}</h6>
    </div>
  </div>
  {% endfor %}
{% endblock content %}————————————————————————— コード追加
```

ポイントは、1行目の{% extends 'base.html' %}の部分です。extendsは拡張する、広げるという意味がありますが、その言葉の通り、base.htmlに記載されている内容をベースとして広げて使っていくというイメージです。具体的にはbase.htmlファイルの中で定義した{% block title %}{% endblock title %}などのブロックの中に個別のコードを書いていく形となります。

book_detail.htmlファイルも同じようなイメージで書いていきましょう（リスト3）。次の内容に書き換えます。

リスト3 bookproject/book/templates/book/book_detail.html（色文字はすべてコード追加・修正）

```
{% extends 'base.html' %}

{% block title %}書籍詳細{% endblock %}

{% block content %}
  <div class="card">
    <h5 class="card-header">{{ object.title }}</h5>
    <div class="card-body">
      <p class="card-text">{{ object.text }}</p>
      <a href="#" class="btn btn-primary">ボタン </a>
      <h6 class="card-title">{{ object.category }}</h6>
    </div>
  </div>
{% endblock content %}
```

　これで、もとのレイアウトなどに変更が発生した場合は、base.htmlファイルだけを変更すればよい形を作ることができました。

　次節から、CreateViewの作成を行いましょう。

4-9 CreateViewでブラウザ上からデータを作成しよう

データをブラウザ上で作れるようにしよう

ここから、CreateViewを作っていきましょう。

CreateViewはブラウザ上で入力されたデータがデータベースに反映（追加）されるという点において、少しコードの中身が変わってきます。今回はその点を意識して実装をしていきましょう。

また、今回もエラーを出しながらコードを書いていきます。エラーの中身を確認しながら、理解を深めていきましょう。

まずはurls.pyファイルの実装を進めていきます。

ListViewと同じような形で書いていきましょう（リスト1）。

リスト1 bookproject/book/urls.py

```python
from django.urls import path

from . import views

urlpatterns = [
    path('book/', views.ListBookView.as_view()),
    path('book/<int:pk>/detail/', views.DetailBookView.as_view()),
    path('book/create/', views.CreateBookView.as_view()),  ── コード追加
]
```

次に、views.pyファイルの設定をします（リスト2）。

リスト2 bookproject/book/views.py

```python
from django.shortcuts import render
from django.views.generic import ListView, DetailView, CreateView  ── コード追加
from .models import Book

・・・省略・・・

class CreateBookView(CreateView):  ───────────────────────── コード追加
    template_name = 'book/book_create.html'  ───────────── コード追加
    model = Book  ──────────────────────────────────────── コード追加
```

CreateViewにおいてmodelという変数（model = Book）を定義する理由は、ユーザーが

入力した情報をどのテーブルに保存するかを指定する必要があるためです。

本章ではデータベーステーブル（models.pyファイルの中で定義するclass）は1つしか作成していませんが、データベーステーブルの数が増えていった場合、作成したデータをどのデータベーステーブルに保存するか指定する必要があります。そうしなければ、Djangoがどのデータベーステーブルに保存すればよいのか、わからなくなってしまうからです。

●htmlファイルの作成

次に、book_create.htmlファイルを作成していきましょう（リスト3）。

```
(venv)$ touch book/templates/book/book_create.html Enter
```

リスト3 bookproject/book/templates/book/book_create.html（色文字はすべてコード追加）

```
{% extends 'base.html' %}

{% block title %}書籍作成{% endblock %}

{% block content %}
  <form method='POST'>
    {{form.as_p}}
    <input type='submit' value='作成する'>
  </form>
{% endblock content %}
```

基本的な構成は、book_list.html並びにbook_detail.htmlで設定してきた内容と同じです。

formタグで囲まれた部分は新しいコードですが、HTMLの範囲ですので簡単に説明をします。formの中のmethodは、どのmethodでrequestを送るのかを指定しています。methodについてはのちほど説明をします。一般的に、formを用いてデータを送るときのmethodはPOSTが使われますので、今回もmethodはPOSTを指定します。

<input type・・・>は、テキストやボタンなど、html上でformを構成する際に必要とされるパーツを示しています。今回、データの入力フォームはDjangoのフォームテンプレートを使って作成していきますので、送信ボタンのみ作成します。

送信ボタンのコードは、type=submitと指定することでデータを送るボタンであることを示すことができ、valueの部分でボタンに表示される文字を指定することができます。今回は、「作成する」という文字が表示されるようにしています。

次に、‖ form.as_p ‖という部分を見ていきましょう。‖ ‖というタグで囲まれている通り、これはDjangoのテンプレートです。そして、‖ form.as_p ‖というのは、viewの中で指定したmodelで定義された項目を、pタグで囲って表示させるという意味を持っています。

コードとして整理していくと、次の図1に示すようなイメージとなります。

 **図1** form.as_pのイメージ

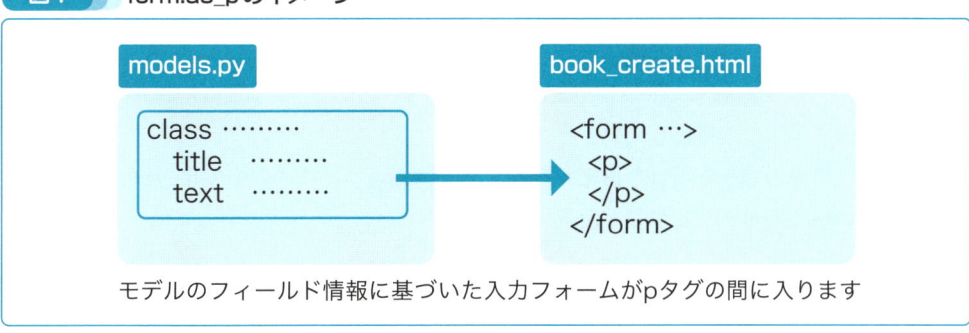

```
models.py                    book_create.html

class ………                  <form …>
   title  ………                <p>
   text   ………                </p>
                              </form>
```

モデルのフィールド情報に基づいた入力フォームがpタグの間に入ります

これで実装が完了しました。

CreateViewで必要な設定

サーバーを立ち上げて、ブラウザで127.0.0.1:8000/book/create/にアクセスします。

```
(venv)$ python3 manage.py runserver Enter
```

すると、画面1のようなエラーが表示されてしまいました。

▼**画面1** **fields**を指定していないことによるエラー

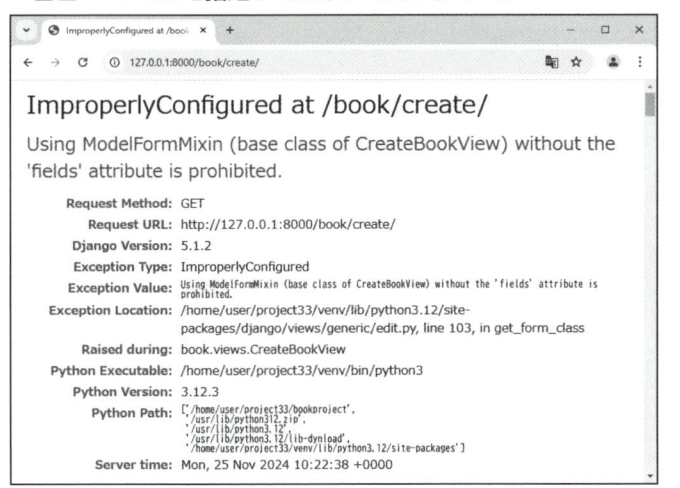

```
ImproperlyConfigured at /book/create/

Using ModelFormMixin (base class of CreateBookView) without the
'fields' attribute is prohibited.

Request Method:    GET
Request URL:       http://127.0.0.1:8000/book/create/
Django Version:    5.1.2
Exception Type:    ImproperlyConfigured
Exception Value:   Using ModelFormMixin (base class of CreateBookView) without the 'fields' attribute is
                   prohibited.
Exception Location: /home/user/project33/venv/lib/python3.12/site-
                   packages/django/views/generic/edit.py, line 103, in get_form_class
Raised during:     book.views.CreateBookView
Python Executable: /home/user/project33/venv/bin/python3
Python Version:    3.12.3
Python Path:       ['/home/user/project33/bookproject',
                    '/usr/lib/python312.zip',
                    '/usr/lib/python3.12',
                    '/usr/lib/python3.12/lib-dynload',
                    '/home/user/project33/venv/lib/python3.12/site-packages']
Server time:       Mon, 25 Nov 2024 10:22:38 +0000
```

エラーが出てしまった

このエラーは、指定したテーブルの中で、どの項目を使うのかを指定してください、ということを意味しています。

つまり、CreateViewを使う場合、modelのどの項目を表示させるのかをviewの中で明示しなければならないのです。

● fieldsの追加

フォームの中でどの項目を表示させるのかを指定していきましょう。

今回作成しているBookには、項目（フィールド）が3つありました。どの情報も必要なので、すべての項目を表示する形にしていきます。

ブラウザ上で表示させる項目を指定するには、views.pyファイルの中でfieldsという変数を定義し、その中で表示させる項目を記載します（リスト4）。

リスト4 bookproject/book/views.py

```
・・・省略・・・
class CreateBookView(CreateView):
    template_name = 'book/book_create.html'
    model = Book
    fields = ('title', 'text', 'category')────────── コード追加
```

これで修正が完了しました。再びサーバーを立ち上げて、ブラウザで127.0.0.1:8000/book/create/にアクセスしましょう（画面2）。

```
(venv)$ python3 manage.py runserver Enter
```

▼**画面2 入力画面（CreateBookView）**

入力フォームが表示されたね

そして、フォームにデータを入れた上で送信ボタンをクリックしてみましょう。

すると、画面3に示すようなエラーが出てしまいました。

▼画面3　CSRFを設定していないことによるエラー

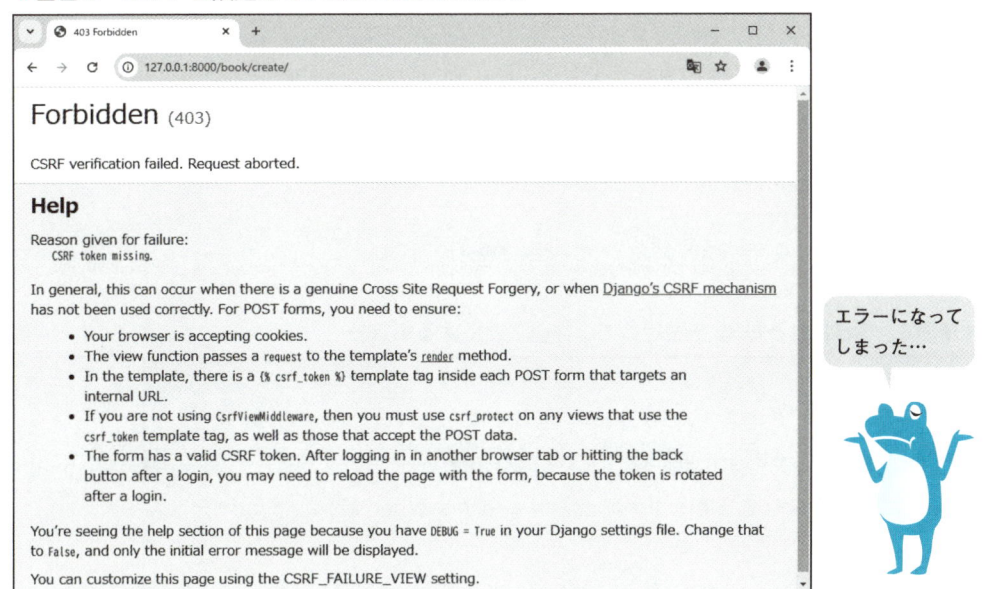

エラーになって
しまった…

このエラーは、CSRF（クロスサイトリクエストフォージェリ）のトークンが発行されていないことを示しています。

CSRFは、誤って悪意があるサイトに訪れそこで何かしらの操作をした際、攻撃対象のサイト（本章でいうところの本棚アプリケーション）へ悪意のあるrequest（本の削除など）を送りつけてしまう、セキュリティ上の問題です。

この対策として、Djangoはcsrf_tokenというタグをformに付けることをルールとしています。このcsrf_tokenは、インターネットバンキングなどにおけるワンタイムパスワードのようなイメージで、それを持っていない状態では処理を行うことができない仕組みになっています。

では、さっそくcsrf_tokenのタグを埋め込んでいきましょう（リスト5）。

リスト5　bookproject/book/templates/book/book_create.html

```
{% extends 'base.html' %}

{% block title %}書籍作成{% endblock %}

{% block content %}
  <form method='POST'>{% csrf_token %}————————————— コード追加
```

```
    {{form.as_p}}
    <input type='submit' value='作成する'>
  </form>
{% endblock content %}
```

　ここで、改めてサーバーを立ち上げ、ブラウザで127.0.0.1:8000/book/create/にアクセスします。フォームにデータを入力して送信ボタンをクリックしましょう。すると、またエラーが表示されてしまいました（画面4）。

```
(venv)$ python3 manage.py runserver Enter
```

▼**画面4　遷移させるURLを設定していないことによるエラー**

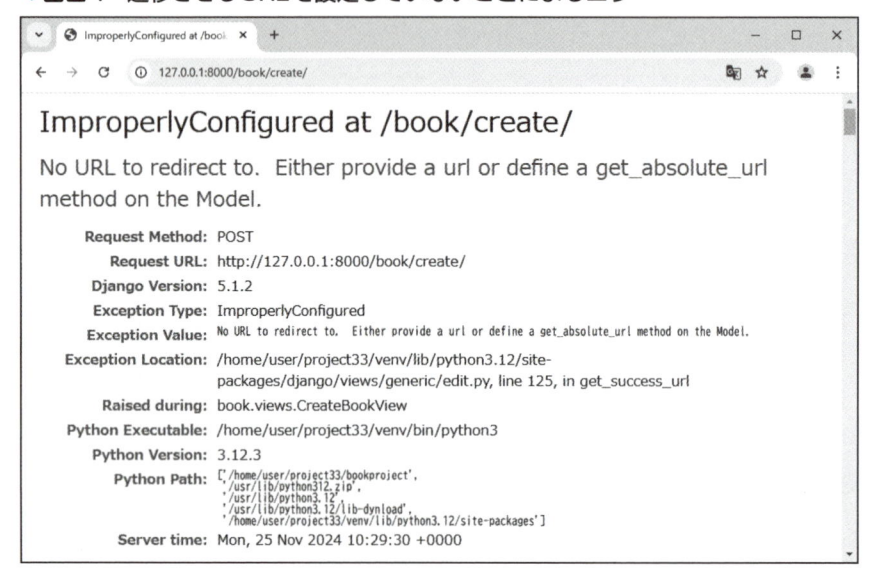

　このエラーは、formを通じてrequestがサーバーに送られたあと、どのページに遷移させるかが指定されていないことを示しているエラーです。

　このエラーコードは、2つの解決策を教えてくれています。1つめが、URLを指定する方法、そして2つめが、modelでget_absolute_urlというメソッドを定義する方法です。

　今回は前者のURLを指定するという方法でエラーを回避していきます。formの項目の作成が完了したあとに遷移させるURLを指定するには、viewの中でsuccess_urlという変数を定義します。実際にコードを書いていきましょう（リスト6）。

リスト6 　　　bookproject/book/views.py

```
from django.shortcuts import render
from django.urls import reverse_lazy ──────────────── コード追加
from django.views.generic import ListView, DetailView, CreateView
from .models import Book


・・・省略・・・


class CreateBookView(CreateView):
    template_name = 'book/book_create.html'
    model = Book
    fields = ('title', 'text', 'category')
    success_url = reverse_lazy('list-book') ─────────── コード追加
```

success_url = reverse_lazy('list-book')というコードを書きました。ここから、reverse_lazy について学んでいきましょう。

　reverse_lazyは、reverseが意味している通り、引数の文字列であるviewの名前（この後解説します）をもとに、本来の流れとは逆の方向に処理を行うという意味を持っています。本来の流れとは、URL（/book/create/など）から特定のviewの名前（create-bookなど）を得ることです。そして、reverseなのでその逆、つまり特定のviewの名前からURLを得ることになります。ここではURLを得ることさえできればよいので、直接/book/と書いても動作します。しかし、URLはviewの名前よりも変更される可能性が高いため、viewの名前で書くことが多いです。

　後半のlazyの部分については、本書で解説するには少し難しいので概念だけ説明します。Djangoアプリケーションを初期化するタイミング（runserverなどを実行するとき）にviews.pyのコードが読み込まれることになりますが、クラス変数として定義しているsuccess_urlにreverse関数を使ってしまうと、関数が即時実行されてしまいます。しかし、Djangoアプリケーションの初期化中なので、まだviewの名前が定義されていないためエラーになります。reverse_lazy関数を使うと、実際に画面上からrequestがくるタイミングまで関数が実行されない（lazy、つまり遅延させる）ので、エラーにならずにクラス変数として定義できるというわけです。

　流れを整理しましょう。まずformの「作成する」というボタンがクリックされると、views.pyファイルのreverse_lazyで指定された文字列（今回の場合は'list-book'）と、urls.pyファイルの中で指定したviewの名前が照合されます。そして、合致した場合に対応するviewが呼び出されます。

　「urls.pyファイルの中で指定したviewの名前」というのはまだ設定していませんので、こ

こから設定していきましょう。

具体的なコードを書きます（リスト7）。

リスト7 bookproject/book/urls.py

```
from django.urls import path

from . import views

urlpatterns = [
    path('book/', views.ListBookView.as_view(), name='list-book'),── コード追加
    path('book/<int:pk>/detail/', views.DetailBookView.as_view()),
    path('book/create/', views.CreateBookView.as_view()),
]
```

urlpatternsの中のいちばん上の行の最後に、name= 'list-book'というコードが追加されていることがわかります。このname= 'list-book'とreverse_lazyで指定した引数（'list-book'）が対応しています。

list-book以外のurlpatternについてもnameの追記をしていきましょう（リスト8）。

リスト8 bookproject/book/urls.py

```
from django.urls import path

from . import views

urlpatterns = [
    path('book/', views.ListBookView.as_view(), name='list-book'),
    path('book/<int:pk>/detail/', views.DetailBookView.as_view(),
name='detail-book'),────────────────── コード追加
    path('book/create/', views.CreateBookView.as_view(), name='create-
book'),────────────────── コード追加
]
```

これでCreateViewの実装は完了です。サーバーを立ち上げ、ブラウザ上でデータを追加すると、list-bookの画面に遷移し、さらにデータも追加されていることが確認できるでしょう。

4-10 DeleteViewを作成してブラウザ上でデータを削除できるようにしよう

● データを削除するための画面を作成する

次に、DeleteViewを作成していきましょう。ここまで学んだ内容を使えば簡単に実装できますので、学んだ内容を思い出しながらコードを書いていきましょう。

DeleteViewはデータを削除する際に使われます。

基本的には、URLを使って対象とするデータのidを指定し、その上でフォームを使ってrequestを送ると、Djangoの内部でデータベースが操作され、データを削除する、という流れです。

実際にコードを書いていきましょう（リスト1）。

リスト1 bookproject/book/urls.py

```python
from django.urls import path

from . import views

urlpatterns = [
    path('book/', views.ListBookView.as_view(), name='list-book'),
    path('book/<int:pk>/detail/', views.DetailBookView.as_view(),
name='detail-book'),
    path('book/create/', views.CreateBookView.as_view(), name='create-
book'),
    path('book/<int:pk>/delete/', views.DeleteBookView.as_view(),
name='delete-book'),                                           コード追加
]
```

次に、views.pyファイルの設定を進めていきます（リスト2）。

リスト2 bookproject/book/views.py

```python
from django.shortcuts import render
from django.urls import reverse_lazy
from django.views.generic import ListView, DetailView, CreateView,
DeleteView                                                     コード追加
from .models import Book

・・・省略・・・
```

```
class DeleteBookView(DeleteView):                                    コード追加
    template_name = 'book/book_confirm_delete.html'                  コード追加
    model = Book                                                     コード追加
    success_url = reverse_lazy('list-book')                          コード追加
```

次にbook_confirm_delete.htmlファイルを作成していきましょう（リスト3）。

```
(venv)$ touch book/templates/book/book_confirm_delete.html Enter
```

リスト3　bookproject/book/templates/book/book_confirm_delete.html（色文字はすべてコード追加）

```
{% extends 'base.html' %}

{% block title %}書籍削除{% endblock %}

{% block content %}
  <form method='post'>
    {% csrf_token %}
    <button type='submit'>{{ object.title }}を削除する</button>
  </form>
{% endblock %}
```

　ここまで作成してきたファイルの中身は、CreateBookViewとほぼ同じであり、同じようなコードで実装できることが実感できると思います。

　これでDeleteBookViewの完成です。

4-11 UpdateViewを作成してブラウザ上でデータを編集できるようにしよう

データを更新する仕組みを作っていく

最後に、UpdateViewを作成していきましょう。UpdateViewに関しても、基本的には今まで学んできた内容で実装することが可能です（リスト1～3）。

まずは、urls.pyファイルにUpdateBookViewを呼び出すためのコードを書きます（リスト1）。

リスト1 bookproject/book/urls.py

```python
from django.urls import path

from . import views

urlpatterns = [
    path('book/', views.ListBookView.as_view(), name='list-book'),
    path('book/<int:pk>/detail/', views.DetailBookView.as_view(),
name='detail-book'),
    path('book/create/', views.CreateBookView.as_view(), name='create-
book'),
    path('book/<int:pk>/delete/', views.DeleteBookView.as_view(),
name='delete-book'),
    path('book/<int:pk>/update/', views.UpdateBookView.as_view(),
name='update-book'),  ———————————————————————————— コード追加
]
```

次に、views.pyファイルにUpdateBookViewを書きましょう（リスト2）。内容は、createをupdateに変更する以外は、CreateViewと同じです。

リスト2 bookproject/book/views.py

```python
from django.shortcuts import render
from django.urls import reverse_lazy
from django.views.generic import (
    ListView,
    DetailView,
    CreateView,
    DeleteView,
    UpdateView,  ———————————————————————————————————— コード追加
    )
```

```
from .models import Book

・・・省略・・・

class UpdateBookView(UpdateView):  ──────────── コード追加
    model = Book  ──────────────────── コード追加
    fields = ('title', 'text', 'category') ──────── コード追加
    template_name = 'book/book_update.html' ──────── コード追加
    success_url = reverse_lazy('list-book')
```

　3行目のfrom django.views.genericの部分は、importするViewの数が増えたので書き換えました。今までの書き方をそのまま使っていただいても問題ありませんが、コードをスッキリさせるためにこのような書き方もあるということを学んでおきましょう。

　最後に、book_update.htmlファイルを作成していきます（リスト3）。これも、「作成する」が「更新する」に変わっただけで、book_create.htmlファイルと内容はほとんど同じです。

```
(venv)$ touch book/templates/book/book_update.html Enter
```

リスト3　bookproject/book/templates/book/book_update.html（色文字はすべてコード追加）

```
{% extends 'base.html' %}

{% block title %}書籍修正{% endblock %}

{% block content %}
  <form method='post'>{% csrf_token %}
    {{ form.as_p }}
    <button type='submit'>修正する</button>
  </form>
{% endblock %}
```

　これでCRUDの考え方に基づいた、それぞれのviewを作成することができました。

リンクの設定

ブラウザ上でページを遷移させていく

　ここまで作成したアプリでは、ブラウザ上でリンクが作成されておらず、127.0.0.1:8000/book/といった形で個別のURLをブラウザに直接打ち込んで画面を遷移させていました。

　実際のアプリケーションでは、ブラウザに表示されるページ上にボタンが配置されており、そのボタンをクリックすることによって画面を遷移させる形にしなければなりません。

　ここからは、画面を遷移させるためのリンクの作成を進めていきましょう。

　まずは完成したコードから見ていきましょう。book_list.htmlにリンクを追加したものがリスト1になります。

リスト1　bookproject/book/templates/book/book_list.html

```
{% extends 'base.html' %}

{% block title %}書籍一覧{% endblock %}

{% block content %}
  {% for item in object_list %}
  <div class="card">
    <h5 class="card-header">{{ item.title }}</h5>
    <div class="card-body">
      <p class="card-text">{{item.text}}</p>
      <a href="{% url 'detail-book' item.pk %}" class="btn btn-primary">
詳細へ</a>                                                      ── コード変更
      <h6 class="card-title">{{ item.category }}</h6>
    </div>
  </div>
  {% endfor %}
{% endblock content %}
```

　ここで、新しく作成した部分（「コード変更」の部分）に注目しましょう。

　aタグの中にDjangoのタグを使って書かれた項目がありますが、これがリンクをクリックした際に遷移させるviewを示しています。

　このイメージとしては、reverseを思い出すとよいでしょう。reverseは名前からurlを逆に呼び出すというものでした。

今回の記載においても、url 'detail-book' と書かれており、これはurlpatternsで指定したnameを示しています。つまり、urls.pyファイルの中でname = 'detail-book'と定義したコードに対応したurlが呼び出されるということです。

また、'detail-book'の後の部分を見ると、item.pkと書かれていることがわかります。これは、urls.pyファイルで学んだ<int:pk>と同じようなイメージと考えれば良いです。itemの中にはfor文にそって順番にデータが入っていきますが、item.pkという記載をすることによって、それぞれのデータのprimary keyに基づいたid番号を取得することができます。結果として、Djangoは何番のidのデータを表示すればよいのかがわかるようになるのです。

これで、ブラウザ上で画面を遷移させる仕組みを作ることができました。

book_detail.htmlファイルについても同じようにコードを追加していきましょう（リスト2）。<a href="#" class="btn btn-primary">ボタン</a>の部分をコード追加の内容で差し替えます。

リスト2 bookproject/book/templates/book/book_detail.html

```
{% extends 'base.html' %}

{% block title %}書籍詳細{% endblock %}

{% block content %}
  <div class="card">
    <h5 class="card-header">{{ object.title }}</h5>
    <div class="card-body">
      <p class="card-text">{{ object.text }}</p>
      <a href="{% url 'list-book' %}" class="btn btn-primary">一覧へ</a>
                                                                    コード修正
      <a href="{% url 'update-book' object.pk %}" class="btn btn-
primary">編集する</a>                                                 コード追加
      <a href="{% url 'delete-book' object.pk %}" class="btn btn-
primary">削除する</a>                                                 コード追加
      <h6 class="card-title">{{ object.category }}</h6>
    </div>
  </div>
{% endblock content %}
```

サーバーを起動して、ブラウザを立ち上げ、画面を確認してみましょう。次のようにコマンドを実行し、ブラウザで127.0.0.1:8000/book/1/detail/にアクセスします。

```
(venv)$ python3 manage.py runserver Enter
```

　すると、画面1のように一覧、編集、削除をするためのボタンが作成されていることがわかります。

▼**画面1　ボタンが追加された DetailBookView**

ボタンが作成されたね

4-13 レイアウト等の調整

見た目を整えていく

最後に、レイアウトの調整と、ヘッダーを入れて形を整えましょう。レイアウトの調整は Django とは直接関係ありませんので、Django の本質的な部分だけを学びたいという方は飛ばしていただいて問題ありませんが、次の第5章以降は、本節の実装を前提としていますので、同じコードで学習を進めていきたい方は、本節の実装を適用してください。

base.html にヘッダーと h1 タグを入れるためのコードを追加していきます（リスト1）。

リスト1　bookproject/templates/base.html

```html
<!doctype html>
<html lang="en">
  <head>
    <meta charset="utf-8">
    <meta name="viewport" content="width=device-width, initial-scale=1">
    <title>{% block title %}{% endblock title %}| 本棚アプリ</title>
    <link href="https://cdn.jsdelivr.net/npm/bootstrap@5.3.0/dist/css/bootstrap.min.css"
rel="stylesheet" integrity="sha384-9ndCyUaIbzAi2FUVXJi0CjmCapSmO7SnpJef0486qhLnuZ2cdeRhO
O2iuK6FUUVM" crossorigin="anonymous">
  </head>
  <body>
    <nav class="navbar navbar-dark bg-success sticky-top">————————— コード追加
      <div class="navbar-nav d-flex flex-row"> ————————— コード追加
        <a class="nav-link mx-3" href="{% url 'list-book' %}">書籍一覧</a> —— コード追加
        <a class="nav-link mx-3" href="{% url 'create-book' %}">書籍登録</a> — コード追加
      </div>————————————————————————— コード追加
    </nav>————————————————————————— コード追加
    <div class='p-4'> ————————————————— コード追加
      <h1>{% block h1 %}{% endblock %}</h1>————————— コード追加
  {% block content %}{% endblock content %}
    <script src="https://cdn.jsdelivr.net/npm/bootstrap@5.3.0/dist/js/bootstrap.bundle.
min.js" integrity="sha384-geWF76RCwLtnZ8qwWowPQNguL3RmwHVBC9FhGdlKrxdiJJigb/
j/68SIy3Te4Bkz" crossorigin="anonymous"></script>
  </body>
</html>
```

まずは \<nav> で囲まれた部分です。

\<nav> タグは現在の文書内の他の部分や、他の文書へのナビゲーションリンクを提供する際に用いられるタグです。

具体的なレイアウトはBootstrapのサイト（https://getbootstrap.com/）にサンプルがあります（画面1）。そのコードを確認してみましょう（リスト2）。

▼画面1　Bootstrapのサイトの Navbar

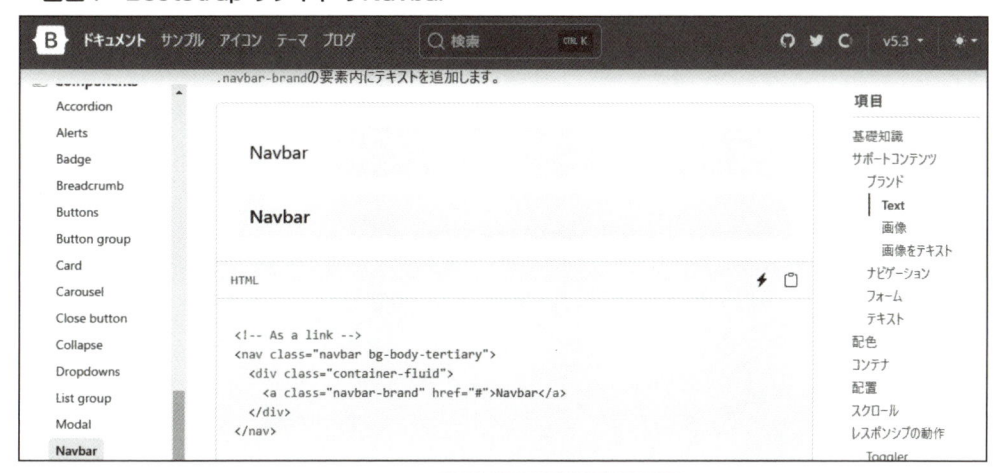

Docs → Components の中に
Navbar があるよ

【navbarに関する記載の抜粋】（https://getbootstrap.com/docs/5.1/components/navbar/）より

```
<!-- As a link -->
<nav class="navbar bg-body-tertiary">
  <div class="container-fluid">
    <a class="navbar-brand" href="#">Navbar</a>
  </div>
</nav>


<!-- As a heading -->
<nav class="navbar bg-body-tertiary">
  <div class="container-fluid">
    <span class="navbar-brand mb-0 h1">Navbar</span>
  </div>
</nav>
```

今回使ったコードについて、簡単に見ていきましょう。

リスト1のnavbar-darkは文字情報をグレーにするために用いています。bg-successのbgはbackgroundの略です。そして、右側のsuccessは色を示しており、Bootstrapではsuccessは緑色を意味しています。つまり、bg-successは背景の色を緑色にする、というものです。stickey-topはスクロールしても表示を固定する際に用います。

また、<nav>の一つ下の行に関しては、d-flexはdisplayをflexにすることを意味しており、flex-rowは行方向の配列の設定を行う際に用いられます（これはかなり端的な説明となってしまいますので、詳しくはCSSやBootstrapのレイアウト構造について学ばれるとよいでしょう）。mx-3はmarginを示しており、冒頭のmはmarginを、その右のxはx方向（左右の方向）に余白を取ることを示しており、3の部分はどれくらいの大きさの余白を取るかを指定しています。

m-4は上下左右すべての方向に対してマージンを取る場合に指定します。

Bootstrapを効率的に学ぶには、サンプルコードを見ながら実際に実装をして違いを確認していくのがよいかと思いますので、ご自身でいろいろと実装を試してみましょう。

次にbook_list.htmlファイルの修正を行っていきます。

もともとはcardを使って記載していましたが、もう少し汎用性がある形でコードを記載していきます（リスト2）。

リスト2　bookproject/book/templates/book/book_list.html

```
{% extends 'base.html' %}

{% block title %}書籍一覧{% endblock %}
{% block h1 %}書籍一覧{% endblock %} ──────────────── コード追加

{% block content %}
  {% for item in object_list %}
  <div class="p-4 m-4 bg-light border border-success rounded"> ── コード修正
    <h2 class="text-success">{{ item.title }}</h2> ──────── コード修正
    <h6>カテゴリ：{{ item.category }}</h6> ──────── コード修正
    <div class="mt-3"> ──────────────── コード修正
      <a href="{% url 'detail-book' item.pk %}">詳細へ</a>──── コード修正
    </div>
  </div>
  {% endfor %}
{% endblock content %}
```

サーバーを立ち上げてブラウザにアクセスをしてみましょう。ブラウザで127.0.0.1:8000/book/にアクセスします（画面2）。

```
(venv)$ python3 manage.py runserver Enter
```

▼**画面2　レイアウトを変更した書籍一覧ページ**

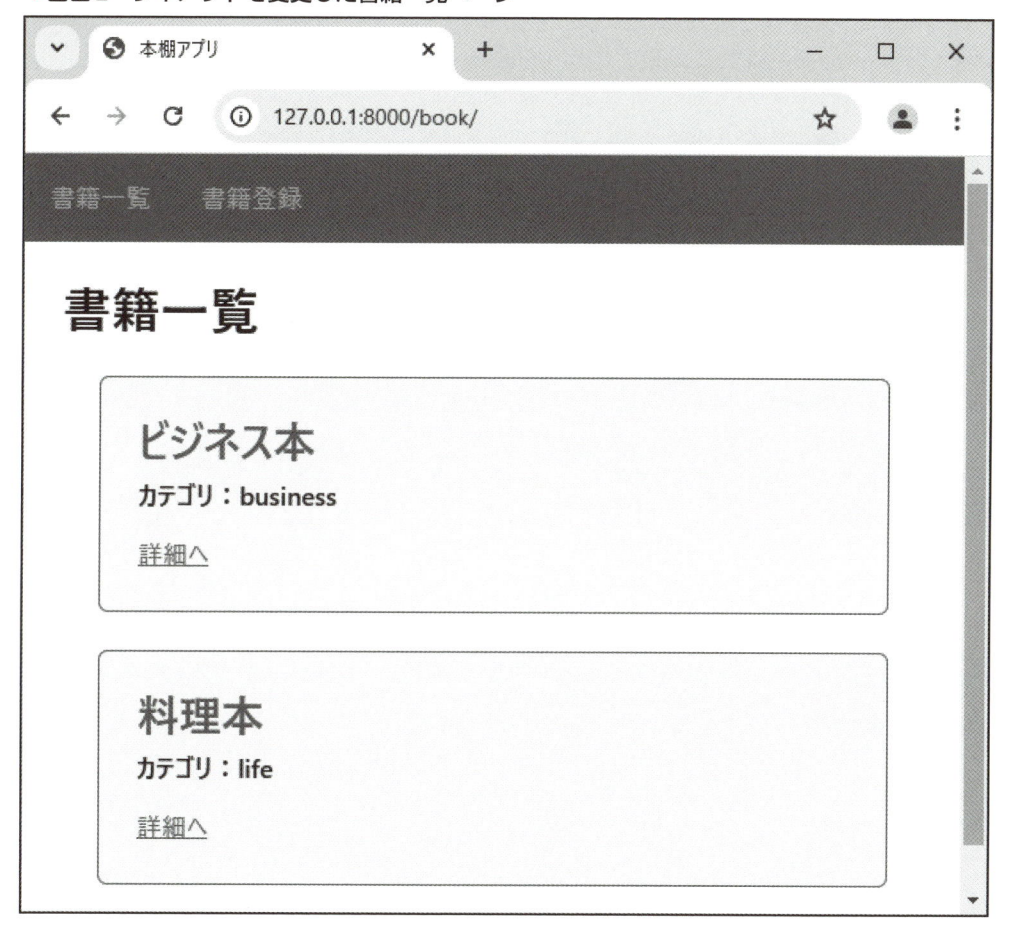

header部分がきれいに
なった

　まだまだ改善すべき所はありますが、Bootstrapが提供しているレイアウトを参考にしながら、ぜひご自身でカスタマイズしてみてください。

　最後に、DetailBookViewに関してもレイアウトを変更したhtmlファイルを載せておきますので、参考にしてください（リスト3）。

リスト3　bookproject/book/templates/book/book_detail.html

```
{% extends 'base.html' %}
{% block title %}{{ object.title }}{% endblock %}─────────── コード追加
{% block h1 %}書籍詳細{% endblock %}　─────────────── コード修正
{% block content %}
  <div class="p-4 m-4 bg-light border border-success rounded"> ― コード修正
    <h2 class="text-success">{{ object.title }}</h2>─────────── コード修正
    <p>{{ object.text }}</p>──────────────────── コード修正
    <a href="{% url 'list-book' %}" class="btn btn-primary">一覧へ</a>
    <a href="{% url 'update-book' object.pk %}" class="btn btn-primary">編
集する</a>
    <a href="{% url 'delete-book' object.pk %}" class="btn btn-primary">削
除する</a>
    <h6 class="card-title">{{ object.category }}</h6>
  </div>
{% endblock %}
```

第 **5** 章

本棚アプリケーションの作成②(Djangoの機能のさらなる理解)

・・・・・・・・・・・・・・・・・・・

　この章では、前の章で作成した本棚アプリケーションに様々な機能を加えていきます。

　中には少し難しい実装も出てきますが、本章を終える頃にはDjangoを使った実装のレベルがぐっと上がっていることでしょう。

5-1 成果物の確認

最終的な成果物を確認しよう

この章では、第4章で作成したコードから実装を進めます。

まずは最終的な成果物を確認しましょう。

トップページは画面1のようになります。

▼**画面1　トップページ**

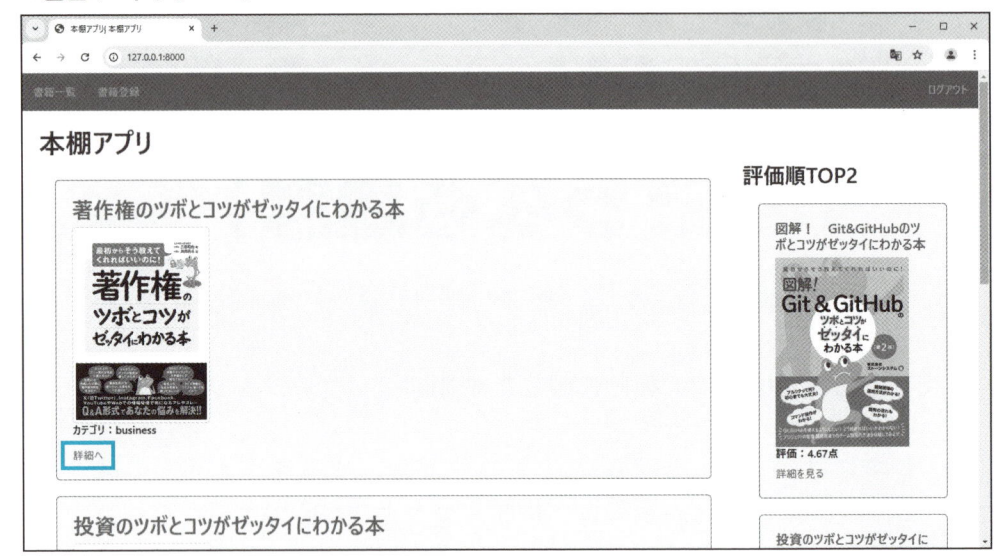

これが成果物か

　左側に新しく投稿された書籍の一覧が表示され、右側にレビューの評価が高い順に書籍が並んでいます。

　左側の「詳細へ」をクリックすると画面2に示す画面が表示されます。

▼画面2　詳細ページ

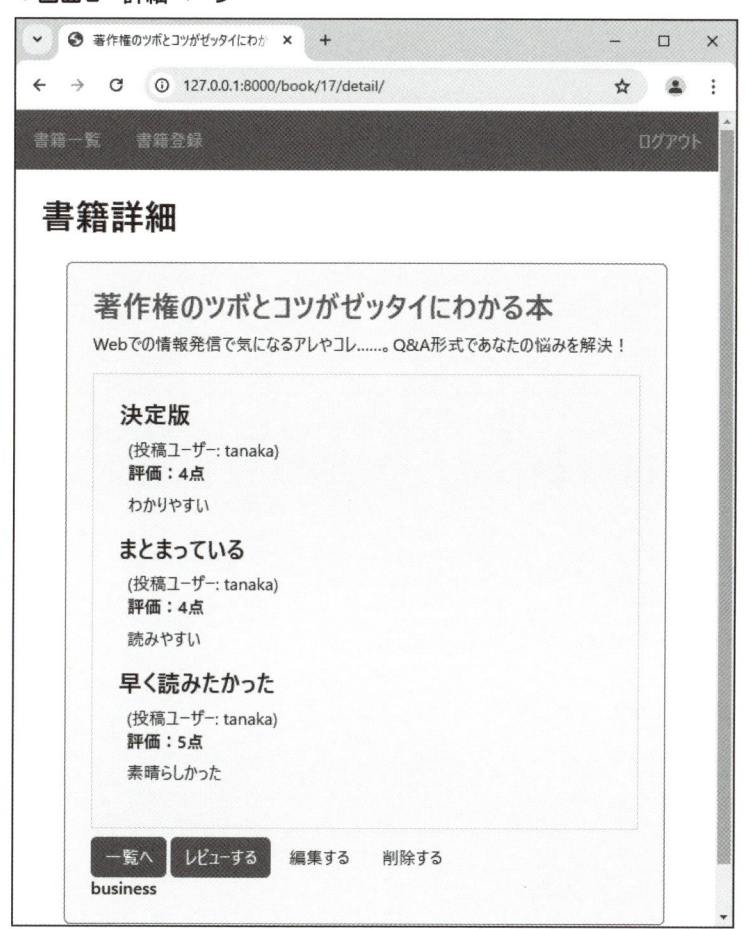

レビューも表示されているね

　画面2からわかるように、レビューをしたユーザーの名前と内容が一覧になって表示されます。

　本章では、上記に加えて会員登録やログインの機能、ログインしているユーザーだけがレビューの投稿をできる機能などの実装を行っていきます。

トップページの作成

はじめに

まずは、トップページの作成を進めましょう。

本章では、投稿日順で書籍を表示させると同時に、レビューの評価が高い順でも書籍を表示するための実装をします。

このように複数のデータを組み合わせて表示させる場合、class-based view よりも function-based view の方が適していると言えますので、ここからは function-based view でトップページの作成を進めます。

今の段階では両者の違いに対するイメージが湧かないかもしれませんが、実装を通じてイメージを明確にすることができるようになるでしょう。

では、はじめましょう。

まずは urls.py ファイルにコードを追記します（リスト1）。

リスト1　bookproject/book/urls.py

```
from django.urls import path

from . import views

urlpatterns = [
    path('', views.index_view, name='index'),  ——————————— コード追加
    path('book/', views.ListBookView.as_view(), name='list-book'),
    path('book/<int:pk>/detail/', views.DetailBookView.as_view(),
name='detail-book'),
    path('book/create/', views.CreateBookView.as_view(), name='create-
book'),
    path('book/<int:pk>/delete/', views.DeleteBookView.as_view(),
name='delete-book'),
    path('book/<int:pk>/update/', views.UpdateBookView.as_view(),
name='update-book'),
]
```

次に、viewを作成します。

初めにコードを書き、次に中身について説明します（リスト2）。

リスト2　bookproject/book/views.py

```
・・・省略・・・

def index_view(request):
    return render(request, 'book/index.html',{'somedata': 100}) ── コード追加
```

　views.pyファイルに新たにrenderという関数が出てきました。まずはこの関数について学びます。

renderについて

　render関数を理解するため、まずはhelloworldアプリケーションのときに説明したDjangoの大まかな流れをおさらいしましょう。

　Django内部では、requestオブジェクトを受け取り、responseオブジェクトを返していました。

　そして、helloworldアプリケーションでは、responseオブジェクトを作成するためにHttpResponseクラスを使ってきました。

　これから実装していくコードも（用いる関数やメソッドは異なりますが）やっていることは変わりません。つまり、render関数を使ってresponseオブジェクトを作成していきます。

　では、render関数のそれぞれの引数の中身を確認しましょう（リスト3）。

リスト3　bookproject/book/views.py

```
・・・省略・・・
def index_view(request):
    return render(request, 'book/index.html', {'somedata': 100})
                        ↑              ↑                  ↑
                        ①              ②                  ③
・・・省略・・・
```

　まず、①のrequestは最初の引数として必ず入れなければいけないものです。render関数を使う時は一つ目の引数はrequestにする、と覚えれば良いでしょう。

　②ではhtmlファイルを指定していますが、これは第4章のclass-based viewで指定したtemplatesのようなイメージです。

　今回は②でbook/index.htmlというファイル名を指定しました。これはclass-based viewで定義したtemplate_name = 'book_list.html'のようなイメージです。つまり、render関数の引

数にhtmlファイルを指定することで、そのhtmlファイルをtemplateとして使えるようになります。ただし、class-based viewの場合と同様、index.htmlが入っているディレクトリをDjangoに伝えるため、4-2節で設定したように、settings.pyファイルでDIRSを指定しなければいけません（厳密には他の指定方法もあるのですが、ほとんど使われませんので割愛します）。

最後の③は、index_viewにおいて使うデータを指定します。③で指定するデータは、第4章のclass-based viewで指定したmodel = Bookのようなイメージです。今回は、イメージしやすいデータを使いたいため、{'somedata': 100}というデータを引数として設定します。これはPythonにおける辞書型のデータであり、左の'somedata'がkey、右の100がvalueです。ですので、keyを指定することでvalueを呼び出すことができます。なお、③で指定するデータは、Djangoではcontextと呼ばれています。

ここから、ブラウザ上でデータ（context）を表示させるためのコードを書きましょう。

index.htmlファイルはまだ作成していませんので、まずはbookアプリのtemplatesディレクトリの中にindex.htmlファイルを作成します（リスト4）。

```
(venv)$ touch book/templates/book/index.html Enter
```

そのうえで、コードを書いていきます（リスト4）。

リスト4 bookproject/book/templates/book/index.html

```
{{ somedata }}                                                     コード追加
```

ここで記載したsomedataは、render関数の中で設定した{'somedata': 100}におけるsomedataを示しています。

つまり、somedataをDjangoのテンプレートである{{ }}で囲むことによって、{{ }}の中で指定したコード（{'somedata': 100}の中の'somedata'の部分）をkeyとし、それに対応するvalue（100の部分）をhtmlファイル内で呼び出すことができるようにしています。

サーバーを立ち上げ、ブラウザで127.0.0.1:8000/にアクセスしましょう。

```
(venv)$ python3 manage.py runserver Enter
```

すると、画面1に示す通り、somedataに対応した100という数字が画面上に表示されたことがわかります。

▼**画面1　ブラウザ上での表示**

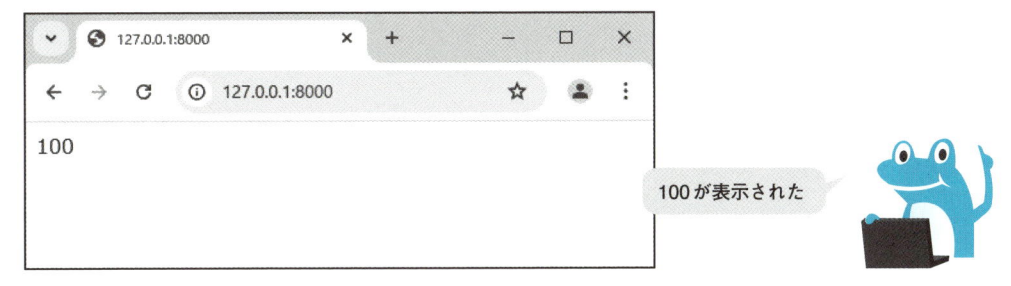

100 が表示された

　このように、render関数を使うことによって、class-based viewと同じようにhtmlファイル（template）とデータ（context）をブラウザに表示させることができました。

Column　renderってそもそもどんな意味？

　renderという言葉はもともと「描写する」といった意味がありますが、もう少し簡単に言うと「たくさんのデータを組み合わせて見やすい形に編集・整理したもの」です。

　ちなみに、コンピューターが解釈したhtmlコード（<h1>タグなど）を、人が見てわかるようなイメージに変えて（<h1>タグであれば文字を大きくして）表示することをrendering（レンダリング）と言います。

　これと同じように、Djangoにおいては複数のデータを組み合わせて整理し、テンプレートを用いて描画し、それをresponseオブジェクトとして返すということをしているのがrender関数なのです。

ターミナルに表示させる

　ここから、function-based viewにおけるDjangoの内部処理についてより詳しく見ていきましょう。views.pyファイルに次のコードを追記します（リスト5）。

リスト5　bookproject/book/views.py

```
・・・省略・・・
def index_view(request):
    print('index_view is called')                          コード追加
    return render(request, 'book/index.html',{'somedata': 100})
・・・省略・・・
```

　なお、print関数の中に書く内容は何でも構いません。

　サーバーを立ち上げ、ブラウザで127.0.0.1:8000/にアクセスしてみましょう。

```
(venv)$ python3 manage.py runserver Enter
```

　index.htmlを見ても、コードを追記する前と後で表示される内容は変わっていません（リスト5で追加したprint関数で書いた内容は表示されていません）。一方、ターミナルを見ると、次のように表示されていることがわかります。

```
Django version 5.1.2, using settings 'bookproject.settings'
Starting development server at http://127.0.0.1:8000/
Quit the server with CONTROL-C.

index_view is called
```

　これは、ブラウザにURLを入力することによってrequestがurls.pyに送られ、urls.pyファイルからindex_viewが呼び出された結果、index_viewで定義されたprint関数が呼び出されたからです。その結果、print関数の中身がターミナルに出力されました。

　ここでのポイントは、Djangoがviewの中で行っていることはPythonの文法に従ったコードが順番に実行されているだけということです。もちろん、内部で定義されたメソッドなどによって複雑な処理が行われていますが、突き詰めれば一つ一つのコードが順番に実行されているだけです。

　すなわち、Djangoも本質的にはPythonファイルの集まりである、ということです。このイメージを持っておくと、実装を進める上で行き詰まってしまった時に解決策を見つける参考になるかもしれません。

5-3 index_viewの実装

function-based viewの理解を深めよう

ここまで、function-based viewの最低限の流れについて理解してきました。

次に、viewとModelを連携させましょう（viewの中で呼び出すModelを定義します）。

views.pyファイルにコードを追記します（リスト1）。

リスト1 bookproject/book/views.py

```
・・・省略・・・
def index_view(request):
    print("index_view is called")
    object_list = Book.objects.all()                          コード追加
    return render(request, 'book/index.html',{'object_list': object_list})
                                                              コード追加
・・・省略・・・
```

新しく追加されたobject_list = Book.objects.all()というコードを中心に確認します。

Book.objectsのBookはBookモデルを示しており、objectsはBookテーブルに入っているすべてのオブジェクト（データ）を示しています（厳密にはモデルマネージャと言われており、データそのものではありませんが、イメージとしてはこの解釈で大丈夫です）。そして、Book.objectsの後ろに様々なメソッドを付けることにより、そのメソッドに応じた処理が行われ、目的とするデータを取り出すことができるようになります。

また、render関数の中のcontextの部分の記載を{'object_list':object_list}に変更しています。

これは、index_viewの中で定義したobject_list（すなわち、Bookモデルのすべてのデータ）をobject_listという名前で呼び出せるようにしたものです。

例えば、object_listではなくbook_listという名前で呼び出したい場合は、{'book_list':object_list}といった形でコードを書きます。

次に、ブラウザ上でデータを表示させるため、index.htmlファイルにコードを書いていきましょう（リスト2）。

リスト2　bookproject/book/templates/book/index.html（色文字はすべてコード追加）

```
{% extends 'base.html' %}

{% block title %}書籍一覧{% endblock %}
{% block h1 %}書籍一覧{% endblock %}

{% block content %}
  {% for item in object_list %}
  <div class="p-4 m-4 bg-light border border-success rounded">
    <h2 class="text-success">{{ item.title }}</h2>
    <h6>カテゴリ：{{ item.category }}</h6>
    <div class="mt-3">
      <a href="{% url 'detail-book' item.pk %}">詳細へ</a>
    </div>
  </div>
  {% endfor %}
{% endblock content %}
```

ブラウザ上の表示を確認しましょう。

```
(venv)$ python3 manage.py runserver Enter
```

127.0.0.1:8000/にアクセスします（画面1）。

▼**画面1**　index.htmlの表示

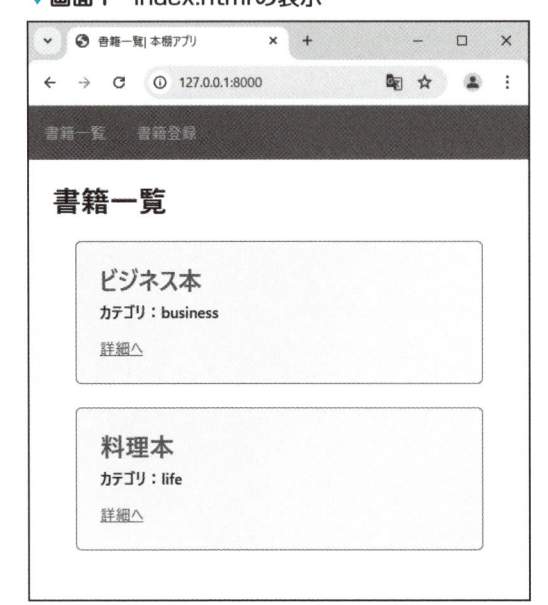

一覧が表示された

index_viewとListBookViewの表示が同じであることを確認しましょう。

　ここからがfunction-based viewの腕の見せ所です。データを表示させる順番を変えていきます。

　まず、管理画面からデータを一つ追加します。サーバーを立ち上げ、管理画面（127.0.0.1:8000/admin/）にアクセスします。

```
(venv)$ python3 manage.py runserver Enter
```

追加するデータは次の通りです（表1）。

▼表1　追加するデータ

Title	Text	Category
ビジネス最前線	最新のビジネスについて	ビジネス

　まず、変更を加えない状態でどのような表示になるか確認します。改めてindex.htmlを表示させ、127.0.0.1:8000/にアクセスしてみましょう（画面2）。

▼画面2　書籍情報の一覧表示

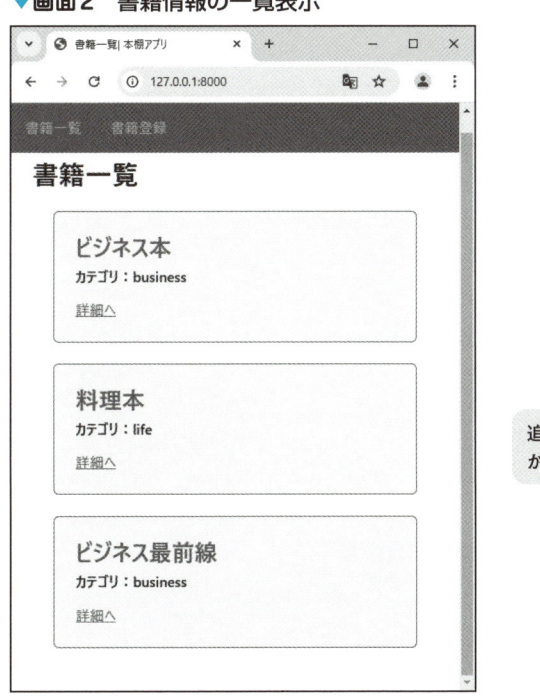

追加したデータ
が表示された

3つの本のカテゴリは上から順に「business」「life」「business」となっています。
これから、カテゴリごとに表示をするためのカスタマイズをします。

views.pyファイルにコードを書きます（リスト3）。

リスト3 bookproject/book/views.py

```
・・・省略・・・
def index_view(request):
    object_list = Book.objects.order_by('category')——————— コード修正
    return render(request, 'book/index.html',{'object_list': object_list})
・・・省略・・・
```

Book.objects.all()という部分が、Book.objects.order_by('category')に変わっています。

order_byは、モデルに入っているデータを並べ替える際に使われます。具体的には、()の中にモデルで定義したフィールドを入れることで、そのフィールドに応じてデータを並べ替えることができます。

今回はカテゴリごとに並べ替えていきますので、('category')としています。

改めてサーバーを立ち上げ、index_viewを呼び出しましょう。127.0.0.1:8000/にアクセスします（画面3）。

```
(venv)$ python3 manage.py runserver Enter
```

▼**画面3　並べ替えられた書籍一覧**

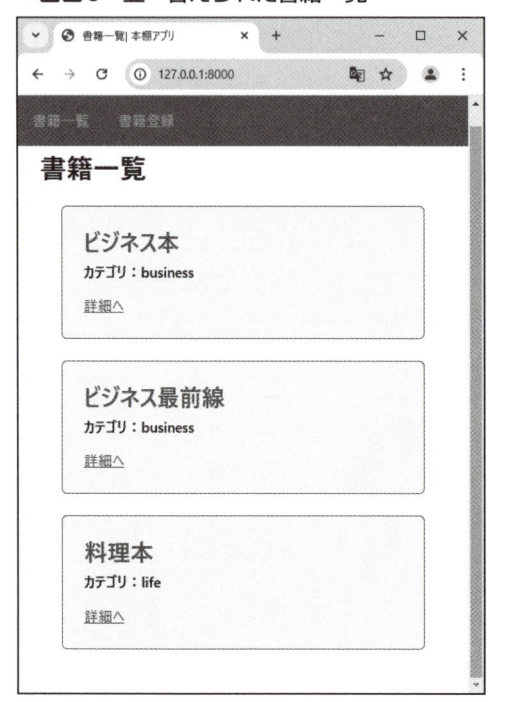

データの並び
が変わった

　上から2つが「business」に関する本、そして、一番下が「life」に関する本となっています。つまり、カテゴリごとに並べ替えができました。

　このように、function-based viewを使うことによって、シンプルなコードで直観的に実装をすることができます。

　今後、本章の後半でindex_viewをさらに作り込んでいきますが、ここで一旦止めておきます。次はログイン機能を実装しましょう。

5-4 ログイン機能の追加

● ログイン機能の実装

　ここから、ログイン機能の実装を進めていきましょう。

　ログイン機能を追加するには、フォームに入力された情報（ユーザー名とパスワード）と、データベースに入っているユーザーの情報を照合し、確認が取れたユーザーのみをログインさせるという仕組みを作る（実装をする）必要があります。

　すなわち、手順は①ユーザーがログイン情報を入力する、②入力された情報が適切かどうかを確認する、③あっている場合はログイン処理を行う、となります。

　なお、Djangoには上記のログインの仕組みを簡単に実現するための仕組み（Djangoが準備してくれている関数など）があらかじめ用意されていますので、その仕組みを活用しながら実装を進めましょう。

　パスワード変更の実装をする前に、認証関連でDjangoに用意されているviewを確認しましょう。ここでの認証関連というのは、ログイン、ログアウト、パスワード管理を意味します（Djangoにはログイン、ログアウト、パスワード管理のためのviewが用意されています）。

　Django公式サイトの「認証のView」という項目を見てみましょう。URLを次に示します。

> https://docs.djangoproject.com/ja/5.1/topics/auth/default/#module-django.contrib.auth.views

　このページの「認証のView」部分に、次の文章が記載されています。

> 　Djangoの提供する複数のビューを使って、ログイン、ログアウト、パスワード管理を行うことができます。これらはビルトインの認証フォームを使用しますが、独自のフォームを使用することもできます。

出典：Django公式ドキュメント「認証のView」（https://docs.djangoproject.com/ja/5.1/topics/auth/default/#module-django.contrib.auth.views）より

　少しわかりづらい表現かもしれませんが、この文章は「Djangoにあらかじめ用意されている機能を使うことによって、ログイン、ログアウト、パスワード管理を行うための実装が簡単にできるようになる。」ということを意味しています。

　では、実装に入りましょう。まずは、Djangoのビルトインの認証フォームを使う方法につ

いて説明します。ビルトインの認証を使うためには、その認証の機能が実装されているview
を呼び出す必要があります。

なお、認証関連のviewを呼び出す方法は、先ほどの「認証のView」のページに記載され
ています。

「認証のView」のページの中で該当する部分を次に示します。

```
urlpatterns = [
    path ('accounts/', include('django.contrib.auth.urls')) ,
]
```

出典：Django公式ドキュメント「認証のView」(https://docs.djangoproject.com/ja/5.1/topics/auth/default/
#module-django.contrib.auth.views）より

これは、プロジェクトからアプリケーションへのURLのつなぎこみの際に記載したコード
に似ていることがわかります。

実際、このコードはDjangoのauthアプリケーションの中のurls.pyファイルを呼び出す指
示をしています。このコードを書くことによって、bookprojectプロジェクトのurls.pyファイ
ルからauthアプリケーションのurls.pyファイルを呼び出すことができるようになります。

authアプリケーションへのつなぎこみを行うため、上記のコードをプロジェクトのurls.py
ファイルに追記していきましょう（リスト1）。

リスト1　bookproject/bookproject/urls.py

```
from django.contrib import admin
from django.urls import path, include

urlpatterns = [
    path('admin/', admin.site.urls),
    path('accounts/', include('django.contrib.auth.urls')), ── コード追加
    path('', include('book.urls')),
]
```

これで、127.0.0.1:8000/accounts/というURLをrequestすることでauthアプリケーション
のurls.pyファイルを呼び出すことができるようになりました。

ここで、authアプリケーション内のurls.pyファイルの中身（urlpatterns）について確認し
ましょう。

ログイン、ログアウト、パスワード管理に関するコードを次に示します。

なお、このコードは、先ほど紹介したDjangoの公式ドキュメント内「認証のView」でも
確認することができます。

```
accounts/login/ [name='login']
accounts/logout/ [name='logout']
accounts/password_change/ [name='password_change']
accounts/password_change/done/ [name='password_change_done']
accounts/password_reset/ [name='password_reset']
accounts/password_reset/done/ [name='password_reset_done']
accounts/reset/<uidb64>/<token>/ [name='password_reset_confirm']
accounts/reset/done/ [name='password_reset_complete']
```

出典：Django公式ドキュメント「認証のView」（https://docs.djangoproject.com/ja/5.1/topics/auth/default/
#module-django）より

　上から順番に、ログイン、ログアウト、パスワード管理を行うためのページが用意されていることがわかります。

　例えば、127.0.0.1:8000/accounts/logout/にアクセスすれば、Djangoが用意しているviewにもとづいてログアウトさせるための処理が行われる（viewが実行される）ということです。

　ですが、view以外の部分（templatesなど）は自分で作成する必要がある場合もあります。これについては実装を通じて確認していきましょう。

　まずは、上記urlpatternsの中で一番上に記載されているログインページにアクセスします。サーバーを立ち上げ、127.0.0.1:8000/accounts/login/にアクセスします。

　すると、次の画面が表示されます（画面1）。

▼**画面1　template**がないことによるエラー

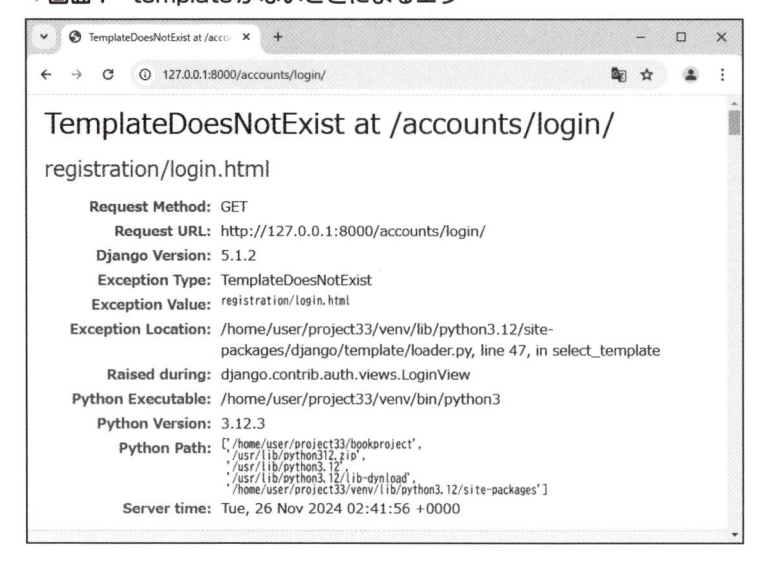

エラーが表示された

　エラーの内容を見ると、templateが存在しないと表示されています。つまり、loginのview
に関しては、自分でtemplateを準備しなければいけません。

　それでは、ログイン画面を表示するhtmlファイルを作成しましょう。

　画面1に表示されているエラーコードを見ると、2行目にregistration/login.htmlとありま
す。これは、127.0.0.1:8000/accounts/login/にアクセスすると呼び出されるviewの中では、
registrationディレクトリの中のlogin.htmlファイルを呼び出すように定義されていることを
意味しています。

　イメージとしては、class-based viewの場合に指定したtemplate_nameと同じと考えるとわ
かりやすいかもしれません。

　上記のエラーを回避するため、ターミナル上でregistrationディレクトリとlogin.htmlファ
イルを作成します。プロジェクト直下（manage.pyファイルのあるディレクトリ）で次のコー
ドを実行します。

```
(venv)$ mkdir templates/registration Enter
(venv)$ touch templates/registration/login.html Enter
```

　次に、login.htmlファイルを作成します。今回は、最小限の実装でlogin.htmlファイルを作
成します（リスト2）。

リスト2　　bookproject/templates/registration/login.html（色文字はすべてコード追加）

```
{% extends 'base.html' %}

{% block content %}
  <h1>ログイン</h1>
  <form method="post" class="p-4 m-4 bg-light border border-success rounded
form-group">
    {% csrf_token %}
    {% for error in form.errors.values %}
      {{ error }}
    {% endfor %}
    <label>
      ユーザID
    </label>
    <input class="form-control" name="username">
    <label>
      パスワード
```

```
      </label>
      <input type="password" class="form-control" name="password">
      <button type="submit" class="btn btn-success mt-4">ログインする</button>
    </form>
{% endblock %}
```

{% for error in form.errors.values %}の部分はエラーを表示させるためのコードです。今の段階では理解するのが少し難しいですので、「これでエラーが表示できるようになる」というイメージで良いでしょう。

サーバーを立ち上げ、127.0.0.1:8000/accounts/login/にアクセスしてみましょう（画面2）。

```
(venv)$ python3 manage.py runserver Enter
```

▼**画面2　ログイン画面**

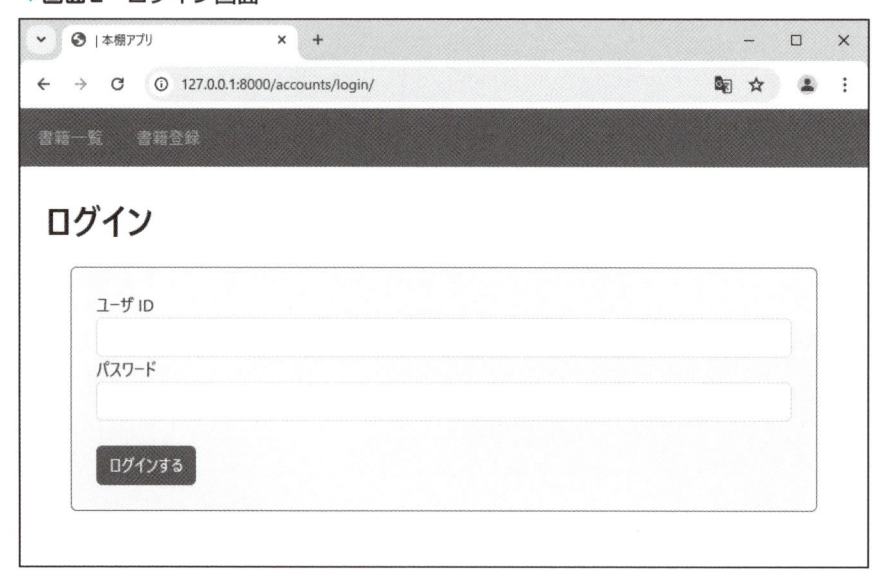

ログイン画面が表示された

　無事にログイン画面が表示されました。viewを実装しなくても画面2のように表示されていることに対して不思議に思うかもしれません。

　この点については、管理画面でviewを指定せずに127.0.0.1/8000/admin/にアクセスすると、管理画面を表示することができるように、今回のログインの実装もDjangoがあらかじめviewを用意してくれていると理解しましょう。

ここからは、ログインに必要な機能が実装されているか確認していきましょう。

管理画面に登録していないランダムなユーザー名とパスワードを入力して「ログインする」ボタンを押します。

すると、次のような画面が表示されます（画面3）。

▼**画面3　ログインの警告画面**

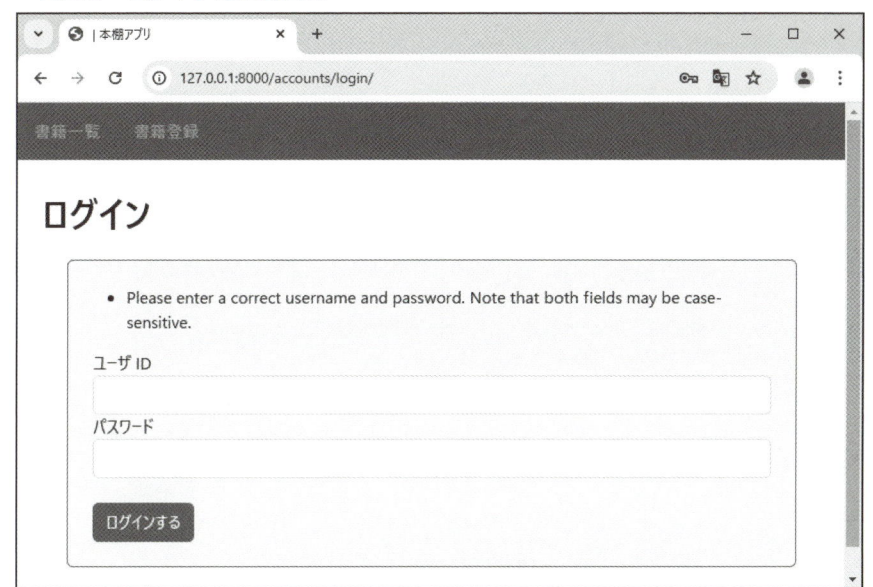

エラーメッセージが表示されたぞ

入力フォームの上に、英語のメッセージが表示されています。これは「正しいユーザー名とパスワードを入力してください」というメッセージです。

これは、Djangoの内部（view）で入力されたデータの照合（Userテーブルに保存されているデータとの照合）がしっかりと行われているということを意味します。また、入力されたデータとデータベースに入っているデータを照合した結果、合致するデータがなかったというエラーメッセージをブラウザに表示させる実装もできていることが確認できます。

ここで、登録しているユーザーの情報（第4章で作成したryotaというユーザー名）を入力して、画面下の「Login」ボタンをクリックしてみましょう。

すると、次のようなエラーが表示されてしまいました（画面4）。

▼**画面4　ログイン後のエラー**

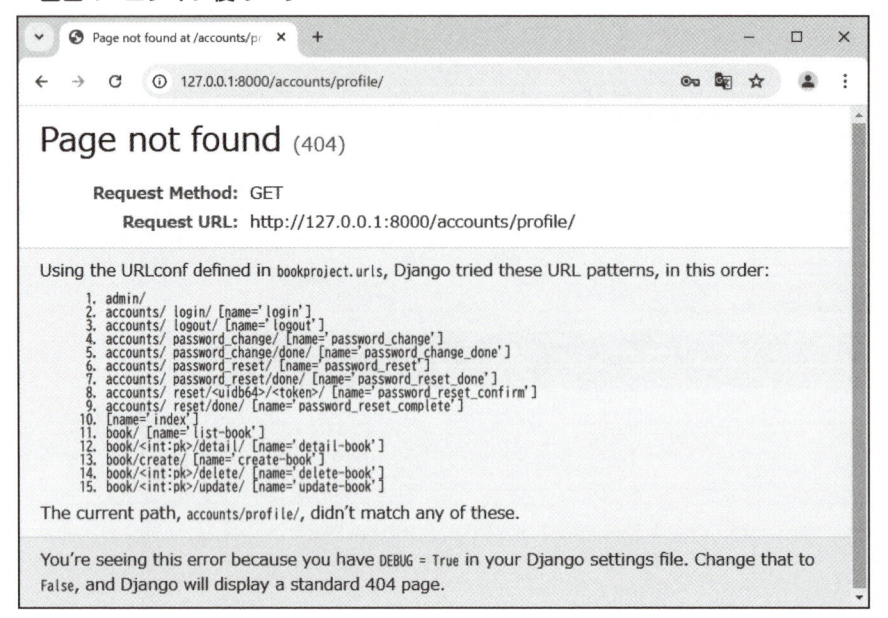

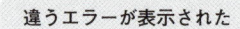

違うエラーが表示された

　これは、ログインが完了するとaccounts/profile/というURLにアクセスするような設定になっているにも関わらず、そのURLを設定していないために発生したエラーです。すなわち、ログイン自体はできていることを意味しています。

　このエラーを回避する方法はいくつかありますが、一番簡単な方法はsettings.pyファイルにLOGIN_REDIRECT_URLという変数を定義することです。

　ですので、settings.pyファイルにLOGIN_REDIRECT_URLを追記しましょう（リスト3）。

リスト3　　bookproject/bookproject/settings.py

```
・・・省略・・・
LOGIN_REDIRECT_URL = 'list-book' ————————————————— コード追加
```

　なお、ここで設定したlist-bookは書籍一覧のページです。
　改めてログインをしてみると、次の画面の通り、書籍一覧ページに遷移したことが確認できます（画面5）。

▼**画面5　ログイン後の画面**

一覧ページが表示された

　これでログインに関する実装を行うことができました。

　Djangoが事前に用意しているviewを使うことで、簡単にログイン機能の実装ができることを確認しておきましょう。

5-5 ログアウト機能の追加

● ログアウトの実装

次に、ログアウト機能の実装をしていきましょう。

Djangoのauthアプリケーションにはログアウトの仕組みも用意されていますが、ここでは学びを深めるため、function-based viewを使って実装をしていきましょう。

まずはurls.pyファイルからコードを書いていきます（リスト1）。

リスト1　　bookproject/book/urls.py

```python
from django.urls import path

from . import views

urlpatterns = [
    path('', views.index_view, name='index'),
    path('book/', views.ListBookView.as_view(), name='list-book'),
    path('book/<int:pk>/detail/', views.DetailBookView.as_view(),
name='detail-book'),
    path('book/create/', views.CreateBookView.as_view(), name='create-
book'),
    path('book/<int:pk>/delete/', views.DeleteBookView.as_view(),
name='delete-book'),
    path('book/<int:pk>/update/', views.UpdateBookView.as_view(),
name='update-book'),
    path('logout/', views.logout_view, name='logout'),  ——— コード追加
]
```

次に、views.pyファイルを実装します。

logoutの実装例はDjangoの公式ドキュメントの「How to log a user out」の部分に記載されています。該当部分を引用します。

https://docs.djangoproject.com/en/5.1/topics/auth/default/

```python
from django.contrib.auth import logout

def logout_view(request):
```

```
    logout(request)
    # Redirect to a success page.
```

出典：Djangoの公式ドキュメント「How to log a user out」(https://docs.djangoproject.com/en/5.1/topics/auth/
default/) より

　logout_viewという関数が定義されており、その下にlogoutという関数が書かれています。
非常にシンプルですが、これでユーザーをログアウトさせることができます。

　logout（request）の下の行にはコメントで # Redirect to a success page.と書かれています。
　これは、ログアウトした後に「success page」にリダイレクトさせてください。と説明して
います。
　ですので、redirectさせる実装も含めて、ログアウトさせるコードをviews.pyファイルに
書いていきます（リスト2）。

リスト2　bookproject/book/views.py

```
・・・省略・・・
from django.shortcuts import render, redirect ─────────── コード追加
from django.contrib.auth import logout ─────────── コード追加
・・・省略・・・
def logout_view(request): ─────────── コード追加
    logout(request) ─────────── コード追加
    return redirect('index') ─────────── コード追加
・・・省略・・・
```

　追加したコードの中で、リダイレクトの処理が書かれているのがreturn redirect('index')で
す。これはその名前の通り、リダイレクト処理を行う際に使われる関数です。
　このように記載することで、ユーザーのログアウト処理が完了した後に、index（トップペー
ジ）にリダイレクトさせることができるようになります。

　サーバーを立ち上げ、ログアウト後の挙動の確認をしましょう。

```
(venv)$ python3 manage.py runserver Enter
```

　127.0.0.1:8000/logout/にアクセスします。ログイン状態かどうかを確認したい場合は、管理
画面にアクセスしましょう。データ編集画面が表示されていれば、ログイン状態になってい
ます。
　アクセスすると、トップページが表示されます。少しわかりづらいのですが、トップペー
ジが表示されたということは、logout_viewがしっかりと機能し、ログアウト処理が行われた
（リダイレクトが行われた）ということです。

ログアウトされているか確認をするため、管理画面にアクセスしてみましょう。

管理画面にアクセスした際、ログインするためのユーザー情報（ユーザー名とパスワード）が求められたらログアウトができています。

これで、ログアウトを実装できました。

ログアウトのリンクの追加（user.is_autenticated）の実装

次に、トップページにログイン並びにログアウトをするためのリンクを付けます。

ログイン、ログアウトのリンクは、base.htmlで作成したnavbarに追加する形でコードを書いていきます（リスト3）。

リスト3 bookproject/templates/base.html

```
・・・省略・・・
  <body>
    <nav class="navbar navbar-dark bg-success sticky-top">
      <div class="navbar-nav d-flex flex-row">
        <a class="nav-link mx-3" href="{% url "list-book" %}">書籍一覧</a>
        <a class="nav-link mx-3" href="{% url "create-book" %}">書籍登録</a>
      </div>
      <div class="navbar-nav d-flex flex-row">                     ──── コード追加
        {% if request.user.is_authenticated %}                    ──── コード追加
          <a class="nav-link mx-3" href="{% url 'logout' %}">ログアウト</a>
                                                                   ──── コード追加
        {% else %}                                                 ──── コード追加
          <a class="nav-link mx-3" href="{% url 'login' %}">ログイン</a>
                                                                   ──── コード追加
        {% endif %}                                                ──── コード追加
      </div>                                                       ──── コード追加
    </nav>
    <div class='p-4'>
      <h1>{% block h1 %}{% endblock %}</h1>
      {% block content %}{% endblock content %}
    </div>
  </body>
</html>
```

ここでのポイントは¦% if request.user.is_authenticated %¦の部分です。

まず、冒頭のifですが、これはPythonにおけるif文と同じように扱われます。ですので、ifの下にelse節もあります。

次に、request.user.is_atuhenticatedの部分について見ていきましょう。

requestはrequestオブジェクトを示しています。requestオブジェクトには多くの変数（正確には名前空間と言ったりもしますが、多くの情報を持っているという考えで大丈夫です）があり、その中の一つとしてuserという情報を持っています。

これは、viewを呼び出してrequestオブジェクトをDjangoが作成した時（すなわち、ブラウザで何らかのURLを入力した時）、ユーザーの情報があれば、そのユーザーの情報が表示されるようになっています。

また、userの後ろのis_authenticatedには、ユーザーがログインしているかを判別するブール値が入っています。

つまり、このコードはユーザーがログインしているかどうかを判定するために使われているコードです。

ユーザーがログインしていればif文の下の行の中身が表示され（ログアウトが表示され）、逆にログインしていなければelse文の下の行の中身が表示されます（ログインが表示されます）。

このようなコードを書くことで、ユーザーの状況に合わせてログインとログアウトの表示を分けることができるようになりました。

renderとredirectの違いを理解する

ログアウト機能の実装でredirectを使ってきましたが、ここでrenderとredirectの違いについて学んでいきましょう。

端的な説明としては、renderはHttpResponseオブジェクトの作成に使われますが、redirectは異なるviewを呼び出す場合に使われます。

つまり、redirectは何らかの処理を行った上で違うviewを呼び出したいときに使われます。

今回の実装では、ログアウトの処理を行ったあとに、同じページにとどまっている必要はありません。ですので、redirectを使って違う画面に遷移させるのです。

もちろん、logout_viewの中でrenderメソッドを使うことも可能です。例えばリスト4のようなコードにした場合を考えてみましょう。

リスト4 bookproject/book/views.py

```
・・・省略・・・
from django.contrib.auth import logout
・・・省略・・・
def logout_view(request):
```

```
    logout(request)
    return render(request, 'book/index.html', {}) ─────────── コード変更
・・・省略・・・
```

この場合、logout_viewが呼び出されるとlogoutの処理が行われます。

その後は、renderメソッドに従ってレンダリングが行われます。templateとしてindex.htmlを指定していますのでindex.htmlに記載された内容がブラウザ上に表示されますが、contextを処理していませんので、Bookモデルのデータは表示されません。

ブラウザ上で確認してみましょう。

データが表示されていないことに加え、URLが127.0.0.1:8000/logout/になっていることも確認しておきましょう（画面1）。

▼**画面1　logout_viewでrender関数を呼び出した場合**

URLに注目！！

URLを見ると、127.0.0.1:8000/logout/のままです。viewが呼び出されることによってログアウト処理は完了していますが、renderを使っていますので、表示されているURLは変わっていません。

最後に、renderをredirectに戻しておきます（リスト5）。

リスト5　bookproject/book/views.py

```
・・・省略・・・
from django.contrib.auth import logout
・・・省略・・・
def logout_view(request):
    logout(request)
    return redirect('index')──────────────── コード変更
・・・省略・・・
```

　これでログアウト処理の実装は完了です。次は、会員登録機能を実装します。

5-6 会員登録機能の実装

会員登録機能の実装

ここでは、会員登録機能を実装します。

Djangoが用意したauthアプリケーションには、会員登録のための機能は備わっていません。ですので、会員登録に関する機能は一から実装していきましょう。

今までの実装の整理

ここで、今までの実装を少し整理しましょう。

少しややこしいですが、今まではbookprojectの中のurls.pyファイルのurlpatternsにpath('accounts/', include('django.contrib.auth.urls')),というコードを書き、book（アプリ）の中のurls.pyファイルのurlpatternsにpath('logout/', views.logout_view, name='logout'),と記載していました。

ログインとログアウトの処理がバラバラの場所に記載されていることは、開発上好ましくありません。アカウント周りの実装は一つの場所にまとめて行った方が良いという考えに基づき、これからアカウントに関するアプリを新しく作っていきます。アカウントに関するアプリの作成に先立ち、まずは今まで書いてきたコードを整理しましょう。

なお、はじめからアカウントに関するアプリを作って実装すれば良かったのではないか、と思われるかもしれませんが、Djangoがデフォルトで用意しているauthアプリケーションに対する理解を深めるという目的や、redirectなどの関数を学んでいただくためにこのような構成にしていること、ご了承いただければと思います。

まずは新しくアプリを作っていきます。アプリの名前はaccountsにしましょう。

```
(venv)$ python3 manage.py startapp accounts Enter
```

アプリの作成が完了したら、次にsettings.pyファイルに追記する形でアプリを認識させます（リスト1）。

リスト1 bookproject/bookproject/settings.py

```
INSTALLED_APPS = [
    'django.contrib.admin',
    'django.contrib.auth',
```

```
    'django.contrib.contenttypes',
    'django.contrib.sessions',
    'django.contrib.messages',
    'django.contrib.staticfiles',
    'accounts.apps.AccountsConfig',  ──────────── コード追加
    'book.apps.BookConfig',
]
```

次に、プロジェクトのurls.pyファイルの修正をします（リスト2）。

リスト2　bookproject/bookprject/urls.py

```
from django.contrib import admin
from django.urls import path, include

urlpatterns = [
    path('admin/', admin.site.urls),
    path('accounts/', include('accounts.urls')),  ──────────── コード変更
    path('', include('book.urls')),
]
```

次に、logoutに関する記述を修正します。
まず、bookアプリのログアウトに関する記述を修正（削除）します（リスト3、4）。

リスト3　bookproject/book/urls.py

```
・・・省略・・・
    path('book/<int:pk>/delete/', views.DeleteBookView.as_view(),
name='delete-book'),
    path('book/<int:pk>/update/', views.UpdateBookView.as_view(),
name='update-book'),
    path('logout/', views.logout_view, name='logout'),  ──────────── コード削除
]
・・・省略・・・
```

リスト4　bookproject/book/views.py

```
・・・省略・・・
from django.contrib.auth import logout  ──────────── コード削除
・・・省略・・・


def logout_view(request):  ──────────── コード削除
```

```
    logout(request) ──────────────────────── コード削除
    return redirect('index') ───────────────────── コード削除
・・・省略・・・
```

これでコードが修正できました。次に、会員登録を実装しましょう。

会員登録の実装

accountsアプリのurls.pyファイルとviews.pyファイルを実装しましょう。

まずはurls.pyファイルからです。accountsアプリの中にurls.pyファイルを作成します。

```
(venv)$ touch accounts/urls.py Enter
```

次に、urls.pyファイルにコードを書きます（リスト5）。

リスト5　bookproject/accounts/urls.py（色文字はすべてコード追加）

```python
from django.urls import path
from django.contrib.auth.views import LoginView, LogoutView

from .views import SignupView

app_name = 'accounts'

urlpatterns = [
    path('login/', LoginView.as_view(), name='login'),
    path('logout/', LogoutView.as_view(), name='logout'),
    path('signup/', SignupView.as_view(), name='signup'),
]
```

上から2行目のfrom django.contrib.auth.views import LoginView, LogoutViewという部分は、その記載の通り、Djangoのauthアプリケーションのviews.pyファイルで定義されているLoginViewとLogoutViewを呼び出しています。

ここで、Djangoの公式ドキュメントのLoginViewに関する記載（一部抜粋したもの）を確認しましょう。

```
class LoginView
    URL name: login
    See the URL documentation for details on using named URL patterns.
    Attributes:
    · template_name: The name of a template to display for the view used
to log the user in. Defaults to registration/login.html.

（省略）

    Here's what LoginView does:
    · If called via GET, it displays a login form that POSTs to the same
URL. More on this in a bit.
    · If called via POST with user submitted credentials, it tries to log
the user in. If login is successful, the view redirects to the URL
specified in next. If next isn't provided, it redirects to settings.
LOGIN_REDIRECT_URL (which defaults to /accounts/profile/). If login isn't
successful, it redisplays the login form.
```

出典：Django公式ドキュメント「すべての認証ビュー」（https://docs.djangoproject.com/ja/5.1/topics/auth/default/）より

　長い英語でややこしいですが、順番にポイントを見ていきましょう。

　まず、template_nameの部分です。ここには、デフォルトでregistration/login.htmlファイルを呼び出すと書かれています。つまり、LoginViewを呼び出せば、特段の指定をしなくてもbookproject/templates/registrationディレクトリに作成したlogin.htmlファイルを呼び出してくれるということです。

　次のポイントは、Here's what LoginView does:の下の部分です。1つ目の箇条書きには、LoginViewがGETメソッドで呼びされた場合にデータをPOSTするためのフォームを表示すると書かれています。
　ここで、新しくGETとPOSTという表示が出てきましたが、この中身については後ほど説明します。

　2つ目の箇条書きには、ログインが完了したらsettings.LOGIN_REDIRECT_URLに遷移するということが書かれています。
　なお、settings.LOGIN_REDIRECT_URLというのはsettings.pyファイルの中のLOGIN_REDIRECT_URL変数を意味しています。

　LOGIN_REDIRECT_URLの定義は既に完了していますので、今回はurls.pyファイルの設定をするだけでloginの機能を実装できます。

LogoutViewも同じようなコードですが、loginと同じように、logoutした後にredirectさせる先を指定する必要がありますので、settings.pyファイルにLOGOUT_REDIRECT_URLを追記しましょう（リスト6）。

また、LOGIN_REDIRECT_URLで定義した遷移先も合わせて変更しておきましょう（書籍一覧ページではなく、トップページに遷移するように変更します）。

リスト6 bookproject/bookproject/settings.py

```
・・・省略・・・
LOGIN_REDIRECT_URL = 'index'                              ── コード修正
LOGOUT_REDIRECT_URL = 'index'                             ── コード追加
```

次に、urls.pyファイルの中で新しく追記したapp_name = 'accounts'という部分について見てみましょう。

このコードは、URLのnameを指定する際に混乱が生じないように設定するものです。

例えば、base.htmlファイルの中にはこのような記載があります。

```
<a class="nav-link mx-3" href="{% url 'login' %}">ログイン</a>
```

これは、loginという名前に対応したviewを呼び出すためのコードですが、例えば、アプリの数が増えていった場合は指定したname（今回の場合は'login'）をどのアプリで定義したのかわからなくなってしまう恐れがでてきます（複数のアプリでloginが指定されてしまうかもしれません）。

app_nameはこのような混乱を防ぐことを目的に使われます。

app_nameを定義することで、先ほどのコードをこのように書きかえることができます。

```
<a class="nav-link mx-3" href="{% url 'accounts:login' %}">ログイン</a>
```

loginの前にaccountsが追加されました。このaccountsはapp_nameで定義した文字列であり、このように記載することでどのアプリの中のviewを呼び出すのかを明確にすることができます。

それでは、実際にbase.htmlを修正します（リスト7）。

リスト7 bookproject/templates/base.html

```
・・・省略・・・
  <a class="nav-link mx-3" href="{% url 'accounts:logout' %}">ログアウト</
```

```
a>                                              ──── コード修正
{% else %}
  <a class="nav-link mx-3" href="{% url 'accounts:login' %}">ログイン</a>
                                                ──── コード修正
・・・省略・・・
```

GET と POST

　ユーザー登録のフォームにユーザー名が入力されていない状態で、送信ボタンをクリックすると、通常、ブラウザにエラーが表示されます。

　しかし、GETとPOSTを正しく理解せずに実装を進めてしまうと、会員登録ページに初めて訪れた場合でもDjangoの内部でフォームの処理が呼び出されてしまいます。その結果、「ユーザー名を入力してください」といったエラーがブラウザに表示されてしまう恐れがあります。

　ここでは、そのエラーを防ぐ方法について説明します。

　その方法とは、ブラウザがrequestを送る際の情報の一つであるmethodを使うというものです。

　ブラウザがrequestを送る時は、URLだけではなく多くの情報が渡されているのですが、その中の一つがmethodです。簡単に言うとサーバーの情報を取得する方法を指定するために使われる情報です。

　methodにはたくさんの種類がありますが、デフォルトとして設定されているのがGETというmethodです。つまり、インターネット上でいろいろなウェブサイトを訪問するときには、常にGET methodを使ってrequestを送っています。

　なお、ブラウザがrequestを送る際によく使われるmethodとしては、GETとPOSTの二種類があります。methodには他にも多くの種類がありますが、SignupViewの実装ではGETとPOSTの2つだけをおさえておけば大丈夫です。

　それぞれのmethodは細かい文法上の違いがありますが、Djangoの実装では、これは重要なポイントではありません。

　ポイントは、Djangoの内部で条件分岐などの処理を行うために、methodの情報を使うということです。

　具体的には、ブラウザから送られるmethodの中身（種類）によって、viewの中で条件分岐をさせるのです。

　例えば、あるユーザーが会員登録画面に初めて訪れた時は、request methodはGETになります。ですので、viewの中ではrequest methodがGETの場合は何も処理をしないというコー

ドを書きます。その次に、request methodがPOSTの場合（登録ボタンをクリックした時）は何らかの処理をするというコードを追記していくのです。こうすることで、ユーザーが新しく会員登録をするというボタンをクリックしたときにのみ、内部で処理をする形を作ることができます。

class-based viewの場合はGETの場合とPOSTの場合で異なる処理が行われるような仕組みになっているので中々イメージが湧きづらいかもしれませんが、methodの使い分けは実装においても良く使いますので、頭に入れておきましょう。

ここで、function-based viewを用いたmethodによる処理の使い分けの例を紹介します。

```python
def get_and_post(request):
    if request.method == 'get':
      print('get methodでした')
    elif request.method == 'post':
      print('post methodでした')
    else:
      print('get、post以外のmethodです')
```

このように、requestオブジェクトのmethodの中にmethodに関する情報が入っています。その情報に基づいて、行う処理を場合分けすることができるのです。

では、本題の会員登録機能の実装に戻りましょう。
views.pyファイルの中でSignupViewを作成します（リスト8）。

リスト8 bookproject/accounts/views.py

```python
from django.shortcuts import render
from django.contrib.auth.models import User            ── コード追加
from django.urls import reverse_lazy                   ── コード追加
from django.views.generic import CreateView            ── コード追加


from .forms import SignupForm                           ── コード追加



class SignupView(CreateView):                           ── コード追加
    model = User                                        ── コード追加
    form_class = SignupForm                             ── コード追加
    template_name = 'accounts/signup.html'             ── コード追加
    success_url = reverse_lazy('index')                ── コード追加
```

今回の会員登録の実装においては、Djangoに組み込まれている機能の一つであるFormを使っていきます。ここから、Formについて簡単に学んでいきましょう。

Djangoでは Model、ModelForm、Form とデータを扱うものとして大きく分けて3つの種類があります。

Model はデータベースのデータを扱う際に使われます。Form はお問い合わせフォームのように、データは保存せず、データのやり取りを行う際に使われます。ModelForm はその名前の通り、Model と Form の両方の性質を持っています。

今回 CreateView で定義するフォームは ModelForm です。つまり、CreateView を使って、簡単にフォームのデータをモデルに保存することができるような仕組みになっています。

はじめのうちはあまり細かい点は気にせず、基本的には大きく分けて Model と Form の二種類がある、という考え方でよいでしょう。

では、実装したコードの中身を見てみましょう。

form_class という新しいコードが使われています。

これは、CreateView の中で使う Form を指定する際に使います。

なお、View の中で form_class が定義されていない場合、model= というコードの中で定義したモデルに基づいた ModelForm が作成されます。

そのため、第4章では Form を定義しなくても Book モデルに基づいた Form を作成できていたのです。

今回は、form_class で SignupForm というフォームを指定しました。これから SignupForm を作成していきましょう。

まず、forms.py ファイルを作成します。

```
(venv)$ touch accounts/forms.py Enter
```

次に、forms.py ファイルの中に SignupForm を定義します（リスト9）。

リスト9 bookproject/accounts/forms.py（色文字はすべてコード追加）

```python
from django.contrib.auth.forms import UserCreationForm
from django.contrib.auth.models import User



class SignupForm(UserCreationForm):
```

```
class Meta:
    model = User
    fields = ('username',)
```

少し難しそうなコードが出てきました。ひとつずつ理解を進めていきましょう。

まずは1行目です。

django.contrib.auth.formsからUserCreationFormをインポートしています。

UserCreationFormはListViewやDetailViewのようなイメージで、Userを新しく作成することに特化したFormです（厳密には、ModelFormです）。

2行目ではUserモデルをインポートしています。これは、新しくユーザーが登録された際にUserモデルにデータを追加することをDjangoに伝えるために定義しています。

ここまでは、Djangoにデフォルトで用意されているformとmodelをインポートすることでユーザー登録の仕組みを簡単に実装できるようにしています。

次に、class SignupFormの部分を見てみきましょう。

ここでは、UserCreationFormを継承しています。UserCreationFormは、ユーザー登録に関する機能が詰め込まれているclassです。

UserCreationFormに関するDjangoの公式ドキュメントの記載を掲載しておきます。

```
class UserCreationForm
    新しいユーザを作成するための ModelForm です。

    3つのフィールドがあります： username （ユーザモデルより）、password1、
password2``です。``password1 と password2 が一致するか確認し、validate_
password() を使ってパスワードを検証します。そして、set_password() を使ってユー
ザのパスワードをセットします。
```

出典：Django公式ドキュメント「ビルトインのフォーム」（https://docs.djangoproject.com/ja/5.1/topics/auth/default/）より

UserCreationFormはModelFormであること、そしてデフォルトで3つのフィールドが準備されていることを覚えておきましょう。

その次に、class Meta:という記載があります。class Metaは抽象的でわかりづらいコード

かと思います。

　なぜこのような記載にするのかというと、それは、基本的にFormはデータを受け取って送信するための仕組みを整えるものであり、Modelと連携させるのは少し特殊な処理と言えるからです（厳密な解釈ではありませんが、このようなイメージで大丈夫です）。

　Djangoのclass Metaにおいておさえておきたいポイントは2つです。

　1つめは、class Metaは一般的に本来の実装とは関係ない情報を載せる際に使われるということ。そして、もう1つは、このように記述することで簡単にコードを使いまわせるということです。

　説明だけではわかりづらいので、例を紹介しましょう。

　今回定義しているUserCreationFormはModelFormですが、次のコードはModelFormではない一般的なFormの例です。

```python
from django import forms


class ContactForm(forms.Form):
    subject = forms.CharField(max_length=100)
    message = forms.CharField(widget=forms.Textarea)
    sender = forms.EmailField()
```

　お問い合わせフォームをイメージしたコードです。定義している内容はmodels.pyで定義するmodelと同じような内容になっています。

　お問い合わせフォームに入れる題名（subject）、メッセージ（message）、送信者の情報（sender）を定義しています。

　Formは基本的には上記のような形で実装をしていくのですが、今回はFormにModelを組み合わせる形です（formが受け取った情報をmodelに保存します）。

　つまり、一般的なFormの使い方とは関係ない情報ということができるので、class Metaの中で定義をしているのです。

　参考までに、models.pyファイルでも同じようにclass Metaを定義することができます。次がその例です（リスト10）。

リスト10　　bookproject/book/models.py

```python
・・・省略・・・
class Book(models.Model):
    title = models.CharField(max_length=100)
    text = models.TextField()
    category = models.CharField(
```

```
        max_length=100,
        choices = CATEGORY
        )

    class Meta: ────────────────────────────── コード追加
        verbose_name = '本のデータ' ──────────── コード追加
```

下の方に2行のコードを追加しました。

サーバーを立ち上げ、管理画面にアクセスしてみましょう（画面1）。

```
(venv)$ python3 manage.py runserver Enter
```

▼画面1　管理画面

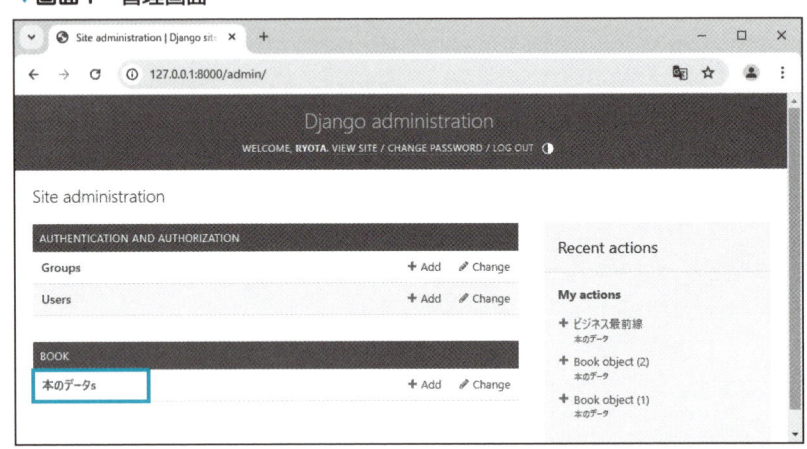

表示が変わった

BOOKの下に「本のデータs」と表示されています。

このように、verbose_nameを指定すると、管理画面に表示される名前を変更することができます。

そして、verbose_nameはmodelの実装とは直接関係ないため、class Metaの中で定義されているのです。

今回追記したコードは元に戻しておきましょう（リスト11）。

リスト11　bookproject/book/models.py

```
・・・省略・・・
class Book(models.Model):
    title = models.CharField(max_length=100)
    text = models.TextField()
    category = models.CharField(
            max_length=100,
            choices = CATEGORY
            )

    class Meta:
        verbose_name = "本のデータ"
```

では、forms.py ファイルの実装に戻ります。
改めて、コードを確認します。

```
・・・省略・・・
class SignupForm(UserCreationForm):
    class Meta:
        model = User
        fields = ('username',)
```

ここでは、class Meta:の下でmodelとfieldsを指定しています。

このように指定することで、formで受け取ったデータをどのmodelで保存するのかと、ブラウザ上に表示する項目（ユーザーに入力してもらう項目）を指定できます。

ただ、これではブラウザ上にusernameしか表示されません。

そうすると、パスワードの情報は記述しなくても良いかと疑問に思うかもしれませんが、これは、UserCreationFormのソースコード（https://github.com/django/django/blob/main/django/contrib/auth/forms.pyを参照してください）から確認することができます（リスト12）。

リスト12　UserCreationFormのソースコード（https://github.com/django/django/blob/main/django/contrib/auth/forms.py）

```
class UserCreationForm(forms.ModelForm):
    """
    A form that creates a user, with no privileges, from the given
```

```
username and
    password.
    """
    error_messages = {
        'password_mismatch': _('The two password fields didn't match.'),
    }
    password1 = forms.CharField(label=_('Password'),
        widget=forms.PasswordInput)
    password2 = forms.CharField(label=_('Password confirmation'),
        widget=forms.PasswordInput,
        help_text=_('Enter the same password as above, for
verification.'))

    class Meta:
        model = User
        fields = ('username',)

・・・以下省略・・・
```

class Metaという記述の前にpassword1とpassword2という記述があることがわかります。

この記述があるため、パスワードのフィールドをブラウザ上に表示することができるのです。なお、class Metaの中でパスワードを定義しないのは、ユーザーに2回データを入力してもらうからです（あくまでもmodelに保存されるパスワードは1つだからです）。

UserCreationFormでは、データが送信されるとvalidate_password()というメソッドが呼び出されてパスワードの照合が行われ、set_password()でユーザーのパスワードが設定されます。

さらに、UserCreationFormのソースコードを見ると、class Metaという記述があり、今回定義した内容と同じコードが書かれていることがわかります。つまり、今回の場合はclass Metaに何も定義しなくてもユーザーの作成を行うことができます。

実際の実装では、一般的にDjangoにデフォルトで用意されているUserモデルではなく、別に作成したモデルを使います。そのモデルをclass Meta:の中で指定することから、今回はこのようなコードにしています。

次に、htmlファイルを作成します。

accountsアプリの中にtemplatesディレクトリを作成し、その中にsignup.htmlファイルを作成しましょう。

```
(venv)$ mkdir accounts/templates Enter
```

```
(venv)$ mkdir accounts/templates/accounts Enter
(venv)$ touch accounts/templates/accounts/signup.html Enter
```

signup.htmlファイルを実装します（リスト13）。

リスト13 bookproject/accounts/templates/accounts/signup.html（色文字はすべてコード追加）

```
{% extends 'base.html' %}

{% block title %}アカウント作成{% endblock %}
{% block h1 %}アカウント作成{% endblock %}
{% block content %}
  <form method="post" class="p-4 m-4 bg-light border border-success
rounded form-group">
    {% csrf_token %}
    <input type="text" name='username' class="form-control my-4"
placeholder="ユーザー ID">
    <input type="password" name='password1' class="form-control mt-4"
placeholder="パスワード">
    <input type="password" name='password2' class="form-control mt-4"
placeholder="パスワード確認用">
    <small class="mb-2 d-block text-start">パスワードは8文字以上で設定してく
ださい。</small>
    {% if form.errors %}
      <span class="mb-2 small text-danger d-block text-start">利用できない
ユーザー ID やパスワードの可能性があります。入力内容を再度ご確認ください。</span>
    {% endif %}
    <button type="submit" class="btn btn-success m-2">アカウント作成</
button>
  </form>
{% endblock %}
```

　ここでのポイントは、<input>タグに記述したname='password1'とname='password2'という部分です。

　password1とpassword2はUserCreationFormの中のフィールド名に対応しています。

　ですので、name='password1'と記述することで、Djangoで定義したフィールド（今回の場合はUserCreationFormの中で定義されているフィールド）にデータを送ることができるようになります。

　それ以外の部分はBootstrapに関するものです。Bootstrapのウェブサイトに記載されている内容を確認しながら、レイアウトの調整などを行ってみてください。

ユーザー登録ができているか確認する

ここでは、ユーザー登録できているかを確認します。

サーバーを立ち上げ、127.0.0.1:8000/accounts/signup/にアクセスします（画面2）。

▼**画面2　アカウント作成画面**

アカウント作成画面が表示された

アカウント作成をするためのフォームが表示されました。

ここで、新しいユーザーの登録をします（表1）。

▼**表1　登録するユーザーの情報**

ユーザー名	パスワード
tanaka	任意のパスワード

ユーザーの登録が終わったら、管理画面上で確認します。

127:0.0.1:8000/admin/にアクセスし、（今回作成したユーザーの情報ではなく）管理ユーザーでログインします。その上で、画面左側にあるUsersのリンクをクリックしましょう（画面3）。

▼**画面3** Userの一覧画面

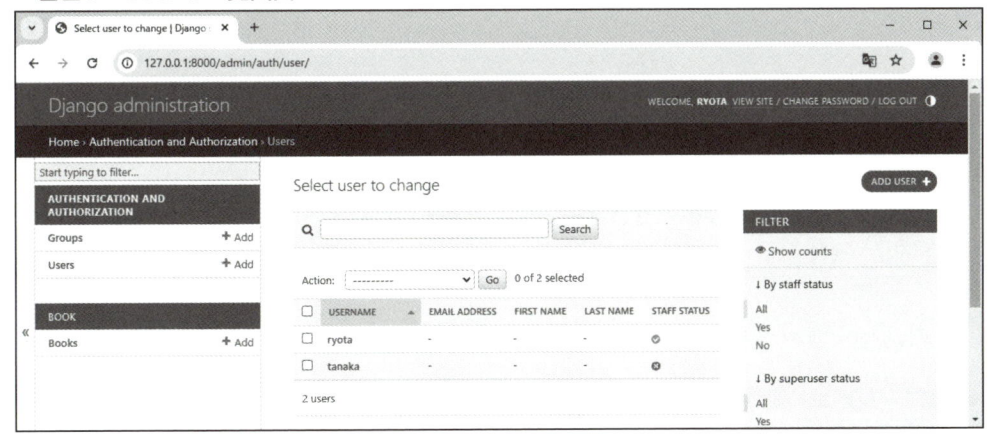

ユーザーが追加されているね

「tanaka」という名前のユーザーが作成されていることがわかります。

また、STAFF STATUSという項目を見てみると、ryota（superuser）はSTAFF STATUSのチェックが入っていますが、ブラウザ上で作成したtanakaはチェックが入っていない（つまり、tanakaさんは管理者権限を持つユーザーではない）点も確認しましょう。

最後に、会員登録の文字情報が表示されるようにbase.htmlファイルを編集します（リスト14）。

リスト14 bookproject/templates/base.html

```
・・・省略・・・
{% if request.user.is_authenticated %}
  <a class="nav-link mx-3" href="{% url 'accounts:logout' %}">ログアウト</
a>
{% else %}
  <a class="nav-link mx-3" href="{% url 'accounts:login' %}">ログイン</a>
  <a class="nav-link mx-3" href="{% url 'accounts:signup' %}">会員登録</
a>                                                          ─── コード追加
{% endif %}
```

これで、ユーザー登録を行うための実装が完了しました。

5-7 レビュー機能の追加

完成物のイメージの共有

ここでは、レビュー機能を追加します。

具体的には、本の投稿の中のレビューボタンを押すことによってレビューを書くことができるようにします。

まずは完成イメージを見てみましょう（画面1）。

▼画面1　レビュー画面

これが完成イメージか

urlpatternsとviewの作成

urls.pyファイルを実装します（リスト1）。

リスト1　bookproject/book/urls.py

```
・・・省略・・・
urlpatterns = [
・・・省略・・・
    path('book/<int:pk>/update/', views.UpdateBookView.as_view(),
name='update-book'),
    path('book/<int:book_id>/review/', views.CreateReviewView.as_view(),
```

```
name='review'),                                            ── コード追加
]
```

CreateReviewViewを呼び出すためのurlpatternsを設定しました。今まで何度も実装してきた内容です。

次に、モデルを作成します（リスト2）。

リスト2　bookproject/book/models.py

```
・・・省略・・・
from .consts import MAX_RATE                               ── コード追加

RATE_CHOICES = [(x, str(x)) for x in range(0, MAX_RATE + 1)] ── コード追加

・・・省略・・・

class Review(models.Model):                               ── コード追加
    book = models.ForeignKey(Book, on_delete=models.CASCADE) ── コード追加
    title = models.CharField(max_length=100)              ── コード追加
    text = models.TextField()                             ── コード追加
    rate = models.IntegerField(choices=RATE_CHOICES)      ── コード追加
    user = models.ForeignKey('auth.User', on_delete=models.CASCADE) ── コード追加

    def __str__(self):                                    ── コード追加
        return self.title                                 ── コード追加
```

まず、class Reviewの中の一行目のコードを見てみましょう。

book = models.ForeignKey(Book, on_delete=models.CASCADE)と書かれています。

ForeignKeyは違うモデル（データベーステーブル）のデータを使うときに使います。今回は、ReviewモデルがBookモデルのデータを参照するため（レビューを投稿する際、どの書籍に対して投稿したのかを明確にするため）、ForeignKeyを使っています。ここで、引数として設定しているBookは同models.pyファイル内で定義されているBookモデルです。

このように、ForeignKeyを使うと、管理画面などでレビューを新たに作成する際にBookモデルの中のデータ（オブジェクト）を選択できるようになります。

また、もう一つの引数であるon_deleteは、参照先のデータが削除されたときのそのデータの処理方法を指定します。今回は、Bookモデルの中のあるオブジェクト（本のデータ）を削除した場合、その本に紐づいたレビューをどう処理するかを指定するのがon_deleteです。

今回on_deleteで指定したmodels.CASCADEは、対応するデータ（オブジェクト）も合わせて削除することを意味しています。つまり、ある特定の本を削除した場合、その本に関するレビューも削除されます。なお、フィールドをForeignKeyにした場合は、必ずon_deleteの設定をしなければいけません。

次に、rate = models.IntegerField(choices=RATE_CHOICES)の部分を見ていきましょう。

今までに学んだ内容がほとんどですが、新しくRATE_CHOICESという変数を定義しています。その中の定義はPythonのfor文を使っています。

また、RATE_CHOICEの中ではMAX_RATEという変数を定義していますが、これはレビューの数を指定するために行っている実装です。一般的にDjangoでは、将来的に数字を変更する可能性がある場合などは定数用のファイルを作成し、その中で管理をします。そのため、このような実装になっています（ですので、必ずこのように実装をしなければいけない、ということではありません）。

次に、定数を指定するためのファイル（今回はconsts.pyという名前にします）を作成します。

```
(venv)$ touch book/consts.py Enter
```

その上で、コードを書きます（リスト3）。

リスト3　bookproject/book/consts.py

```
MAX_RATE = 5 ──────────────────────────────── コード追加
```

ちなみに、RATE_CHOICES = [(x, str(x)) for x in range(0, MAX_RATE + 1)]のコードを実行すると、リスト型のデータとして[(0, '0'),(1, '1'),(2, '2'),(3, '3'),(4, '4'),(5, '5')]が作成されます。

これでモデルの作成が完了しました。

次にviews.pyファイルを実装しましょう（リスト4）。

リスト4　bookproject/book/views.py

```
・・・省略・・・
from .models import Book, Review ────────────────── コード修正
・・・省略・・・
class CreateReviewView(CreateView): ───────────────── コード追加
    model = Review ──────────────────────────── コード追加
    fields = ('book', 'title', 'text', 'rate') ───────── コード追加
    template_name = 'book/review_form.html' ──────── コード追加
```

今まで学んだ内容で実装することができるはずです。

次に、makemigrationsとmigrateコマンドを実行してReviewモデル（テーブル）を作成しましょう。

```
(venv)$ python3 manage.py makemigrations Enter
(venv)$ python3 manage.py migrate Enter
```

次に、htmlファイルを作成します（リスト5）。

```
(venv)$ touch book/templates/book/review_form.html Enter
```

リスト5 book/templates/book/review_form.html（色文字はすべてコード追加）

```html
{% extends 'base.html' %}

{% block title %}レビュー投稿{% endblock %}
{% block h1 %}レビュー投稿{% endblock %}
{% block content %}
  <form method="post" class="p-4 m-4 bg-light border border-success
rounded form-group">
    {% csrf_token %}
    <label>
      対象書籍
    </label>
    <input class="form-control" value="{{ object.title }}" readonly>
    <label>
      タイトル
    </label>
    <input class="form-control" name="title">
    <label>
      本文
    </label>
    <textarea class="form-control" name="text" rows="3"></textarea>
    <label>
      星の数
    </label>
    <select class="form-control" name="rate">
      <option value="0">0（最低）</option>
      <option value="1">1</option>
      <option value="2">2</option>
```

```
        <option value="3" selected>3（普通）</option>
        <option value="4">4</option>
        <option value="5">5（最高）</option>
    </select>
    <button type="submit" class="btn btn-success mt-4">投稿する</button>
  </form>
{% endblock %}
```

　このコード自体にはほとんど新しい内容はありません。

　新しいのはレビューの数をoptionタグで取得できるようにしている点です。

　このようにvalue="数字"という記載にすることで、ReviewModelのrateフィールドに入れるデータをDjangoが取得できるようになります。

　では、ブラウザ上で確認をしていきましょう。

```
(venv)$ python3 manage.py runserver Enter
```

　127.0.0.1:8000/book/1/review/にアクセスします（画面2）。

▼**画面2　レビュー投稿画面**

「対象書籍」が空欄だ

対象書籍のところには何もデータが入っていません。

htmlファイル上では‖ object.title ‖とコードを入力しましたが、CreateViewではobject.titleという形ではデータを取得することができないようです。

それもそのはず、このhtmlファイルはあくまでもReviewモデルに対応しており、Bookモデルに対応したデータを取得するにはそのための実装をしなければいけないのです。

異なるモデルからデータを取得する（get_context_data）

では、レビューをする書籍の情報を表示できるようにしましょう。

書籍の情報を取得するためには、CreateViewに備わっているget_context_dataというメソッドを使います。

実装を進めましょう（リスト6）。

リスト6 bookproject/book/views.py

```
・・・省略・・・
class CreateReviewView(CreateView):
    model = Review
    fields = ('book', 'title', 'text', 'rate')
    template_name = 'book/review_form.html'

    def get_context_data(self, **kwargs):  ──────── コード追加
        context = super().get_context_data(**kwargs)  ──── コード追加
        return context  ─────────────────────────── コード追加
```

少し難しそうなコードですね。1つずつ理解していきましょう。

まず、def get_context_data(self, **kwargs):の部分です。

get_context_dataはCreateViewに記載されているコードです。そして、CreateReviewViewの中で同じメソッド名で定義をすることによってCreateViewのget_context_dataを上書きしています。

contextは辞書型のデータです（render関数の3つ目の引数として用いられるデータという方がイメージがわきやすいかもしれません）。このcontextに様々な情報を追加することで、必要な情報を呼び出すことができます。具体的なデータの追加の仕組みについては後で説明します。

get_context_dataの引数の中で**kwargsというものが出てきました。これはキーワード引数と呼ばれているもので、今回の場合はurlに入力された数字（path('book/<int:book_id>/

review/'、views.CreateReviewView.as_view()、name='review')、の中の＜int:book_id＞）がキーワード引数としてviewに渡されます。

　具体的には、book_id = 数字という形でviewに情報が渡されます。

　次のcontext = super().get_context_data(**kwargs)について見てみましょう。

　まず、super()という部分ですが、これは継承元（CreateView）のクラスのメソッドを呼び出すことを意味しています。

　つまり、get_context_dataというメソッドを上書きするために元の（親クラスの）get_context_dataメソッドを呼び出しています。

　get_context_dataはcontextを戻り値として返します。

　では、実際にどういったデータがcontextに格納されているのかを、ターミナルで確認をしましょう。

　コードを追加します（リスト7）。

リスト7　　bookproject/book/views.py

```
・・・省略・・・
class CreateReviewView(CreateView):
    model = Review
    fields = ('book', 'title', 'text', 'rate')
    template_name = 'book/review_form.html'

    def get_context_data(self, **kwargs):
        context = super().get_context_data(**kwargs)
        print(context)                                    ─── コード追加
        return context
```

　ブラウザを立ち上げ、127.0.0.1:8000/book/1/review/にアクセスします。

```
(venv)$ python3 manage.py runserver Enter
```

　すると、ターミナルに次のような内容が表示されます。

```
{'form': <ReviewForm bound=False, valid=Unknown,
fields=(book;title;text;rate)>, 'view': <book.views.CreateReviewView
object at 0x7faf8ddb67c0>}
```

　辞書型のデータが表示されました。このデータがcontextです。

この辞書型のデータ（context）に、選んだ書籍のデータ（オブジェクト）が格納されるようにします。

views.pyファイルにコードを追記します（リスト8）。

リスト8　bookproject/book/views.py

```
・・・省略・・・
class CreateReviewView(CreateView):
    model = Review
    fields = ('book', 'title', 'text', 'rate')
    template_name = 'book/review_form.html'

    def get_context_data(self, **kwargs):
        context = super().get_context_data(**kwargs)
        context['book'] = Book.objects.get(pk=self.kwargs['book_id'])
                                                            コード追加
        print(context)
        return context
```

新しく追加されたコードの中身を見てみましょう。

context['book']は辞書型のデータ（context）にオブジェクトを追加することを意味しています。

そして、右側にどのオブジェクトを追加するのかを書いています。

また、Book.objects.getという部分はBookモデルの中のすべてのデータの中から、getメソッドで指定したデータを取得するために用いられるコードです。

今回はpk=self.kwargs['book_id']で指定された内容に対応したデータが取得されます。

kwargs['book_id']は、URLの中で定義した<int:book_id>に対応しています。

このように記述することで、URLに入力された数字に対応した書籍のデータを取得できるようになります。

では、実際に上記のコードを実行して、contextの中身をターミナルで確認しましょう。

サーバーを立ち上げ、127.0.0.1:8000/book/1/review/にアクセスします。

```
(venv)$ python3 manage.py runserver Enter
```

すると、ターミナルに次のように表示されます。

```
{'form': <ReviewForm bound=False, valid=Unknown,
fields=(book;title;text;rate)>, 'view': <book.views.CreateReviewView
object at 0x7fa20f3bdeb0>, 'book': <Book: ビジネス本>}
```

'book':<Book: ビジネス本>という記載が追加されています。これは、Bookモデルに保存されているidが「1」の書籍のデータです。

つまり、このように実装することで、contextにデータを追加することができるのです。

次に、ブラウザに書籍のデータが表示されるようにします。

htmlファイルを少し修正します（リスト9）。

リスト9 bookproject/book/templates/book/review_form.html

```
・・・省略・・・
    <label>
        対象書籍
    </label>
    <input class="form-control" value="{{ book.title }}" readonly> ― コード変更
    <label>
        タイトル
    </label>
    <input class="form-control" name="title">
    <label>
・・・省略・・・
```

‖ object.title ‖だった記載を‖ book.title ‖に変更しました。

‖ book.title ‖はget_context_dataの中で追加したcontext['book']に対応しています。book.titleと記載することで、bookオブジェクトのtitleフィールドの情報を取得することができるようになります。

なお、context['book']には、book_idで指定したBookモデルのデータ（オブジェクト）が入っています。

改めて、ブラウザ上で表示を確認しましょう（画面3）。

```
(venv)$ python3 manage.py runserver Enter
```

▼**画面3 レビュー投稿画面**

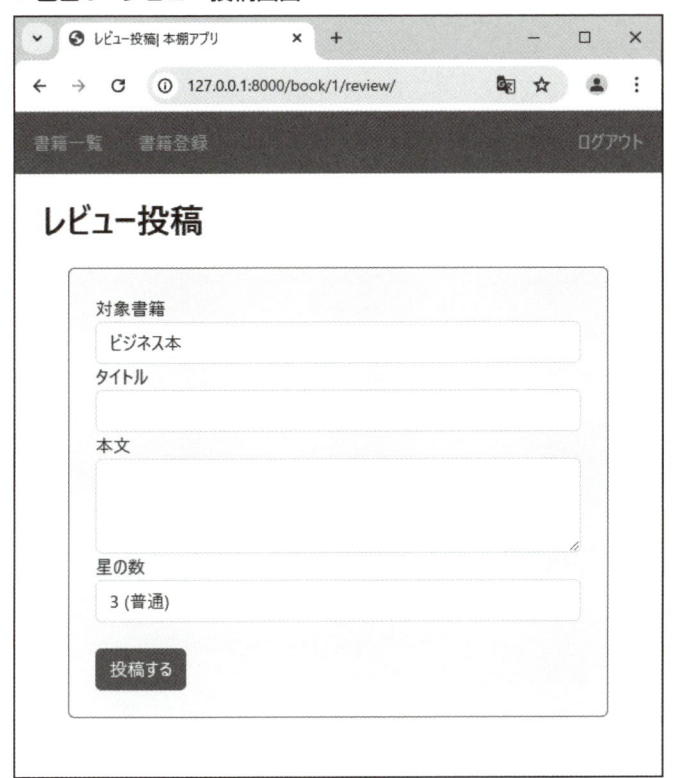

「対象書籍」に名前が入った！！

これで、対象書籍の情報が入力されました。

最後に、print(context)を削除しましょう（リスト10）。

リスト10 bookproject/book/views.py

```python
・・・省略・・・
class CreateReviewView(CreateView):
    model = Review
    fields = ('book', 'title', 'text', 'rate')
    template_name = 'book/review_form.html'

  def get_context_data(self, **kwargs):
      context = super().get_context_data(**kwargs)
      context['book'] = Book.objects.get(pk=self.kwargs['book_id'])
      print(context)
      return context
・・・省略・・・
```

● エラー（IntegrityError）対応をする

では、レビューを1つ作成してみましょう。

どんな内容でも問題ありません。ここでは例として、idが1の書籍にレビューのデータを追加します。

まず、管理画面からReviewモデルのデータを追加できるような形を作ります（リスト11）。

リスト11　bookproject/book/admin.py

```
from django.contrib import admin
from .models import Book, Review ─────────────────── コード追加

admin.site.register(Book)
admin.site.register(Review) ─────────────────── コード追加
```

サーバーを立ち上げ、管理画面からデータを1つ追加します（表1）。

▼**表1　追加するデータ**

タイトル	本文
良い本だった	分かりやすかったです

情報を入力して「SAVE」ボタンを押します。
すると、データが作成されるはずです。

次に、ブラウザ上でレビューのデータを追加します。

サーバーを立ち上げ、127.0.0.1:8000/book/1/review/にアクセスし、Bookモデルの中のid=1のデータに対するレビューを作成します。

データを入力したら、「投稿する」ボタンをクリックしましょう。
すると、ブラウザ上で確認しても、データが追加されていないことがわかります。

なぜかというと、フォームからデータが適切に送られていないためです。

まず、ReviewモデルではbookモデルをForeignKeyとして定義しました。ですので、レビュー作成時、このモデルの情報（正しくは、Reviewモデルに紐づいたBookモデルのオブジェクト）をフォームに渡さなければいけません。ですが、今の実装ではReviewオブジェクトに紐づいたBookオブジェクトのデータがフォームから送るようになっていません。ですので、Bookオブジェクトの情報をフォームに渡す実装をここから行っていきましょう。

　ユーザー作成の際、htmlからフォームでデータを送るときはname属性を使うことを学んできました。ですので、今回もname属性を使って実装していきます。実装の際は、Bookオブジェクトの番号（id）も指定しなければいけない点に注意しましょう（そうしなければ、何番のデータを保存するのかDjangoがわからなくなってしまうからです）。

　なお、htmlファイル上で書籍のデータの番号を表示する必要はありません。ですからこれはhiddenデータとして設定します（リスト12）。

リスト12 bookproject/book/templates/book/review_form.html

```
・・・省略・・・
    <select class="form-control" name="rate">
      <option value="0">0（最低）</option>
      <option value="1">1</option>
      <option value="2">2</option>
      <option value="3" selected>3（普通）</option>
      <option value="4">4</option>
      <option value="5">5（最高）</option>
    </select>
    <input type="hidden" name='book' value="{{ book.id }}"> ── コード追加
    <button type="submit" class="btn btn-success mt-4">投稿する</button>
  </form>
・・・省略・・・
```

　このようにして、bookに関するデータもDjangoに送ることができました。

　改めてサーバーを立ち上げ、データを入力します。

```
(venv)$ python3 masnage.py ruserver Enter
```

　すると、またエラーが表示されてしまいました（画面4）。

▼**画面4 IntegrityError**

エラーが表示された

　エラーの内容は、NULLではいけない（空ではいけない）、つまりデータにデータが入っていないというものです。ちなみに、IntegrityErrorとはデータベースに登録する際に問題があると出力されるエラーで、Django側では問題ないと判断してデータベースにデータ登録を指示したが、データベース側のチェックでエラーになったことを表しています。

　改めて、CreateReviewViewのfieldsで設定した項目を確認してみましょう。('book','title', 'text','rate')と4つのフィールドが設定されています。一方でReviewモデルを確認すると、book, title, text, rate, userと5つの項目があることがわかります。

　つまり、userに関するデータを送っていなかったため、エラーが表示されたのです。

　しかし、userの情報をブラウザ上に表示させるなどして実装するのは、セキュリティ上好ましくありません。なぜなら、他のuserのレビューとして投稿するなど、悪意のある投稿ができてしまう恐れがあるためです。

　こうした場合の実装方法はどうしたらよいでしょうか。

　今回も、まず実装した上で、コードの中身を説明します（リスト13）。

リスト13　bookproject/book/views.py

```python
・・・省略・・・
class CreateReviewView(CreateView):
    model = Review
    fields = ('book', 'title', 'text', 'rate')
    template_name = 'book/review_form.html'

    def get_context_data(self, **kwargs):
        context = super().get_context_data(**kwargs)
        context['book'] = Book.objects.get(pk=self.kwargs['book_id'])

        return context

    def form_valid(self, form):                              コード追加
        form.instance.user = self.request.user               コード追加

        return super().form_valid(form)                      コード追加
```

　また難しそうなコードが出てきましたね。今まで学んだ内容を思い出しながら理解していきましょう。

　まず、form_validというメソッドです。このメソッドはget_context_dataと同じく、CreateViewに備わっているメソッドです。ここではメソッドを上書きしています。

　form_validは、フォームが送信され、その入力内容に間違いがない場合に、データが保存される前に呼び出されるメソッドです。

　form.instance.user = self.request.userというコードがありますが、これはform（Formクラスというイメージ）のinstance（フォームの作成された時に作成されるデータ）にuserという属性でデータを追加することを意味しています。

　そして、右側でどのようにして取得したuserのデータを追加するのかを定義しています。右側にはself.request.userと書かれています。これはユーザーがログインしている場合のrequestオブジェクトの中に入っているuserの情報（すなわち、ログインしているユーザーの情報）を意味しています。

　このようなコードを書くことで、フォームのデータにユーザーの情報を加えることができるようになります。

　改めてサーバーを立ち上げ、127.0.0.1:8000/book/1/review/にアクセスしてデータを追加します。127.0.0.1:8000/admin/にアクセスして管理画面を表示し、Reviewモデルの中身を見て

みましょう（画面5）。

```
(venv)$ python3 manage.py runserver Enter
```

▼**画面5 Reviewデータ送信時に表示されたエラー**

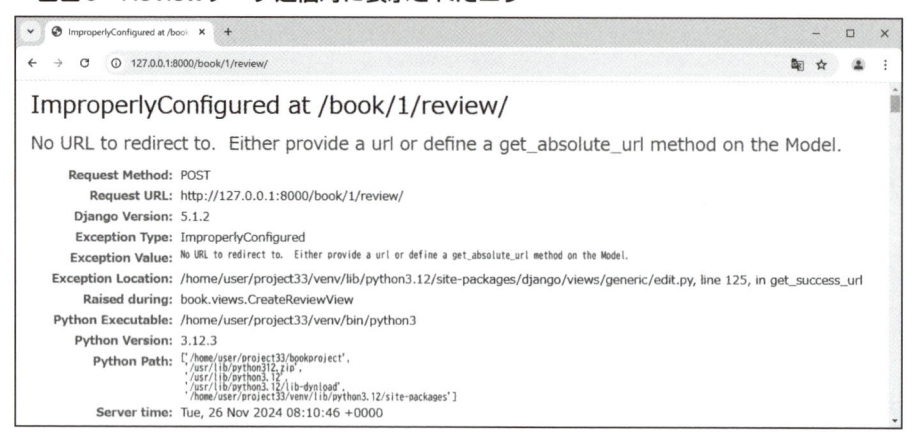

このエラーは前にも見たことがありますね。

データを送信した後にredirect先のURLが指定されていないと書かれています。

そこで、データ作成後に遷移させるURLを指定します。

今回は、Djangoに対する理解を更に深めてもらうため、今まで実装してきたsuccess_urlとは少し違う形で実装します（リスト14）。

リスト14 bookproject/book/views.py

```
・・・省略・・・
from django.urls import reverse, reverse_lazy ——————— コード追加
・・・省略・・・
class CreateReviewView(CreateView)
・・・省略・・・
    def form_valid(self, form):
        form.instance.user = self.request.user

        return super().form_valid(form)
```

```
def get_success_url(self):  ──────────── コード追加
    return reverse('detail-book', kwargs={'pk': self.object.book.id})
─────────────────────────────────── コード追加
```

　内容は今まで学んだことに近いと思うかもしれません。

　クラス変数にコードを書く際、これまではreverse_lazyを使用していました。ですが、今回はget_success_urlというメソッドの中にコードを書くので、reverseを使います。

　そして、引数として 'detail-book' を指定して書籍の詳細ページをします。

　加え、kwargs={'pk': self.object.book.id}の形でキーワード引数に書籍のidの番号を渡しています。DetailBookViewの場合はどのデータを表示するのか指定をしなければエラーが表示されてしまうので、このような記述にしているのです。

　それではサーバーを立ち上げて、Reviewデータを送信し、管理画面上で確認します。

```
(venv)$ python3 manage.py runserver Enter
```

　データを入力すると、無事に詳細画面に遷移したことがわかります（画面6）。

▼**画面6　Reviewデータ投稿後の表示**

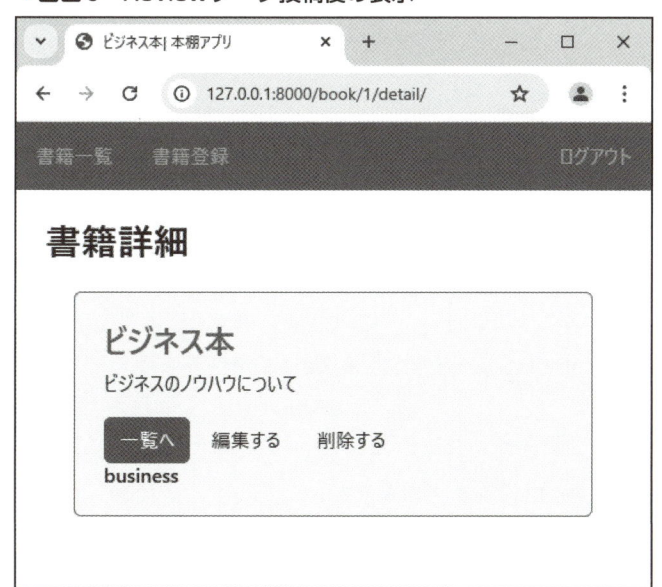

詳細ページに遷移した

　また、管理画面を見ると無事にデータが追加されていることがわかります。

　同じデータが複数作成されていても問題ありません（画面7）。

▼**画面7 Review データの追加**

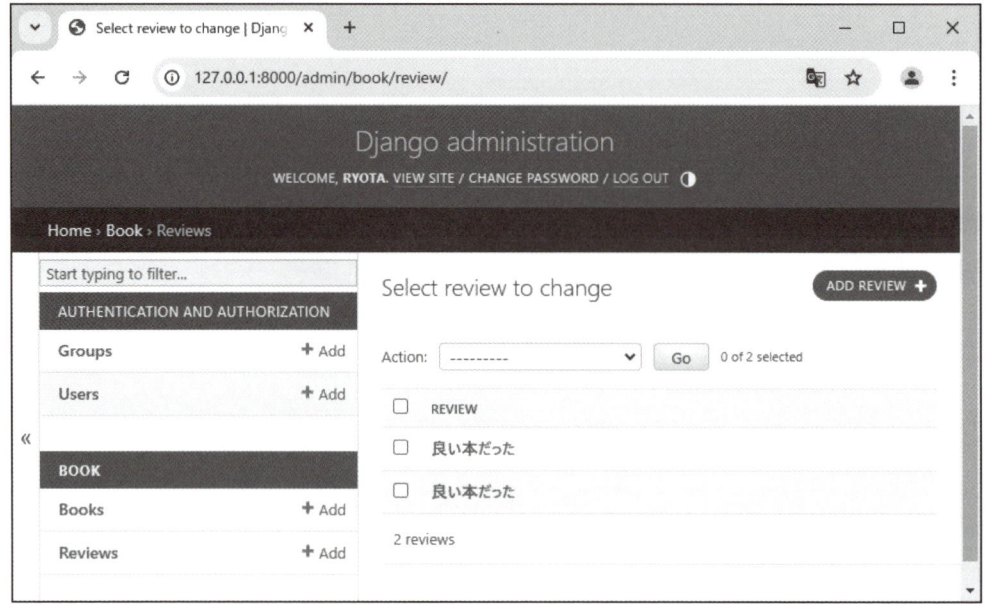

データが追加されているね

　これでレビュー機能の実装は完了です。難しいコードがたくさん出てきて少し混乱するかもしれません。もう一度、復習をしながら順を追って実装してみるのもよいでしょう。

　最後に、DetailBookView にレビューを書くページに遷移するリンクを付けましょう（リスト15）。

リスト15 bookproject/book/templates/book/book_detail.html

```
{% extends 'base.html' %}

{% block title %}{{ object.title }}{% endblock %}
{% block h1 %}書籍詳細{% endblock %}
{% block content %}
  <div class="p-4 m-4 bg-light border border-success rounded">
    <h2 class="text-success">{{ object.title }}</h2>
    <p>{{ object.text }}</p>
    <a href="{% url 'list-book' %}" class="btn btn-primary">一覧へ</a>
    <a href="{% url 'review' object.pk %}" class="btn btn-primary">レ
ビューする</a>                                              ── コード追加
    <a href="{% url 'update-book' object.pk %}" class="btn btn-primary">
```

```
編集する </a>
    <a href="{% url 'delete-book' object.pk %}" class="btn btn-primary">
削除する </a>
  </div>
{% endblock %}
```

　ブラウザ上でレビューを表示させことはまだできません。これは本章の後半で実装していきます。

　次は、画像を扱う方法を学びましょう。

5-8 画像の表示

対象の書籍の画像を表示させる

　本棚アプリケーションなのに、本の画像が表示されないというのは寂しいですよね。ここからは画像を表示させる方法について学びます。

　まずは、Bookモデルに画像を扱うためのフィールドを追加していきましょう（リスト1）。

リスト1　bookproject/book/models.py

```
・・・省略・・・
CATEGORY = (('business', 'ビジネス'), ('life','生活'), ('other','その他'))
class Book(models.Model):
    title = models.CharField(max_length=100)
    text = models.TextField()
    thumbnail = models.ImageField()————————————————— コード追加
    category = models.CharField(
            max_length=100,
            choices = CATEGORY
            )

    def __str__(self):
        return self.title
・・・省略・・・
```

　thumbnail = models.ImageField()というコードを追加しました。

　ImageFieldはその名前の通り、画像を扱う際に使われるフィールドです。

　フィールドを追加したら、makemigrationsコマンドとmigrateコマンドを入力してデータベースに変更を反映させます。

　すると、このようなエラーが表示されてしまいました。

```
(venv)$ python3 manage.py makemigrations Enter
ERRORS:
book.Book.thumbnail: (fields.E210) Cannot use ImageField because Pillow
is not installed.
        HINT: Get Pillow at https://pypi.org/project/Pillow/ or run
command 'python -m pip install Pillow'.
```

PillowがインストールされていないのでImageFieldを使うことができないと書かれています。

そこで、pipを使ってPillowをインストールします。

```
(venv)$ pip install pillow Enter
```

これで、Pillowがインストールされます。

改めてmakemigrationsコマンドを実行しましょう。

```
(venv)$ python3 manage.py makemigrations Enter
```

すると、次のようなメッセージが表示されました。

```
You are trying to add a non-nullable field 'thumbnail' to book without a
default; we can't do that (the database needs something to populate
existing rows).
Please select a fix:
 1) Provide a one-off default now (will be set on all existing rows with
a null value for this column)
 2) Quit, and let me add a default in models.py
Select an option:
```

thumbnailというフィールドを追加しようとしているけど、その際に今まで作ったデータについてはどういった画像を使いますか？ という質問です。

選択肢は2つ用意されています。選択肢1)はデフォルトとして何らかのデータを指定しますするというもの。そして、選択肢2)は一度makemigraionsを止めるというものです。

整数型のデータや文字列型のデータであれば直観的に指定しやすのですが、画像データをデフォルトで指定することは現時点では難しいので、デフォルトでデータを指定するのはやめ、一旦2)を選択してmakemigrationsを止めます。モデルの定義を少し変えることにしましょう。

Bookモデルの中身を修正します（リスト2）。

リスト2　bookproject/book/models.py

```
CATEGORY = (('business', 'ビジネス'), ('life','生活'), ('other','その他'))
class Book(models.Model):
    title = models.CharField(max_length=100)
    text = models.TextField()
```

```
thumbnail = models.ImageField(null=True, blank=True) ─────── コード追加
category = models.CharField(
        max_length=100,
        choices = CATEGORY
        )
def __str__(self):
    return self.title
```

null=True, blank=Trueと設定しました。

nullはデータベースに何もデータが入っていないことを許容するかどうか、blankはフォームに入力されたデータが空でも許容するかどうかを指定します。

基本的には、nullとblankはセットで設定するのがよいでしょう。

では、makemigrationsコマンドとmigrateを実行しましょう。

```
(venv)$ python3 manage.py makemigrations Enter
(venv)$ python3 manage.py migrate Enter
```

次に、管理画面にアクセスします。ここからは実在する書籍を登録していきます。既存のデータはすべて削除しましょう。

データの削除は管理画面からもブラウザ上からも削除できます。

データの削除が完了したら、新しく書籍の登録をします。

今回は、表1の本を登録します。

▼**表1　追加する書籍のデータ**

タイトル	内容	カテゴリ	サムネイル
図解！　Git&GitHubのツボとコツがゼッタイにわかる本	プルリクって何？ プロジェクトの管理、開発現場でのチーム開発の方法を体験してみよう！	ビジネス	

サーバーを立ち上げ、管理画面上でデータを追加します。

```
(venv)$ python3 manage.py runserver Enter
```

データの作成が完了したら、管理画面上で作成したデータを確認しましょう（画面1）。

▼**画面1　書籍の詳細画面**

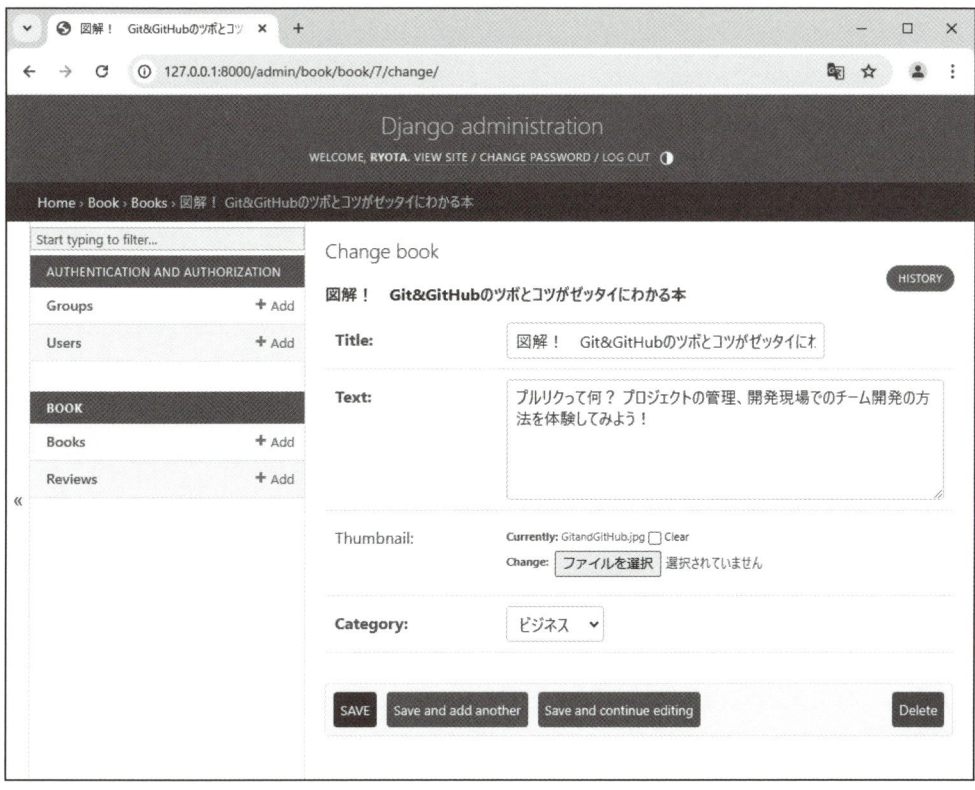

データを追加しよう

この中でThumbnailと書かれている部分の画像のリンクをクリックします（画面2）。

▼**画面2　サムネイルの画像のリンク**

画像のリンクをクリック

すると、画面3のようなエラーが表示されました。

▼**画面3　エラー画面**

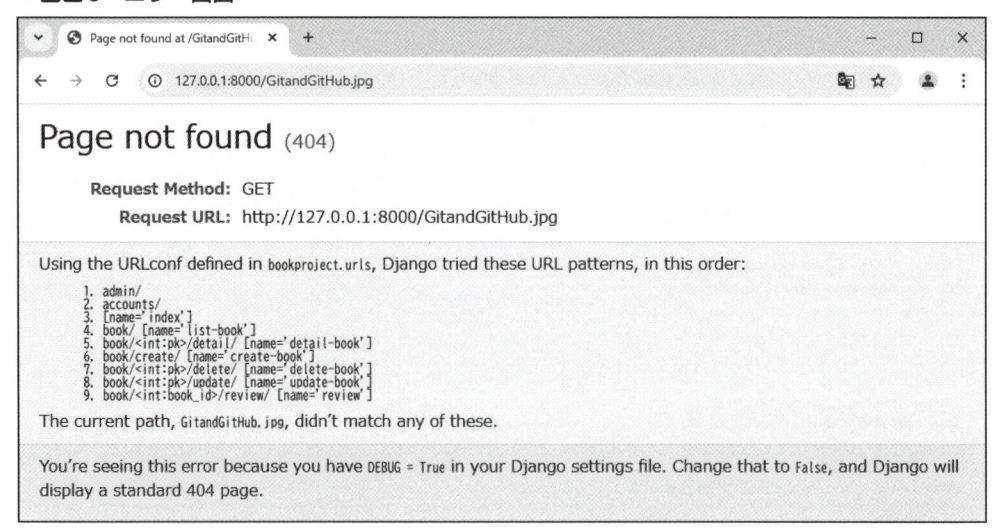

　これは、urlpatternsに従って画像を探した結果、その画像が見つからなかった場合に表示されるエラーです。

　管理画面から画像をアップロードしたにも関わらず、なぜこのようなエラーが表示されてしまったのでしょうか？

　その理由は、アップロードした画像ファイルを呼び出すための仕組みが整っていないからです。ここでは少し端的な説明でイメージがわかないかもしれませんが、読み進める中で理解が深まっていくかと思います。

　簡単にまとめると、画像を表示させるには2つの手順を行う必要があります。

　1つ目はDjangoに画像を保存する場所を指示すること。

　2つ目は、urlpatternsに合わせて画像を呼び出すことができる仕組みを整えることです。

● 画像ファイルを保存する場所を指定する

　まず、画像ファイルを保存する場所を指定します。DjangoではデフォルトでBASE_DIRに画像が保存されます。

　とはいえ、BASE_DIRに画像を保存していくと、画像が増えるにつれてディレクトリの中が乱雑でわかりにくくなります。そこで画像保存用のディレクトリを作成し、そこに画像ファイルが保存されるようにします。

　画像ファイルを保存する場所は、settings.pyファイルで指定します（リスト3）。

リスト3　bookproject/bookproject/settings.py

```
・・・省略・・・
# Static files (CSS, JavaScript, Images)
# https://docs.djangoproject.com/en/5.1/howto/static-files/

STATIC_URL = '/static/'

MEDIA_URL = '/media/'─────────────────── コード追加

MEDIA_ROOT = BASE_DIR / 'media'─────────────── コード追加
```

　MEDIA_ROOTは、BASE_DIRの中のmediaというディレクトリに画像ファイルを保存するという指示です。

　これに合わせ、BASE_DIR（manage.pyファイルが入っている階層）の中にmediaというディレクトリを作成しましょう。

```
(venv)$ mkdir media Enter
```

　MEDIA_URLは画像ファイルを呼び出すURLです。これについては、実装を進めながら理解していきましょう。

　その前に、画像をクリックした時に表示されたエラー画面をもう一度表示します（画面4）。

▼**画面4　画像リンクをクリックした時のエラー画面**

Page not found (404)

Request Method: GET
Request URL: http://127.0.0.1:8000/GitandGitHub.jpg

Request URLに注目

　Request URLの部分がhttp://127.0.0.1:8000/GitandGitHub.jpgになっていることを確認しておきます。

　サーバーを立ち上げて同じ画像をクリックします。

```
(venv)$ python3 manage.py runserver Enter
```

すると、同じようなエラーが表示されますが、URLが若干異なっていることがわかります（画面5）。

▼**画面5　画像をクリックした際のエラー画面**

URLが少し違うね

URLの部分がhttp://127.0.0.1:8000/media/GitandGitHub.jpgとなっており、mediaという文字情報が追記されていますね。

mediaは、settings.pyファイルの中で定義したMEDIA_URLに対応しています。

このように設定することで、どのようなURLで画像を呼び出すのかを指定することができます。

しかし、今回はMEDIA_URLでmediaを設定しているのにもエラーになってしまいました。なぜでしょうか。

それは、このURLを呼び出した時に、対象の画像を呼び出すような流れがurls.pyファイルで設定されていないからです。

つまり、Djagnoでは画像もviewと同じように、urlpatternsで画像を呼び出すための流れを定義しなければいけないのです。

Column　デプロイ時の画像の取扱いについて

ここでは画像を呼び出す仕組みをDjangoの内部で作っていきますが、実際は画像はDjangoの内部ではなく、ウェブサーバーで処理をすることが一般的です。

これは、Djangoは内部での複雑な処理をすることを目的としており、画像ファイルの表示といった1対1の関係にあるようなデータのやり取りはウェブサーバーの方が適しているからです。

　実際のデプロイでは、ブラウザがrequestを送った際、まずウェブサーバーがそのリクエストを受け取ります。その内容が画像などの1対1の関係にあるファイルであればウェブサーバーが対応し、Djangoを必要とする内部処理関係のファイルであればアプリケーションサーバー（Djangoが動作しているサーバー）に渡します。

　ですので、今回紹介する方法は、あくまでも開発環境において用いられる手法であり、本番環境で使うべきではないということを覚えておきましょう。

　本番環境で画像を扱う方法については、デプロイ編で紹介している動画を参考にしてください。

● 画像とURLを結びつける

　ここから、画像とURLを結びつけます。

　まず、urls.pyファイルにコードを追加します。

　コードを追加するファイルは、アプリのurls.pyファイルではなく、プロジェクトのurls.pyファイルであることに注意しましょう（リスト4）。

リスト4　bookproject/bookproject/urls.py

```python
from django.conf import settings                    ──────── コード追加
from django.conf.urls.static import static          ──────── コード追加
from django.contrib import admin
from django.urls import path, include


urlpatterns = [
    path('admin/', admin.site.urls),
    path('accounts/', include('accounts.urls')),
    path('', include('book.urls')),
]


urlpatterns += static(settings.MEDIA_URL, document_root=settings.MEDIA_
ROOT)                                               ──────── コード追加
```

　urlpatternsに追記した部分を確認します。

　static(settings.MEDIA_URL, document_root = settings.MEDIA_ROOT)と書かれています。複雑そうに見えますが、staticの中に書いている内容は今までurls.pyファイルで設定してきた内容と基本的には変わりません。中身を見てみましょう。

　settings.MEDIA_URLはsettings.pyファイルの中のMEDIA_URLを示しています。そし

て、requestされたURLとMEDIA_URLで指定した文字列が合致した場合に、次のdocument_rootで定義した画像を呼び出すように指示しています。

また、document_root = settings.MEDIA_ROOTのsetttings.MEDIA_ROOTの部分は、settings.pyファイルで指定した画像が保存される場所を指示しています。

なお、今回追記したコードには既存のurlpatternに追記する形でも問題ないのですが、今回の記載方法は一般にデプロイ時には使わないため、分けて記載しておいた方がよいでしょう。

MEDIA_ROOT内にはまだ画像が保存されていないため、サーバーを立ち上げもう一度画像をアップロードします。

管理画面の中の「画像の変更」ボタンを押して、画像をアップロードします。ブラウザで127.0.0.1:8000/admin/にアクセスします（画面6）。

```
(venv)$ python3 manage.py runserver Enter
```

▼**画面6　画像のアップロード**

画像を再度アップロードしよう

「ファイルを選択」をクリックして、画像を保存します。

そうしたら、画像のリンク情報をクリックしましょう（画面7）。

▼**画面7　画像のURLと対象画像**

ちゃんと表示されたね

無事に画像が表示されました。

画面7で、URLにも「media」が追加されていることを確認しましょう。

ここから、画像の扱いについてもう少し詳しく見てみましょう。

settings.pyファイルのmediaをimageという名前に変えてみます（リスト5）。

リスト5　bookproject/bookproject/settings.py

```
・・・省略・・・
MEDIA_URL = '/image/'─────────────────── コード変更
```

　サーバーを立ち上げ、管理画面で画像をクリックしてみます。ブラウザで127.0.0.1:8000/admin/にアクセスします（画面8）。

```
(venv)$ python3 manage.py runserver Enter
```

　そうすると、URLの画像の前の部分がmediaからimageに変わっていることがわかります（画面8）。

▼**画面8　画像のURLと対象画像**

URLに注目

このように、画像もURLの設定次第で柔軟に変更することができます。

settings.pyファイルの記述は元に戻しておきましょう（リスト6）。

リスト6　bookproject/bookproject/settings.py

```
・・・省略・・・
MEDIA_URL = '/media/'                                        コード変更
```

最後に、トップページに画像が表示されるようにhtmlファイルを修正します（リスト7）。

リスト7　bookproject/book/templates/book/index.html

```
・・・省略・・・
{% block content %}
  {% for item in object_list %}
  <div class="p-4 m-4 bg-light border border-success rounded">
    <h2 class="text-success">{{ item.title }}</h2>
    <img src="{{ item.thumbnail.url }}" class="img-thumbnail" />  — コード追加
    <h6>カテゴリ：{{ item.category }}</h6>
    <div class="mt-3">
      <a href="{% url 'detail-book' item.pk %}">詳細へ</a>
    </div>
  </div>
  {% endfor %}
{% endblock content %}
```

画像データをhtmlファイルで指定する場合は、フィールド名の後にURLを付けます。

ブラウザを立ち上げ、トップページにアクセスします（画面9）。

▼**画面9　画像が追加されたトップページ**

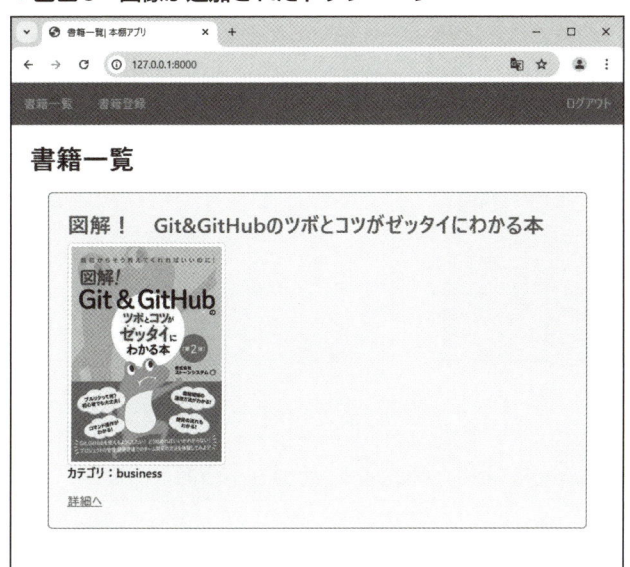

トップページに画像が入った！

画像が表示されました。

最後に、CreateBookViewおよびUpdateBookViewのfieldsにthumbnailを追加しましょう（リスト8）。

リスト8　bookproject/book/views.py

```
・・・省略・・・
class CreateBookView(CreateView):
    model = Book
    fields = ('title', 'text', 'category', 'thumbnail') ——— コード修正
・・・省略・・・
class UpdateBookView(UpdateView):
    model = Book
    fields = ('title', 'text', 'category', 'thumbnail') ——— コード修正
・・・省略・・・
```

また、フォームで画像を扱うために、テンプレートのformタグのenctypeも修正します（リスト9、10）。

リスト9 bookproject/book/templates/book/book_create.html

```
{% extends 'base.html' %}

{% block title %}書籍作成{% endblock %}

{% block content %}
  <form method="post" enctype="multipart/form-data" class="p-4 m-4
bg-light border border-success rounded form-group">{% csrf_token %}
    {{form.as_p}}
    <input type='submit' value='作成する'>
  </form>
{% endblock content %}
```

リスト10 bookproject/book/templates/book/book_update.html

```
{% extends 'base.html' %}

{% block title %}書籍修正{% endblock %}

{% block content %}
  <form method="post" enctype="multipart/form-data" class="p-4 m-4
bg-light border border-success rounded form-group">{% csrf_token %}
    {{ form.as_p }}
    <button type='submit'>修正する</button>
  </form>
{% endblock %}
```

CSSの設定

画像の設定と同じようなイメージでCSSを設定する

次に、CSSの設定方法について学びましょう。

これまで、signupページやloginページを作成してきましたが、Bootstrapのサイトで表示される内容をそのまま使うのではなく、見た目をカスタマイズしたい場合もあります。

そこで、この節ではCSSファイルを使ってブラウザ上での見た目を整えます。

基本的な考え方は画像を扱う場合と同じなのですが、実装や仕組みが若干異なります。ここでその違いを理解してしまいましょう。

STATIC_ROOTの設定

まずはMEDIA_URLと同じようなイメージでSTATIC_URLを定義します。

といっても、実はSTATIC_URLはデフォルトで設定されています。settings.pyファイルの下の方を見ると、リスト1に示すような記載があることがわかります。

リスト1 bookproject/bookproject/settings.py

```
・・・省略・・・
STATIC_URL = '/static/'
・・・省略・・・
```

なお、staticの扱い方（実装の仕方）は大きく分けて2つありますが、ここでは開発段階で一般的に使われる方法について説明します。

まず、htmlファイルの中に|% load static %|というタグを追加します（リスト2）。

リスト2 bookproject/templates/base.html

```
{% load static %}                                          ── コード追加
<!doctype html>
<html lang="en">
  <head>
    <meta charset="utf-8">
    <meta name="viewport" content="width=device-width, initial-scale=1">
    <title>{% block title %}{% endblock title %}| 本棚アプリ</title>
    <link href="https://cdn.jsdelivr.net/npm/bootstrap@5.3.0/dist/css/
bootstrap.min.css" rel="stylesheet" integrity="sha384-9ndCyUaIbzAi2FUVXJi
0CjmCapSmO7SnpJef0486qhLnuZ2cdeRhO02iuK6FUUVM" crossorigin="anonymous">
```

```
<link rel="stylesheet" type="text/css" href="{% static 'book/css/style.
css' %}">                                                         コード追加
・・・省略・・・
```

　このコードを追記すると、アプリ（startappコマンドで作成したbookアプリなど）の中の
staticディレクトリにあるCSSファイルを簡単に読み込めるようになります。

　ここで、mediaとstaticで実装方法が異なる理由について説明します。

　大まかに言って、ユーザーがアップロードする画像がmedia、システム開発時に開発者が
アップロード（リポジトリに格納）する画像やCSSファイルがstaticです。ユーザーがアップ
ロードする画像はどういったものになるかは開発時点では不明ですが、開発者がシステム開
発時にアップロードするファイルは明らかです。ですので、CSSファイルはコードの中で具
体的な場所を指定する形で実装しているのです。

　ここから、CSSファイルを保存するためのstaticディレクトリを作成します。

　templatesファイルの保存場所（ディレクトリ）の場所と同じようなイメージで、
bookproject/book/static/まで作成します。

　また、今回は{% static 'book/css/style.css' %}というコードで、bookproject/book/static/
book/css/style.cssという場所にあるCSSファイルを呼び出します。つまり、{% load static %}
と{% static %}というテンプレートタグはセットで使うということを頭に入れておきましょ
う。

```
(venv)$ mkdir book/static Enter
(venv)$ mkdir book/static/book Enter
(venv)$ mkdir book/static/book/css Enter
(venv)$ touch book/static/book/css/style.css Enter
```

　style.cssファイルにコードを書いていきます。

　ここでは、aタグの装飾（下線）を消すためのコードを書いています（リスト3）。

リスト3　bookproject/book/static/book/css/style.css

```
a {
  text-decoration: none;
}
```

　ブラウザで表示を確認しましょう（画面1）。

▼**画面1　aタグの下線がなくなったトップページ**

下線が消えたね

cssファイルで指定をした通り、aタグの下線が消えていることがわかります。

5-10 ログイン状態の判定をする

ログイン状態で操作・表示できる範囲を変更する

本棚アプリケーションも大分形が整ってきました。

次に、ログインの状態やログインしているユーザーによってできる操作を変える機能を追加していきましょう。

具体的には、ログインをしていないと書籍情報の投稿ができないように変更します（現時点では誰でも書籍情報を投稿できます）。

ログインしていなければデータを見れないようにする実装

ここから、ログインしていなければデータを投稿することができないようにコードを変更しましょう。

Djangoではログイン状態を処理する方法はたくさんありますが、その中でも今回はMixinを使って実装を進めます。

Mixinは、class-based viewで何らかの機能を追加する際に使うものであり、今まで実装してきたView（CreateViewなど）のように、継承させる形で実装していきます。

そうすると、初めからViewにすべての機能を入れておけばよいのではないか、と思う方もいるかもしれません。

しかし、例えば今回使うLogin状態を判定するためのコードは、使うページもあれば使わないページもあります。

このような場合、Viewにログイン処理のコードがあらかじめ記載されている状態だと、そのコードを修正しなければならず、かえって手間がかかります。

また、DjangoのMixinはどれも直観的に理解できる名前が付いているため、ViewにMixinが指定されている場合、これは○○の機能を追加しているんだな、と直観的にわかります。このような背景から、Viewとは別にMixInという機能が備わっているのです。

上記のようなイメージを持ち、Mixinを学んでいくと、この機能（ログイン判定をする機能）がMixinとして使われる理由が良くわかるようになるかと思います。

また、Mixinは数多くの種類がありますので、その中身を理解していくにつれて実装の幅も広がっていくでしょう。

今回は、ログイン状態の判定に必要な実装が備わったMixinであるLoginRequiredMixinを使います。

まず、ListBookViewに適用します（リスト1）。

```python
from django.contrib.auth.mixins import LoginRequiredMixin ——— コード追加


・・・省略・・・


class ListBookView(LoginRequiredMixin, ListView): ——————— コード追加
    template_name = 'book/book_list.html'
    model = Book
・・・省略・・・
```

ListViewの前にLoginRequiredMixinが追加されています。

この時に注意するべきポイントは、Mixinは記述する順番を意識する必要があるという点です。

なぜなら、コードは左から順番に実行され、ユーザーがログインしているかどうかはViewを呼び出す前に判定する必要があるからです。ですので、LoginRequiredMixinはListViewの前に記述する必要があります。

基本的に、Mixinは継承の中でも優先順位が高い（左に記載されることが多い）ことを覚えておきましょう。

リスト1のように記述することで、ログインしていない状態ではViewを表示しない仕組みを作ることができました。

なお、ログインしていない場合に遷移させるページはデフォルトでacounts/login/となっています。

これを変更するにはsettings.pyファイルでLOGIN_URLを定義します。今回はデフォルトのままで大丈夫ですのでコードは追記しません。

また、ログイン後に遷移させるページは、LOGIN_REDIRECT_URLを定義して指定します。
LOGIN_REDIRECT_URLはログインの実装で既に定義していますので、追記する必要はありません。

これでログイン判定に関する実装は完了です。

他のViewにもLoginRequiredMixinを実装しましょう（リスト2）。

bookproject/book/views.py

```
・・・省略・・・
class DetailBookView(LoginRequiredMixin, DetailView):        ——— コード追加
・・・省略・・・
class CreateBookView(LoginRequiredMixin, CreateView):        ——— コード追加
・・・省略・・・
class UpdateBookView(LoginRequiredMixin, UpdateView):        ——— コード追加
・・・省略・・・
class DeleteBookView(LoginRequiredMixin, DeleteView):        ——— コード追加
・・・省略・・・
class CreateReviewView(LoginRequiredMixin, CreateView):      ——— コード追加
・・・省略・・・
```

データの編集・削除に制約をかける

ここでは、自分で投稿したデータしか編集できないようにする仕組みを実装します。

ログインさえしていたら誰の投稿でも自由に変更することができるようにしてしまうと、投稿したデータが他のユーザーに勝手に変更されてしまう恐れがあります。

現在、書籍の詳細ページから誰でも編集・削除を行うことができるようになっていますが、これらの操作は情報を投稿したユーザーに限定するべきです。

ですから、ここから編集などの操作を制限をするための実装を進めましょう。

まず、Bookモデルにuserを追加します（リスト1）。書籍の投稿をしたのがどのユーザーか記録を残すためです。

リスト1 bookproject/book/models.py

```python
・・・省略・・・
CATEGORY = (('business', 'ビジネス'), ('life','生活'), ('other','その他'))
class Book(models.Model):
    title = models.CharField(max_length=100)
    text = models.TextField()
    thumbnail = models.ImageField(null=True, blank=True)
    category = models.CharField(
            max_length=100,
            choices = CATEGORY
            )
    user = models.ForeignKey('auth.User', on_delete=models.CASCADE)  ── コード追加

    def __str__(self):
        return self.title
・・・省略・・・
```

追加した部分のコードは今まで学んだ内容と同じです。

早速makemigrationsコマンドを実行します。

```
(venv)$ python3 manage.py makemigrations Enter
```

すると、ターミナルに次のように表示されます。

```
You are trying to add a non-nullable field "user" to book without a
default; we can't do that (the database needs something to populate
existing rows).
Please select a fix:
 1) Provide a one-off default now (will be set on all existing rows with
a null value for this column)
 2) Quit, and let me add a default in models.py
```

これは前にも出てきましたが、新しく作成したUserフィールドに対し、既存のデータにどのようにuserフィールドのデータを入れるかを尋ねています。

今回は、1)を選択して特定のデータ（あるユーザーのデータ）を入れる予定ですが、確認するべきことがあるため、一度2)を選択して元に戻りましょう。

確認するのは、デフォルトで入れるユーザーの情報です。
なお、ForeignKeyで紐づけられているデータ（今回の場合は、BookモデルにForeignKeyで紐づけられているuserのデータ）はid（番号）で指定します。

ここで、既存のUserモデルのデータ（オブジェクト）のidを確認してみましょう。

サーバーを立ち上げ、127.0.0.1:8000/admin/にアクセスして管理画面を表示して、Userモデルをクリックします（画面1）。

```
(venv)$ python3 manage.py runserver Enter
```

▼**画面1　Userモデルをクリックした後の画面**

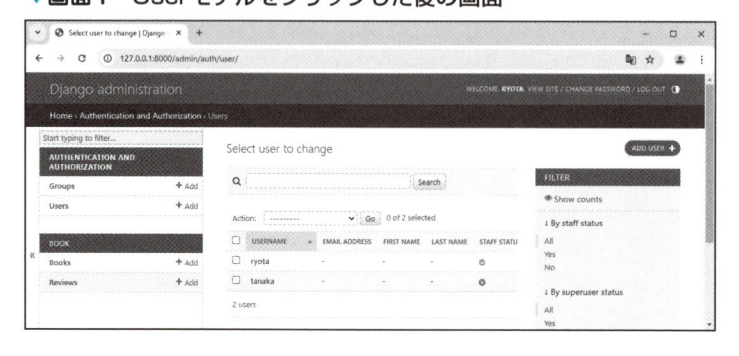

2人のユーザーがいるね

ユーザー（ryota）をクリックすると、画面2の内容が表示されます。

▼画面2　ユーザー情報の編集画面

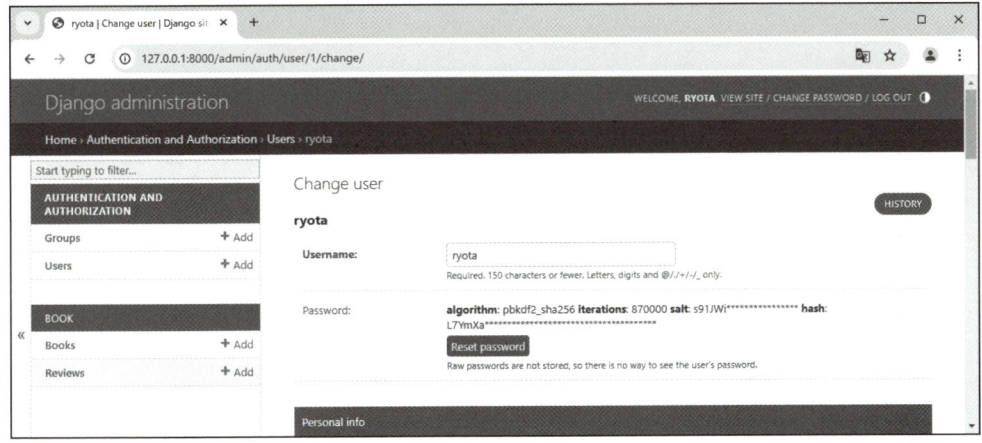

URLに注目

画面2のURLの部分に注目しましょう。

http://127.0.0.1:8000/admin/auth/user/1/change/ と最後の方に1という数字が入っています。

この1という数字がUserモデルのidです。

今回はidが1のユーザーのデータをデフォルトとして設定します。

改めてmakemigrationsコマンドを実行し、1を入力して Enter キーを押します。

```
(venv)$ python3 manage.py makemigrations Enter
You are trying to add a non-nullable field "user" to book without a
default; we can't do that (the database needs something to populate
existing rows).
Please select a fix:
 1) Provide a one-off default now (will be set on all existing rows with
a null value for this column)
 2) Quit, and let me add a default in models.py
Select an option: 1 Enter
```

すると、次のように表示されます。

```
Please enter the default value now, as valid Python
The datetime and django.utils.timezone modules are available, so you can
do e.g. timezone.now
Type 'exit' to exit this prompt
>>>
```

　これは、デフォルトのデータとして何を使いますか、という問い合わせです。ここで、1を入力しましょう。

```
>>> 1 Enter
Migrations for 'book':
  book/migrations/0004_book_user.py
    - Add field user to book
```

　すると、ファイルが作成されました。すなわち、既存のデータのUserフィールドに、id=1のデータが入力されました。
　次に、migrateコマンドを実行します。

```
(venv)$ python3 manage.py migrate Enter
```

　これでBookモデルのuserフィールドにデータを追加することができました。

　ここからが本題です。
　ログインしているユーザーしか編集ができない仕組みを作ります。

　まずコードを書きましょう。その後、内容について説明します（リスト2）。

リスト2　　bookproject/book/views.py

```python
from django.contrib.auth.mixins import LoginRequiredMixin
from django.core.exceptions import PermissionDenied          コード追加
from django.shortcuts import render, redirect
・・・省略・・・
class UpdateBookView(LoginRequiredMixin, UpdateView):
    model = Book
    fields = ('title', 'text', 'category', 'thumbnail')
    template_name = 'book/book_update.html'
    success_url = reverse_lazy('list-book')

  def get_object(self, queryset=None):                        コード追加
```

```
    obj = super().get_object(queryset) ─────────────── コード追加

    if obj.user != self.request.user: ─────────────── コード追加
        raise PermissionDenied ─────────────────── コード追加

    return obj ─────────────────────────── コード追加
・・・省略・・・
```

基本的にはCreateReviewViewと同じような実装です。

CreateReviewViewではget_context_dataメソッドを使いました。ここではget_objectメソッドを使っています。

get_context_dataとget_objectの違いは、その名前の通り、contextを取得するかobjectを取得するかという点です。一般に、contextはより複雑なデータを(レビューを作成するときに、contextを作成してそこにbook_idのデータを追加したことを思い出しましょう)、objectの場合はより簡潔なデータ（単一のデータ）を取得する場合に使います。

今回は、get_objectメソッドを使って指定された（URLに記載されている）idに対応した書籍のデータ（オブジェクト）を取得しています。

記載されているコードはほとんどがDjangoであらかじめ定義されているものですが、今回新しく追加したコードは次の通りです。

```
    if obj.user != self.request.user:
        raise PermissionDenied
```

obj.userはUpdateBookViewで呼び出された書籍の登録をしたユーザーです。self.request.userは現在ログインしているユーザーです。

これら2つの情報を!=でつないでいます。!=は2つのデータが等しくない場合に使います。

ですので、この場合は書籍のユーザーと編集するボタンをクリックしたユーザーが異なる場合に以降の処理が実行されます。

データが異なる場合に実行されるコードがraise PermissionDeniedです。raiseは例外を出すときに使います。

ここでは、PermisionDeniedという例外を出しています。具体的な例外はPythonが用意しているものもあれば、Djangoが用意しているものもあります。また、ユーザーが自分で例外を作ることもできます。

ここで定義したPermissionDeniedは、Djangoが用意してくれている例外です。

　サーバーを立ち上げ、書籍を登録したユーザーとは異なるユーザーでログインして、編集をするボタンをクリックします。すると画面3のような例外が表示されました。

▼**画面3**　PermissionDenied

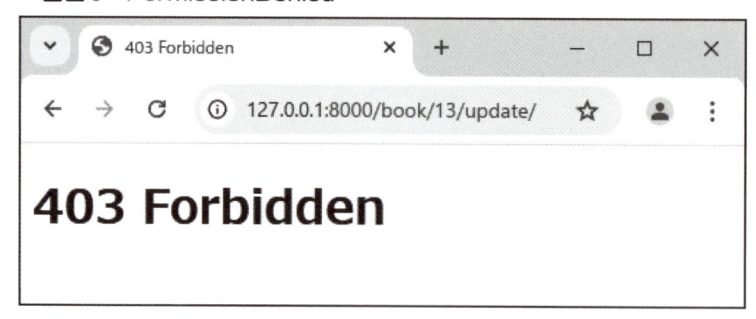

エラーが表示された

　このように、raiseを使うと強制的に例外を出し、その例外の設定によってブラウザ上などに例外の内容を表示させることができます。

　最後に、データを更新した後に遷移させるページを設定します。get_success_urlを定義します（リスト3）。

リスト3　bookproject/book/views.py

```python
class UpdateBookView(LoginRequiredMixin, UpdateView):
    model = Book
    fields = ('title', 'text', 'category', 'thumbnail')
    template_name = 'book/book_update.html'
    success_url = reverse_lazy('list-book')                      ──── コード削除

    def get_object(self, queryset=None):
        obj = super().get_object(queryset)

        if obj.user != self.request.user:
            raise PermissionDenied

        return obj

    def get_success_url(self):                                   ──── コード追加
        return reverse('detail-book', kwargs={'pk': self.object.id})  ── コード追加
```

　これで実装が完了しました。実際にブラウザ上で動きを確認しましょう。
　書籍データを作成したユーザーでログインし、「編集する」ボタンをクリックします。

情報を入力して「修正する」ボタンをクリックします（画面4）。

▼画面4　「修正する」ボタンをクリック

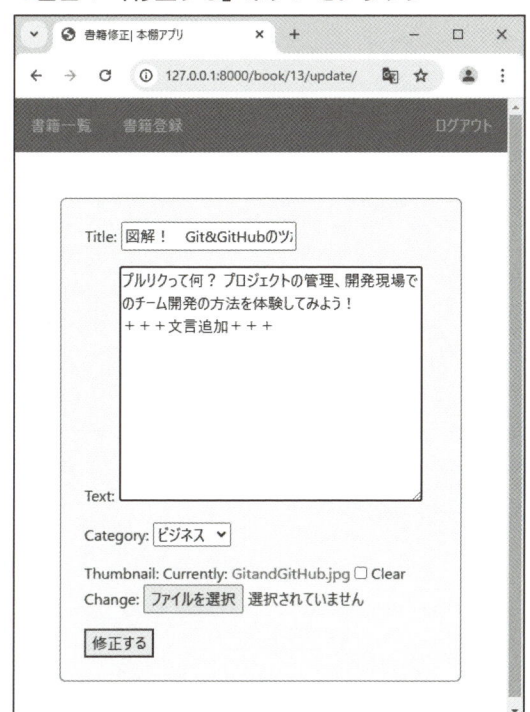

データが更新され、「修正する」ボタンをクリックすると書籍詳細のデータに遷移します（画面5）。

▼画面5　データ編集後の画面遷移

同様に、DeleteViewでも、書籍を投稿したユーザーでなければデータを投稿できないようにしましょう（リスト4）。

リスト4 bookproject/book/views.py

```
・・・省略・・・
class DeleteBookView(LoginRequiredMixin, DeleteView):
    model = Book
    template_name = 'book/book_confirm_delete.html'
    success_url = reverse_lazy('list-book')

    def get_object(self, queryset=None):                     ──── コード追加
        obj = super().get_object(queryset)                   ──── コード追加

        if obj.user != self.request.user:                    ──── コード追加
            raise PermissionDenied                           ──── コード追加

        return obj
・・・省略・・・
```

これで実装が完了しました。

また、Bookモデルにuserを追加したので、formにユーザーの情報を追加するため、CreateBookViewにform_validメソッドを追加します（リスト5）。

リスト5 bookproject/book/views.py

```
class CreateBookView(LoginRequiredMixin, CreateView):
    template_name = 'book/book_create.html'
    model = Book
    fields = ('title', 'text', 'category', 'thumbnail')
    success_url = reverse_lazy('list-book')

    def form_valid(self, form):                              ──── コード追加
        form.instance.user = self.request.user               ──── コード追加

        return super().form_valid(form)                      ──── コード追加
```

これで作成は完了です。次は、トップページの見た目を修正します。

5-12 トップページの修正 （データを並べ替える）

新着順、ランキング順で並べ替えを行う

　いよいよ終盤です。ここまで、たくさんのことを学んできました。最後の仕上げに入りましょう。

　ここでは、トップページの見た目を修正します。具体的には、トップページに2つのルールで並べ替えをした書籍が表示されるようにします。

　1つ目のルールが登録の新しい順、2つ目のルールがレビューの平均点が高い順です。

　まず、登録の新しい順に書籍を並べ替えて表示する仕組みを作ります。

　現在のindex_viewはカテゴリごとに書籍のデータが並んでいますが、このコードを修正します（リスト1）。

リスト1　　bookproject/book/views.py

```
・・・省略・・・
def index_view(request):
    object_list = Book.objects.order_by('-id')  ─────────── コード修正
    return render(request, 'book/index.html',{'object_list': object_list})
・・・省略・・・
```

　修正した部分は直観的にもわかりやすいですね。これはBookモデルの中のデータ（オブジェクト）を、order_byを使って並び替えています（order_byの実装はindex_viewを定義するところで説明しました。忘れてしまった場合は復習しておきましょう）。

　今回は、引数として指定したidに沿って並べ替えます。その際、-（マイナス）を付けると降順（数が多い順）で並べ替えができます。そして、並べ替えたBookモデルのすべてのオブジェクトをobject_listという変数に保存しています。

レビューの平均点順に並べ替える

　次に、書籍に対するレビューの平均で並べ替える仕組みを作ります。

　そもそもレビューの平均点に関するデータは作成されていません。また、平均点はデータが追加されるたびに変わります。

　このような場合は、データの集計をしてからそのデータを追加できるメソッドのannotateを使うと便利です。

　では、コードを書きましょう（リスト2）。

リスト2 bookproject/book/views.py

```
・・・省略・・・
from django.db.models import Avg ───────────────── コード追加
・・・省略・・・
def index_view(request):
    object_list = Book.objects.order_by('-id')
    ranking_list= Book.objects.annotate(avg_rating=Avg('review__rate')).order_
by('-avg_rating')───────────────────────────── コード追加

    return render(
        request,
        'book/index.html',
        {'object_list': object_list, 'ranking_list': ranking_list}, ─ コード追加
    )
・・・省略・・・
```

追加したコードを中心に確認します。

annotateは、注釈をつけるという意味を持っていますが、Djangoでの動作は集計したデータを追加する、というイメージです。

まず、Avg('review__rate)です。AvgはAverageの略で、データの平均値を取ります。

どのデータの平均値を取るのかは、review__rateという部分で確認できます。reviewが対象とするモデルを、rateがそのモデルのフィールドを示しています。

ですので、Avg('review__rate')を使うことで、すべてのレビューデータに対する平均値を取得できます。

これでindex_viewは完成です。

最後に、index.htmlファイルを修正し、投稿順とランキング順で表示されるよう実装します（リスト3）。

リスト3 bookproject/book/templates/book/index.html

```
{% extends 'base.html' %}

{% block title %}本棚アプリ{% endblock %}                    ── コード修正
{% block h1 %}本棚アプリ{% endblock %}                      ── コード修正

{% block content %}
<div class="row">                                          ── コード追加
  <div class="col-9">                                      ── コード追加
  {% for item in object_list %}
    <div class="p-4 m-4 bg-light border border-success rounded">
      <h2 class="text-success">{{ item.title }}</h5>
      <img src="{{ item.thumbnail.url }}" class="img-thumbnail" />
      <h6>カテゴリ：{{ item.category }}</h6>
      <div class="mt-3">
        <a href="{% url 'detail-book' item.pk %}">詳細へ</a>
      </div>
    </div>
    {% endfor %}
    </div>                                                 ── コード追加
    <div class="col-3">                                    ── コード追加
      <h2>評価順</h2>                                       ── コード追加
      {% for ranking_book in ranking_list %}               ── コード追加
        <div class="p-4 m-4 bg-light border border-success rounded">
                                                           ── コード追加
          <h3 class="text-success h5">{{ ranking_book.title }}</h3>
                                                           ── コード追加
          <img src="{{ ranking_book.thumbnail.url }}" class="img-
thumbnail" />                                              ── コード追加
          <h6>評価：{{ranking_book.avg_rating}}点</h6>      ── コード追加
          <a href="{% url 'detail-book' ranking_book.id %}">詳細を見る</a>
                                                           ── コード追加
        </div>                                             ── コード追加
      {% endfor %}                                         ── コード追加
    </div>                                                 ── コード追加
</div>                                                     ── コード追加
{% endblock content %}
```

コードの中身自体はほとんど今まで学んだ内容です。ただし、評価:‖ ranking_book.avg_rating ‖は、views.py ファイルで指定した（ranking_listの定義部分で指定した）avg_rating のデータを取得するレコードです。

Bootstrap関連の見た目を整えるためのコードについては、Bootstrapのリファレンスを参考にしてください。

では、ブラウザで表示を確認します（画面1）。

▼**画面1　トップページの修正**

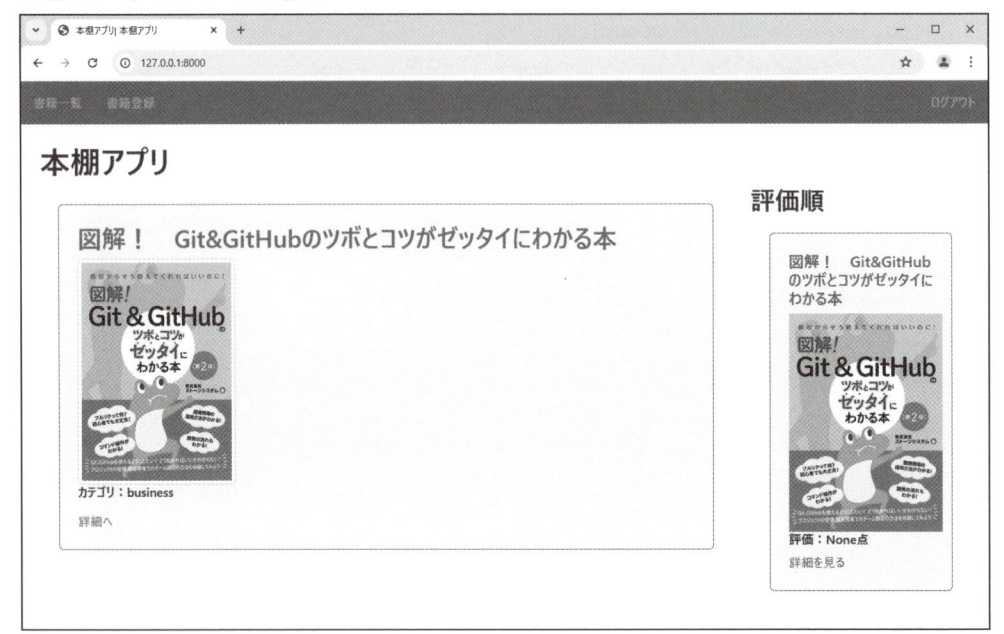

ちゃんと並べ替えられたのかな

データが2つ表示されましたが、これではしっかりと実装が完了しているかどうかがわかりません。ですので、いくつかデータを追加してデータがきちんと表示されるか確認しましょう。

ここでは、次のようにデータを追加します（表1）。
まずはBookモデルです。

▼表1　追加するデータ（Bookモデル）

Title	Text	category	thumbnail
図解！　Git&GitHubのツボとコツがゼッタイにわかる本	プルリクって何？　プロジェクトの管理、開発現場でのチーム開発の方法を体験してみよう！	ビジネス	
投資のツボとコツがゼッタイにわかる本	「そもそも投資って何？」「投資のプロが見ている情報を教えて」「どんな金融商品があるの？」	生活	
著作権のツボとコツがゼッタイにわかる本	Webでの情報発信で気になるアレやコレ……。Q&A形式であなたの悩みを解決！	ビジネス	

Reviewモデルは表2のように追加します（もちろん、内容は好きに変えても構いません）。

▼表2　追加するデータ（Reviewモデル）

Book	title	text	rate
図解！　Git&GitHubのツボとコツがゼッタイにわかる本	知識ゼロでもOK	手を動かしながら学べる	5
	入門者向け	これから使わなければならない人向け	4
	わかりやすい	入門にはピッタリ	5
投資のツボとコツがゼッタイにわかる本	良かった	まとまった情報を得られて良かった	5
	わかりやすかった	Q&A形式で気になるところから読める	4
	初心者に最適	とてもためになった	5
著作権のツボとコツがゼッタイにわかる本	決定版	わかりやすい	4
	まとまっている	読みやすい	4
	早く読みたかった	素晴らしかった	5

データの入力が完了したら、ブラウザ上で動作を確認しましょう（画面2）。

```
(venv)$ python3 manage.py runserver Enter
```

▼**画面2　新しい順と、評価が高い順の表示**

順番が変わっている！

　左側は新しいデータ順（idが大きい順）、右側はレビューの点数が高い順で並べ替えができていることがわかります。

　ここで、右上の「図解！ Git & GitHubのツボとコツがゼッタイにわかる本」の評価の点数を見てみましょう。4.666666…となっており、きれいな見た目とは言えません。

　ですので、データの見た目を整えていきましょう。

● フィルターの適用

Djangoには、テンプレート（{{　}}というかっこで囲まれた部分）として扱っているデータに対してフィルターという機能を用いて追加の処理を行うことができます。

具体的には、対象のデータの次に |（パイプ）を付け、その次に適用したい機能を追加します。

実際にコードを書いていきましょう（リスト4）。

リスト4　bookproject/book/templates/book/index.html

```
・・・省略・・・
        <img src="{{ ranking_book.thumbnail.url }}" class="img-thumbnail" />
        <h6>評価：{{ranking_book.avg_rating|floatformat}}点</h6> ―― コード追加
        <a href="{% url 'detail-book' ranking_book.id %}">詳細を見る</a>
・・・省略・・・
```

floatformatを使うことで、データを小数点2桁目を四捨五入して小数点1桁で表示することができます。

なお、表示させる小数点の数を増やす場合は、リスト5のように記述します。

リスト5　bookproject/book/templates/book/index.html

```
・・・省略・・・
        <img src="{{ ranking_book.thumbnail.url }}" class="img-thumbnail" />
        <h6>評価：{{ranking_book.avg_rating|floatformat:2}}点</h6> ― コード追加
        <a href="{% url 'detail-book' ranking_book.id %}">詳細を見る</a>
・・・省略・・・
```

floatformatの後ろに「:2」と追加しました。こうすることで、小数点2桁目までが表示されます。

実際にブラウザ上で確認します（画面3）。

```
(venv)$ python3 manage.py runserver Enter
```

▼**画面3　小数点を2桁に丸めた結果**

評価の点が見やすく
なったね

　評価の点数が4.67点になりましたね。これでレビューの点をわかりやすく表示させること
ができました。

　テンプレートフィルターには今回紹介したもの以外にも、たくさんの種類があります。
　公式ドキュメントのリンクを載せておきますので、参考にしてみてください。

https://docs.djangoproject.com/ja/5.1/ref/templates/builtins/

5-13 書籍の詳細にレビューを追加する

書籍の個別のページにレビューを追加しよう

ここからは、投稿したレビューを表示させるための実装をします。

今回は、DetailBookViewでレビューの中身を表示させます。

はじめに、全体像を簡単におさらいしましょう。

まず、DetailBookViewにおいて、指定した一つのデータ（オブジェクト）をBookモデルから取得します。次に、そのオブジェクトに対してForeignKeyで紐づけられているReviewモデルのすべてのデータを取得します。最後に、そのデータをブラウザ上に表示します。

図でまとめると、次のようになります（図1）。

図1 ForeignKeyのイメージ

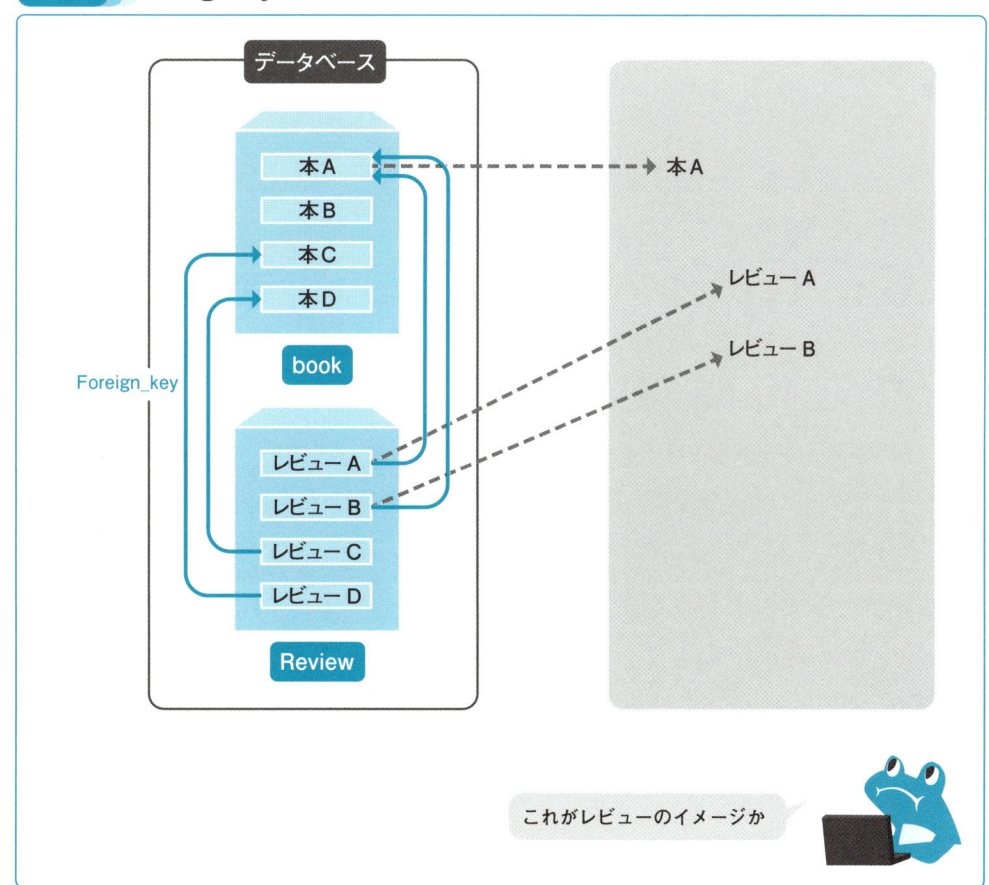

ですので、レビューを表示するには、DetailBookViewで表示させるデータに加え、それに紐づいたReviewモデルのデータも取ってこなければいけません。

Djangoでは、こういったお互いに紐づけられているデータも簡単に取得するための仕組みが整っています。

まずはコードを書いてから、中身を確認します（リスト1）。

リスト1 bookproject/book/templates/book/book_detail.html

```
・・・省略・・・
    <p>{{ object.text }}</p>
    <div class="border p-4 mb-2">──────────────── コード追加
      {% for review in object.review_set.all %}──────── コード追加
      <div> ──────────────────────────── コード追加
        <h3 class="h4">{{ review.title }}</h3> ──────── コード追加
        <div class="px-2">──────────────── コード追加
          <span>(投稿ユーザー: {{ review.user.username }})</span> ─ コード追加
          <h6>評価: {{ review.rate }}点</h6>──────── コード追加
          <p>{{ review.text }}</p> ──────────── コード追加
        </div> ──────────────────────── コード追加
      </div>────────────────────────── コード追加
      {% endfor %} ──────────────────── コード追加
    </div>──────────────────────────── コード追加
    <a href="{% url 'review' object.pk %}" class="btn btn-primary">レビューする</a>
・・・省略・・・
```

このコードの表示をブラウザで確認します。

サーバーを立ち上げ、「著作権のツボとコツがゼッタイにわかる本」の詳細ページを表示します（画面1）。

▼**画面1　書籍の詳細ページ**

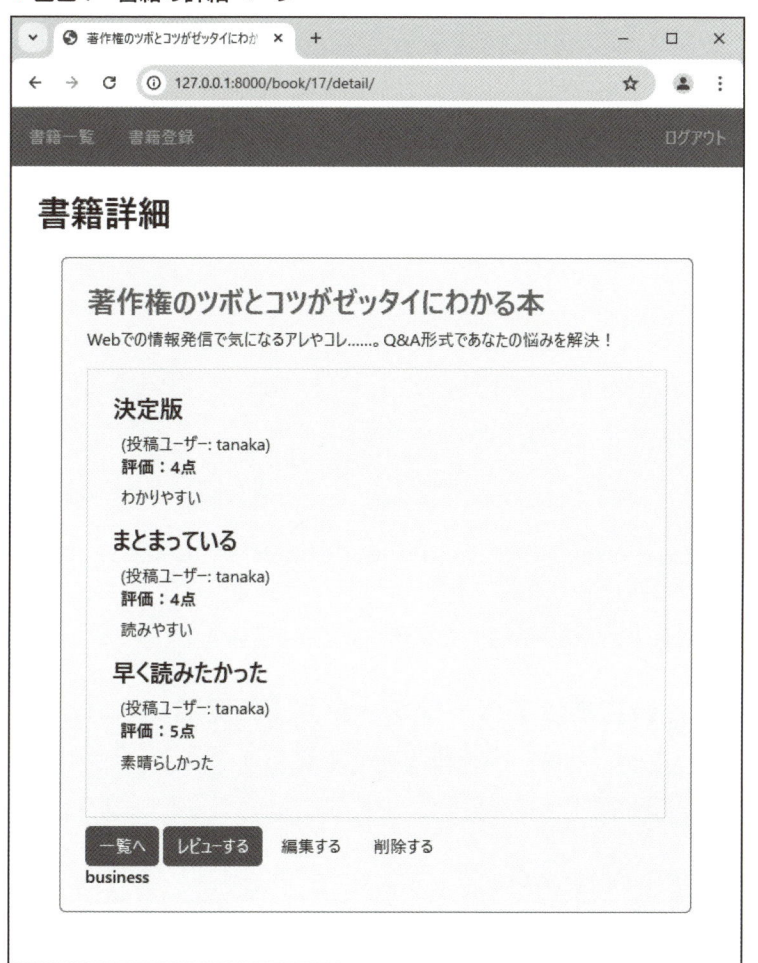

レビューが表示されたぞ

　レビューが正しく表示されています。

　ポイントは{% for review in object.review_set.all %}の部分です。

　object.review_set.allというコードを書くことで、object（書籍のデータ）に紐づいたレビューのデータを取り出すことができます。

　このように、モデル間のデータは簡単に紐づけることができるということを覚えておきましょう。

5-14 ページネーションの実装

ページネーションを追加する

本章の後半は少し難しい実装が多くて大変でしたね。

とうとう最後の実装まできました。ここでは、Djagnoの機能をさらに深く理解するため、ページネーションを実装します。

ページネーションとは、データが複数ある場合に、ページごとに表示させるデータを制御する機能です。

例えば、ブログなどでは記事の数が数百、数千になることもあります。そうした場合に、ページネーションの機能を付けることで、10個ずつ記事を表示するといったことが可能になります。

ここでは、class-based view と function-based view の両方の場合のページネーションの実装について説明します。

双方の実装を通じて、Djangoに対する理解をさらに深めましょう。

function-based view におけるページネーションの実装

最初に、function-based view のページネーションを実装します。

はじめにコードを書き、その後で中身を確認します（リスト1、2）。

リスト1　bookproject/book/views.py

```python
from django.core.paginator import Paginator ──────────── コード追加

from .consts import ITEM_PER_PAGE ──────────── コード追加

def index_view(request):
    object_list = Book.objects.all()

    ranking_list = Book.objects.annotate(avg_rating=Avg('review__rate')).order_by(
        '-avg_rating'
    )

    paginator = Paginator(ranking_list, ITEM_PER_PAGE) ──────── コード追加
    page_number = request.GET.get('page',1) ──────── コード追加
    page_obj = paginator.page(page_number) ──────── コード追加
```

```
return render(
    request,
    'book/index.html',
    {'object_list': object_list, 'ranking_list': ranking_list, 'page_
obj':page_obj }, ─────────────────── コード追加
    )
```

リスト2　bookproject/book/consts.py

```
MAX_RATE = 5
ITEM_PER_PAGE = 2 ─────────────────────────── コード追加
```

追加したコードを確認しましょう。

from .consts import ITEM_PER_PAGEは、1つのページに表示する書籍（データ）の数を指定するために定義しています。

また、ITEM_PER_PAGEは開発中に値が変わる可能性があることから、consts.pyファイルの中でまとめて管理しています。

paginator = Paginator(ranking_list, ITEM_PER_PAGE)では、Djangoが用意しているPaginatorクラスからオブジェクトを作成しています。

図1を見てください。

図1　Paginatorのイメージ

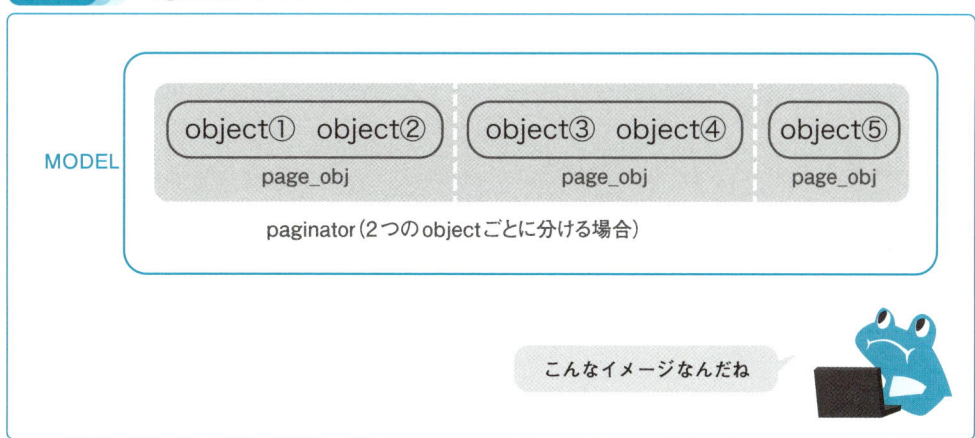

このように、paginatorオブジェクトを作成して、すべてのデータを指定した数に分けていくのが第一段階です。

ここで、paginatorオブジェクトの属性をいくつか紹介しましょう。

次の表は、データが10個ある場合に、patinator = Paginator(object_list, 3)としたときの表示例です（表1）。

▼**表1　paginatorの属性**

属性	データ
paginator.count	10
Paginator.num_pages	4
Paginator.page(2)	\<Page 2 of 4\>

この表のデータを使って、ページネーションを実装します。

実装したコードの次の行を見ていきましょう。page_number = request.GET.get('page',1)は、URLのクエリパラメーターからページの番号を取得するコードです。

すなわち、request.GETで、URLの中のパラメーターを辞書型のデータとして取得できます。

では、実際に中身を確認しましょう（リスト2）。

リスト2　bookproject/book/views.py

```python
def index_view(request):
・・・省略・・・
    paginator = Paginator(ranking_list, ITEM_PER_PAGE)
    page_number = request.GET.get('page',1)
    page_obj = paginator.page(page_number)

    query = request.GET['number']          ─── コード追加
    print(query)                           ─── コード追加
・・・省略・・・
```

サーバーを立ち上げて、127.0.0.1:8000/?number=abcdと入力します。「?number=abcd」がクエリパラメーターです。

ターミナルを確認すると、次に示すようなコードが表示されています。

```
Django version 5.1.2, using settings 'bookproject.settings'
Starting development server at http://127.0.0.1:8000/
Quit the server with CONTROL-C.
abcd
[○○/○○○/2024 02:03:30] "GET /?number=abcd HTTP/1.1" 200 3531
```

abcdという文字列がターミナルに表示されています。このように、GETを使ってURLに

記述されたパラメーターを取得できるのです。

　そして、GETにさらにgetを付けると、検索をしたデータがなかった場合に用いるデフォルトのパラメーターを設定することができます。

　ですので、page_number = request.GET.get('page',1)とすると、pageというクエリパラメーターがついていればそのパラメーターを返し、クエリパラメーターがついていなければ1を返すという設定になります。

　最後のpage_obj = paginator.page(page_number)は、引数で指定したページのオブジェクトを格納するためのコードです。

　例えば、データの数が5つあった場合に、2つごとにページを区切ると、ページネーションの対象は3ページになり、その中でpaginator.page(page_number)のpage_numberで指定をしたもの（例えば、page_number=1とすれば、最初の2つのデータ）がpage_objという変数の中に入ることになります。

　page_objはobject_listのように、for文を使って順番にデータを取り出すことができます。

　クエリを表示させるために追記したコードを削除し、htmlファイルの中にページネーションの仕組みを入れていきましょう（リスト3）。

リスト3　bookproject/book/views.py

```python
def index_view(request):
・・・省略・・・
    paginator = Paginator(ranking_list, ITEM_PER_PAGE)
    page_number = request.GET.get('page',1)
    page_obj = paginator.page(page_number)

    query = request.GET['number']
    print(query)
・・・省略・・・
```

　ページネーションのように、多くのページで使いまわすことができるコードは、componentsというディレクトリを作成し、その中にコードを保管すると管理しやすくなるのでお勧めです。

　ですので、bookアプリの中のtemplatesディレクトリにcomponentsディレクトリを作成し、

その中にpagination.htmlというファイルを作成します（リスト4）。

```
(venv)$ mkdir book/templates/book/components Enter
(venv)$ touch book/templates/book/components/pagination.html Enter
```

リスト4 bookproject/book/templates/book/components/pagination.html （色文字はすべてコード追加）

```
{% if page_obj.has_other_pages %}
  <ul class="list-unstyled m-0 d-flex justify-content-between">
    {% if page_obj.has_previous %}
      <li><a href="?page={{ page_obj.previous_page_number }}">&lt;&lt;前
へ</a></li>
    {% else %}
      <li class="text-muted">&lt;&lt;前へ</li>
    {% endif %}
    {% if page_obj.has_next %}
      <li><a href="?page={{ page_obj.next_page_number }}">次へ&gt;&gt;</
a></li>
    {% else %}
      <li class="text-muted">次へ&gt;&gt;</li>
    {% endif %}
  </ul>
{% endif %}
```

テンプレートがたくさん入っていてややこしそうですが、順番に確認しましょう。

基本的にすべて、page_objの属性を使って条件分岐などを行っています。

ですので、具体的なページ番号に紐づいたオブジェクトが入っている（例えば、全10個の
データの中で、3ページ目の3つのデータがpage_objに格納されている）というイメージです。

はじめの{% if page_obj.has_other_pages %}は、ページネーションで区切るデータの数より
も、モデルに格納されているデータの数の方が少ないことを示しています。

<ul class="list-unstyled m-0 d-flex justify-content-between">はBootstrapの範囲なのでこ
こでは説明は省略しますが、リスト形式の装飾（・など）をなくし、その後横並びにすると
いう指示をしています。

次の{% if page_obj.has_previous %}<li><a href="?page={{ page_obj.previous_page_
number }}"><<前へ</a></li>は、page_objにhas_previous属性がある場合、すなわち、

前のページがある場合は「前へ」と表示するためのコードです。

<a href="?page=‖ page_obj.previous_page_number ‖">は、リンクのクエリパラメーターとして現在のページ番号の一つ前のページ番号を追加するためのコードです。

次の|% else %|<li class="text-muted"><<前へ</li>は、text-mutedという指定の通り、リンクとしてクリックできない形で「前へ」を表示するためのコードです。

次のhas_nextは次のページがあることを示しています。基本的な考え方はhas_previousと同じです。

あとは、このcomponentsをhtmlファイルに組み込めば完了です。

index.htmlファイルを編集しましょう（リスト5）。

リスト5　bookproject/book/templates/book/index.html

```
    <div class="col-3">
     <h2>評価順TOP2</h2>                                    ——— コード変更
     {% for ranking_book in page_obj %}                      ——— コード変更
       <div class="p-4 m-4 bg-light border border-success rounded">
         <h3 class="text-success h5">{{ ranking_book.title }}</h3>
         <img src="{{ ranking_book.thumbnail.url }}" class="img-
thumbnail" />
         <h6>評価：{{ranking_book.avg_rating|floatformat:2}}点</h6>
         <a href="{% url 'detail-book' ranking_book.id %}">詳細を見る</a>
       </div>
     {% endfor %}
     {% include 'book/components/pagination.html' %}  ——— コード追加
    </div>
  </div>
</div>
{% endblock content %}
```

リスト5の下の方にpagination.htmlファイルを呼び出すためのコードを書いています。

また、評価順にページネーションを適用して、表示されるデータ数を制限するために、for文でデータを取り出す対象をranking_listからpage_objに変更することも忘れないようにしましょう。

ブラウザ上で動作を確認します（画面1）。

▼**画面1　ページネーションの動作確認**

ページネーションの実装ができた

　左側にはデータが3つ表示されていますが、右側にはデータが2つしか表示されていません。そして、右下には「次へ」というリンクが表示されています。

　これより前のページはありませんので、「前へ」はクリックできません。

　ページネーションが正しく実装されていることが確認できました。

class-based viewにおけるページネーションの実装

いよいよこれで最後です。class-based viewでページネーションを実装しましょう。

ここでは、ListViewにページネーションを適用します。

class-based viewの場合は非常に簡単です。早速実装しましょう（リスト6）。

リスト6 bookproject/book/views.py

```
・・・省略・・・
class ListBookView(LoginRequiredMixin, ListView):
    template_name = 'book/book_list.html'
    model = Book
    paginate_by = ITEM_PER_PAGE ────────── コード追加
    ・・・省略・・・
```

これだけです。あとはbook_list.htmlファイルにページネーションに関するコードを追記します（リスト7）。

リスト7 bookproject/book/templates/book/book_list.html

```
{% block content %}
{% for item in object_list %}
<div class="p-4 m-4 bg-light border border-success rounded">
  <h2 class="text-success">{{ item.title }}</h5>
  <h6>カテゴリ : {{ item.category }}</h6>
  <div class="mt-3">
    <a href="{% url 'detail-book' item.pk %}">詳細へ</a>
  </div>
</div>
{% endfor %}
{% include 'book/components/pagination.html' %} ────────── コード追加
{% endblock content %}
```

追加したコードはfunction-based viewで追加したものと同じです。

サーバーを立ち上げ、ブラウザ上でListViewを呼び出して（127.0.0.1:8000/book/にアクセスをして）みましょう（画面2）。

(venv) $ python3 manage.py runserver Enter

▼**画面2　ページネーションが入った書籍一覧画面**

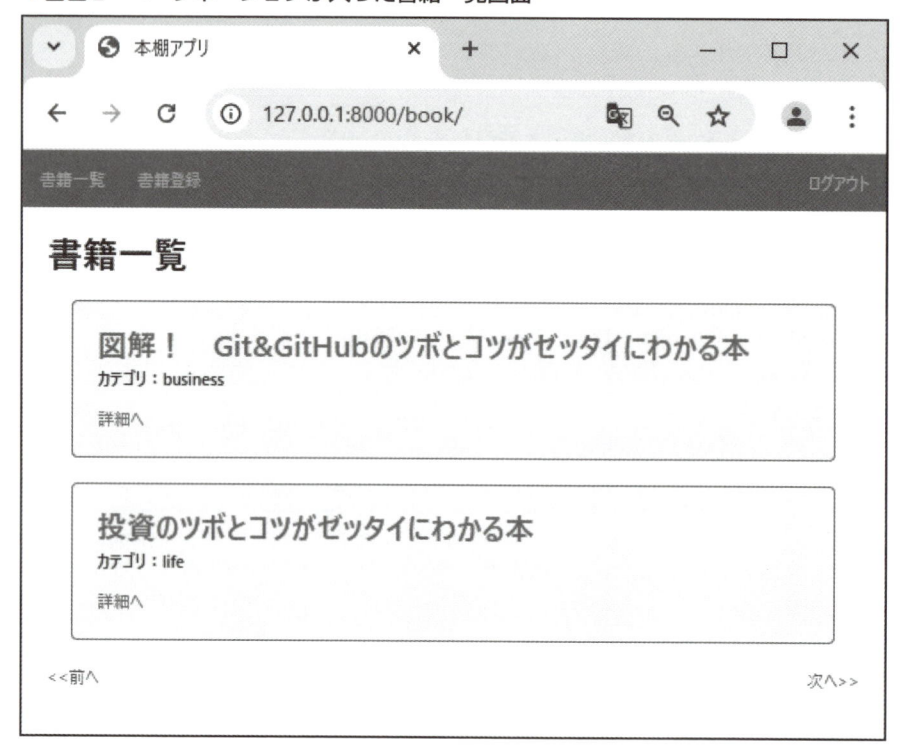

ページネーションの実装ができた

　ページネーションが設定されています。このように、class-based viewを使うことで、非常に簡単に実装ができました。

　これで本棚アプリケーションの実装は完了です。今まで学んだ内容をアレンジして、オリジナルのアプリケーションを作成してみてください。

## 第 6 章

サイトを公開しよう！

　ここでは、作成したアプリケーションを公開します。
　手元のパソコンだけではなく、インターネットにつながっているすべてのパソコン、スマホからアクセスできることを確認することで、アプリケーションが世界に公開されていることを実感しましょう。

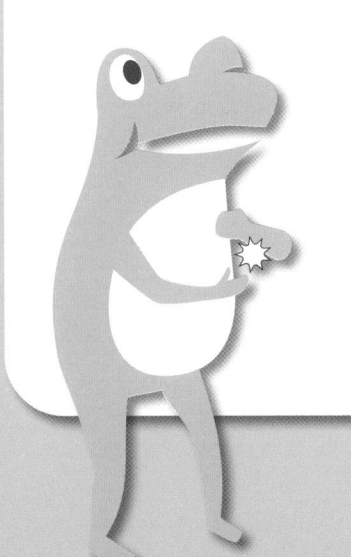

6-1 アプリケーションを公開する前に

デプロイの前提

　ここから、作成したアプリケーションのデプロイを進めていきましょう。

　デプロイとはdeploymentの略であり、deploymentには「配置する」、「展開する」といった意味があります。

　ウェブアプリケーション開発におけるdeployとは、手元で作成したコードを外部サーバーにアップロードするというイメージで大丈夫です。

　なお、デプロイにおいては、手元のパソコンにデプロイする（手元のパソコンがウェブサーバーとして振る舞うようにする）ことや、サーバー（パソコン）のみをレンタルしてそのサーバーにデプロイすることも可能ですが、今はAWS（Amazon Web Services：アマゾン ウェブ サービス）やMicrosoft Azure（マイクロソフト アジュール）などのサービスを使うことが一般的です。

　その理由は、いちからウェブサーバーを構築するためには、インフラに関するたくさんの知識が必要となり、そこに時間をかけるのはサービスの開発上好ましくないからです。

　また、メンテナンスやモジュールの更新をしっかりやらなければセキュリティ上のリスクが発生する場合もあり、いちからサーバーを立ち上げることでセキュリティ上のリスクがかえって高まってしまうことにもなりかねません。

　ですので、今回は外部サーバーにデプロイを行っていきます。

　なお、今回はRenderというサービスを使ってデプロイを進めていきます。

GitHubのアカウント作成

作成したコードを、外部サーバーで扱えるようにする

まずは仮想環境を作っていきましょう。

Gitは実装するコードのバージョン管理システムで、昨今の開発においては必須と言ってもよいほど非常に良く使われているツールです。

なお、Gitは単体で使われることはほとんどなく、一般にGitHubというGitのバージョン管理を外部サーバーで行うことができるサービスを合わせて使います。GitHubは「クラウド上の（外部サーバー上の）フォルダ」のイメージです。

GitとGitHubを使うことで、作成したコードのバージョンを管理しつつ、チームでコードを共有することができます。また、他人が作成したコードを手元のパソコンに簡単にダウンロードすることもできます。

ここで、GitとGitHubを使って、手元のパソコンで作成したコードを外部サーバーにアップロードします。

GitHubでアカウントを作成する

Gitのインストールの前に、GitHubでアカウントを作成しましょう。GitHubのウェブサイトにアクセスします。

https://github.com/

GitHubのウェブサイトの左側のフォームにメールアドレスを入力して「Sign up for GitHub」ボタンをクリックします（画面1）。

▼**画面1　GitHubのトップページ**

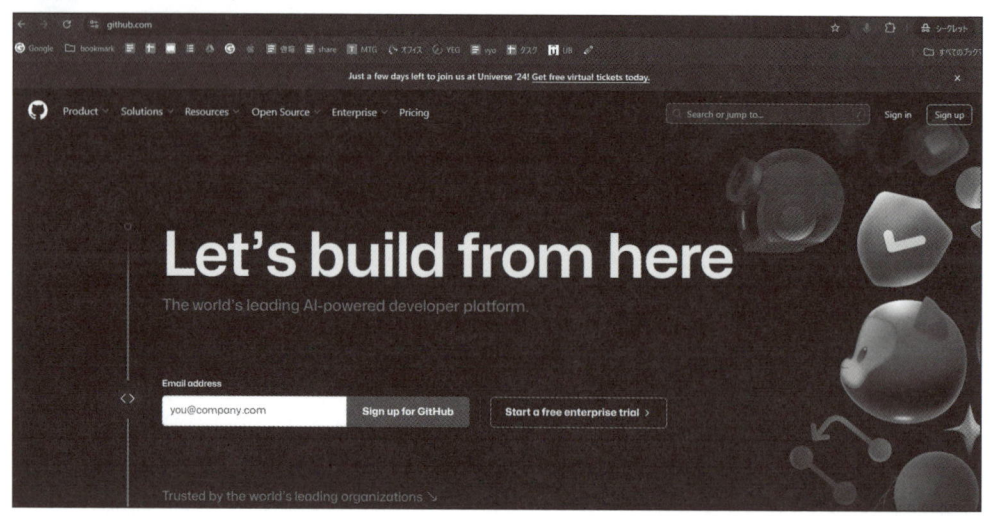

GitHubのトップページ

　すると、画面2に示すような画面が表示されます。ユーザー名とパスワードを入力してアカウントを作成します。

▼**画面2　ユーザー作成画面**

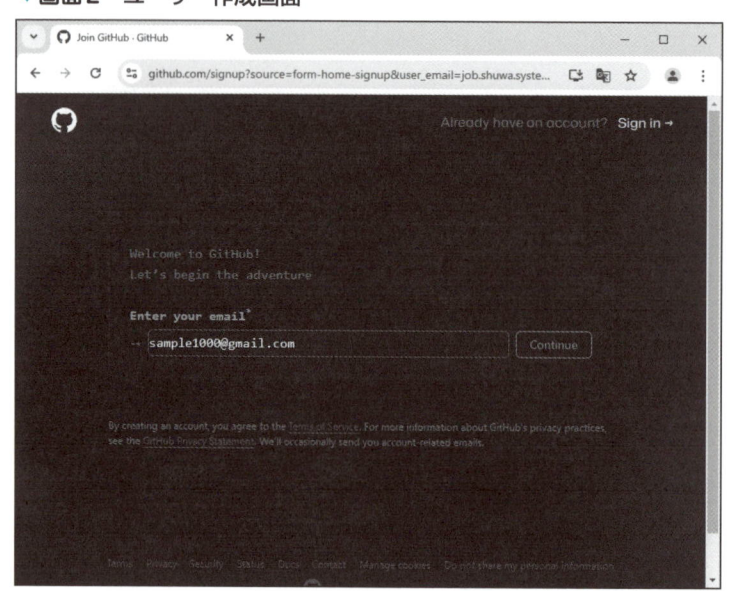

ユーザー作成をしよう

アカウント作成後、GitHubを使うにはメールアドレスの認証をする必要があります。メールボックスを確認して認証を済ませましょう。

また、アカウントの作成に際し、いくつか質問されますが、これは入力してもしなくても問題ありません。

最後に、FreeかTeamかを選ぶ画面が表示されます。Teamは有料です。ここではFreeを選択しましょう（画面3）。

ページの下段にある「Skip personalization」をクリックします。

▼**画面3　FreeかTeamを選択する画面**

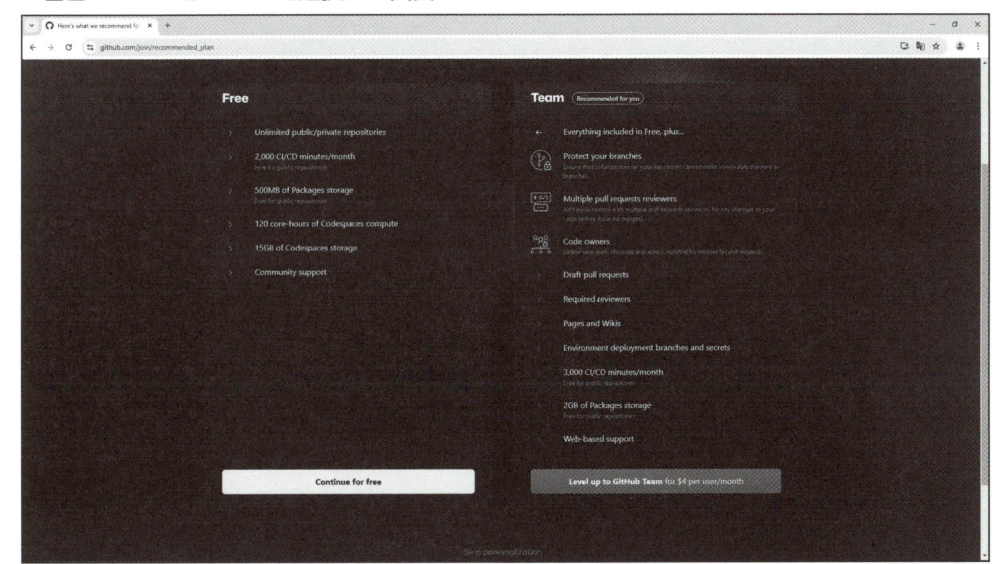

Freeを選択

設定が完了すると、自動的にログインが完了し、画面4に示すような画面が表示されます。

▼**画面4　GitHubのログイン後のページ**

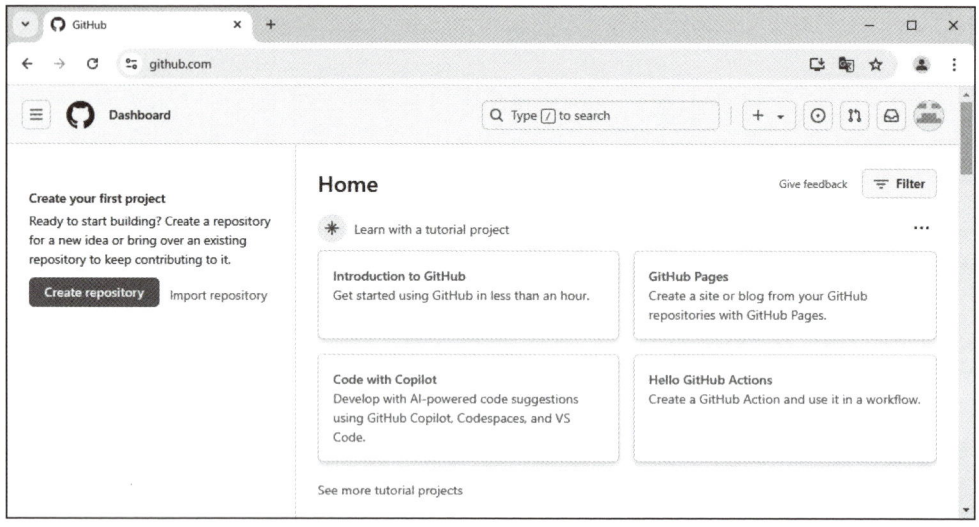

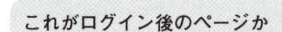

これがログイン後のページか

違う画面が表示された場合は、画面5の左上の猫のアイコンをクリックします。

▼**画面5　GitHubの左上の表示（猫のアイコン）**

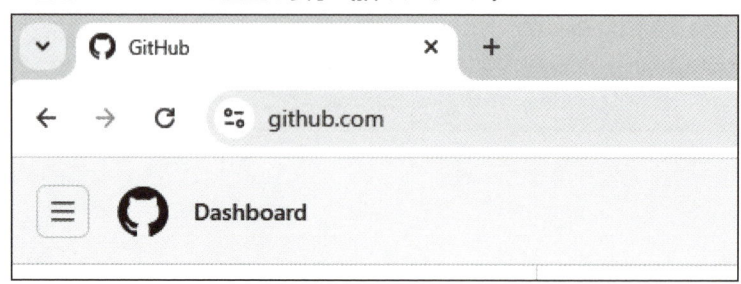

猫のアイコンをクリック

　次に、ログイン後の画面の緑色のボタンの「Create repository」をクリックします（画面6）。Create repositoryはGit上にフォルダを作成するような機能です。

▼画面6 「Create repository」ボタン

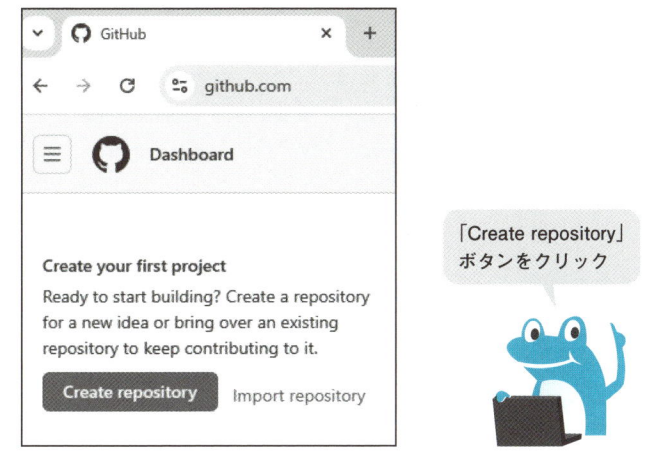

「Create repository」ボタンをクリックすると、次のような画面が表示されます（画面7）。「repository name」に「bookproject」と入力して、「Create repository」ボタンをクリックします。

▼画面7 リポジトリの作成画面

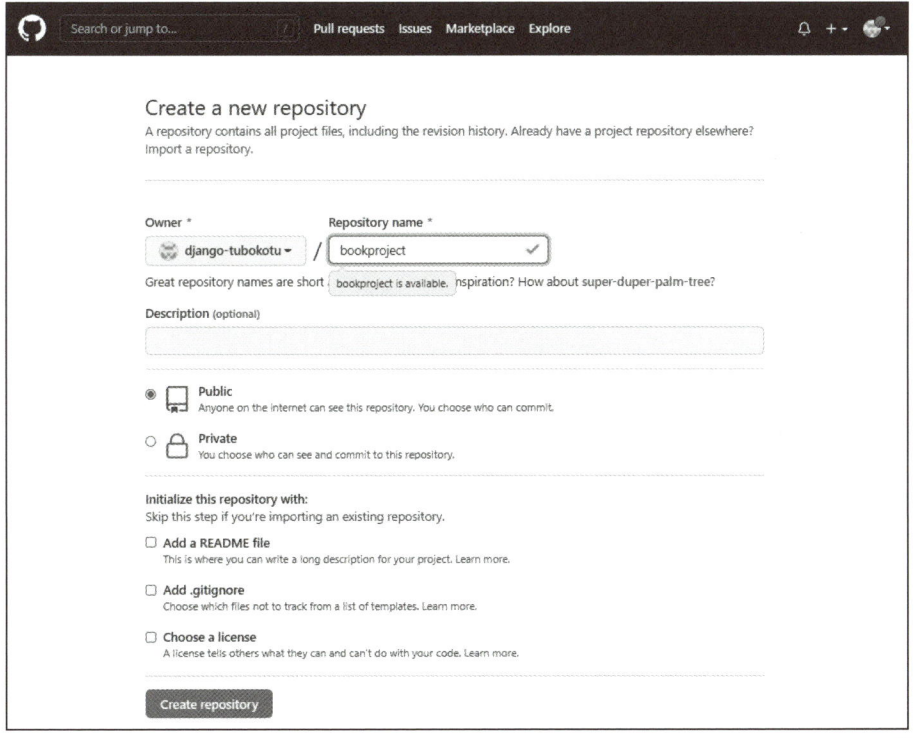

リポジトリを作成しよう

すると、次のような画面が表示されます（画面8）。

▼**画面8　リポジトリ作成後の画面**

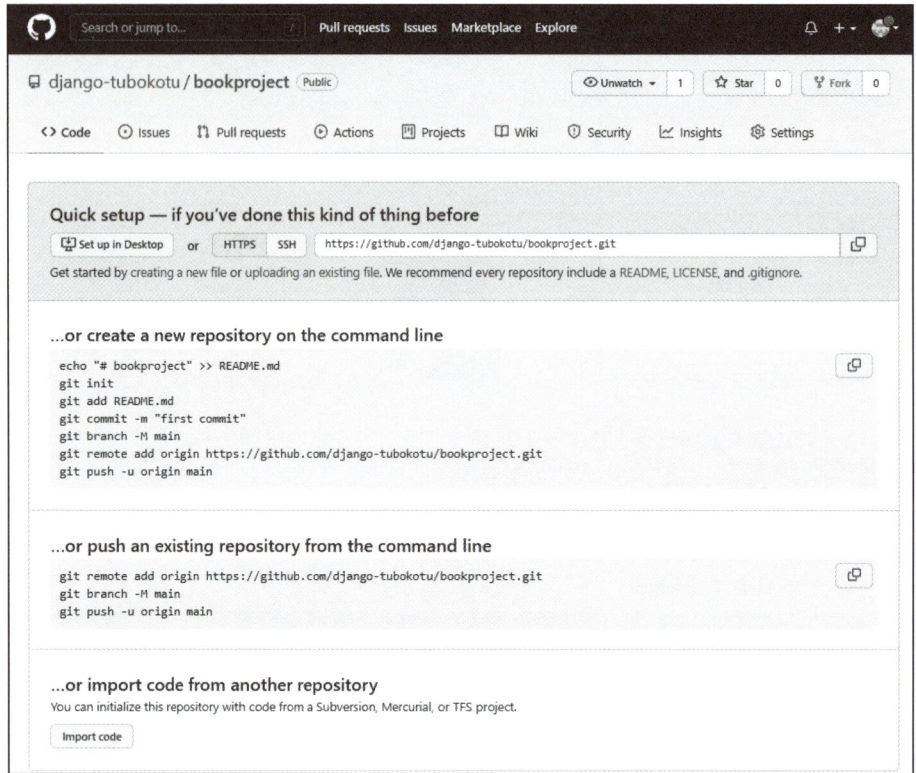

リポジトリができた！！

これでGitHubのアカウント作成と準備は完了です。

前の章で作成したコードをGitHubにアップロードしていきますが、その前にアップロードをするためのツールであるGitのインストールを進めていきましょう。

Gitのダウンロード

ここでは、Gitをインストールしていきます。

まず、画面9を参考にしてGitをダウンロードし、インストールしてください。

https://git-scm.com/

画面9の左下のあたりにある「Downloads」をクリックします。

▼**画面9　Gitのトップページ**

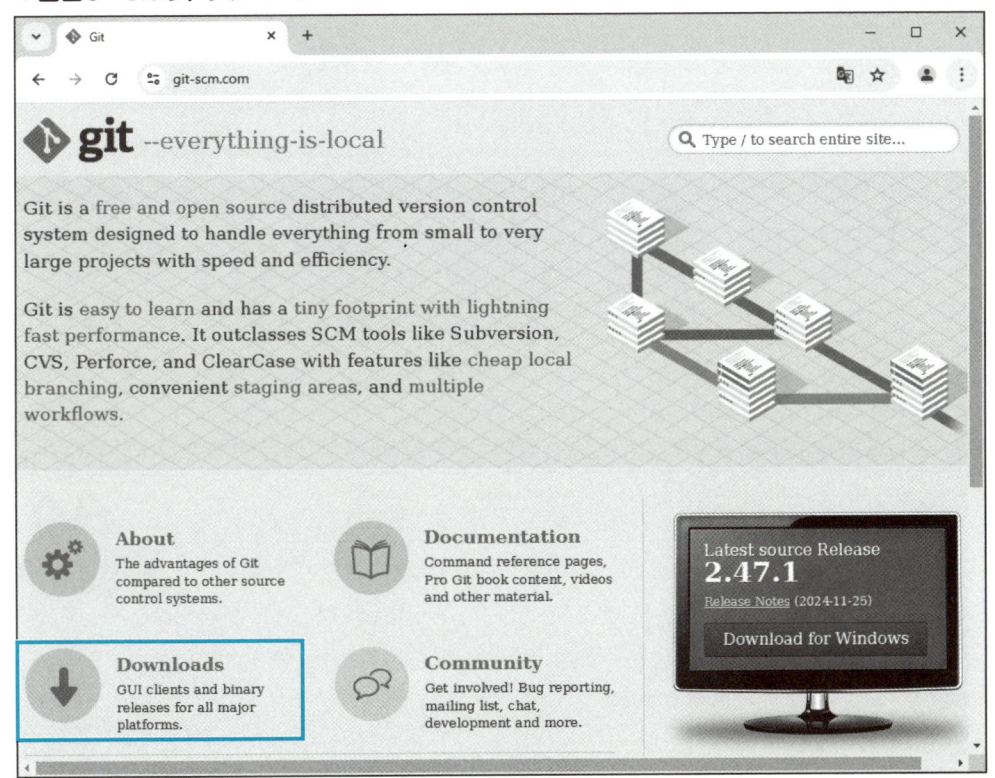

Gitのページだね

すると、画面10に示すような画面が表示されますので、使用するOSをクリックしてインストールを進めましょう。

▼**画面10　Download**ページ

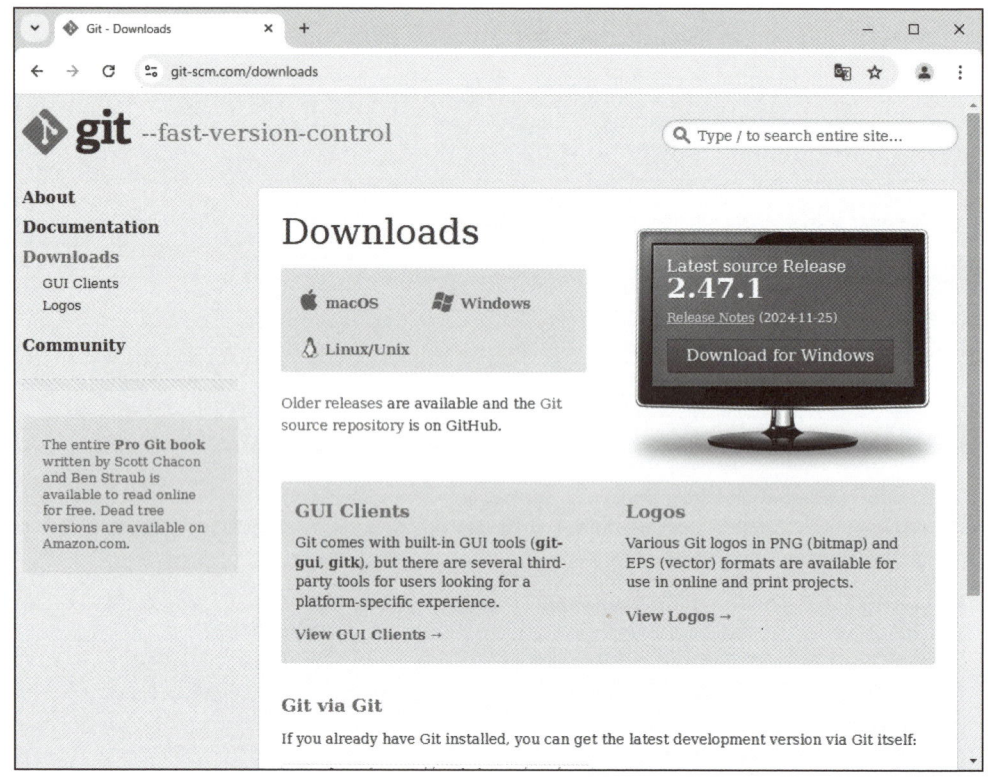

OSを選択してダウンロードを進めよう

　なお、Gitのインストール時、何回か選択肢が表示されますが、基本的にはそのまま（yesを選択して）進めて問題ありません。

　これでGitHubにコードをアップロードする準備が整いましたので、アップロードを進めていきましょう。

　BASE_DIR（manage.pyファイルが入っているディレクトリ）に移動し、次のコマンドを実行してください。

```
$ git init Enter
Initialized empty Git repository in /name of your directory/project3/.
git/
```

　その上で、laコマンドを実行してみてください。

```
$ la Enter
.git bookproject manage.py
```

.gitというディレクトリが作成されているかと思います。

git initというのは、どのディレクトリをアップロードするかを指定する際に用いられ、git initを実行したディレクトリ以下のデータがGitHubにアップロードされることになります。

なお、本番環境としてアップロードする場合は、settings.pyファイルに記述されているSECRET_KEYなどのデータをそのままアップロードしてはいけません。SECRET_KEYはパスワードの強度を高めるために用いられる情報であり、この情報が第三者に知られてしまうことで、パスワードが推測される可能性が高まってしまいます。今回デプロイするサイトは本番環境では使わないことが前提となりますので、一旦はSECRET_KEYを隠さずにアップロードしていきます。

GitHubにアップロードしてはいけないデータの扱い方についてはこの章の最後で説明していますので、そちらも合わせて参照してください。

では、コードのアップロードを進めていきましょう、

```
$ git add . Enter
$ git commit -m 'first commit' Enter
$ git push --set-upstream https://github.com/githubのアカウント名/book-
project Enter
```

このコードを実行することで、先ほどGitHubで作成したリポジトリにコードをアップロードすることができます。GitHubのウェブサイトにいき、リポジトリをクリックするとコードがアップロードされているのが確認できるかと思います。

なお、場合によってはVisual Studio Codeに対してGitHubのアカウントにアクセスするための認証を行う画面が表示されます。その場合は、認証を進めてください。

ここまでで、GitHub上での設定は完了です。

次から、Render上での設定を進めていきましょう。

6-3 Renderアカウントの作成

デプロイを簡単に行うため、Renderを使って実装を進めよう

　ここまで、GitHubを用いてコードを外部のサーバーにアップロードする方法について説明しましたが、前述の通り、Gitのようなバージョン管理ツールを使って外部のサーバーにアップロードすることができるサービスは、GitHub以外にも数多くあります。

　今回紹介するRenderにも、Gitを使ってバージョン管理をしながらRenderのサーバーにコードをアップロードするための仕組みが整っています。

　少しややこしいので、図で確認しましょう（図1）。

図1 Renderを使ったデプロイのイメージ

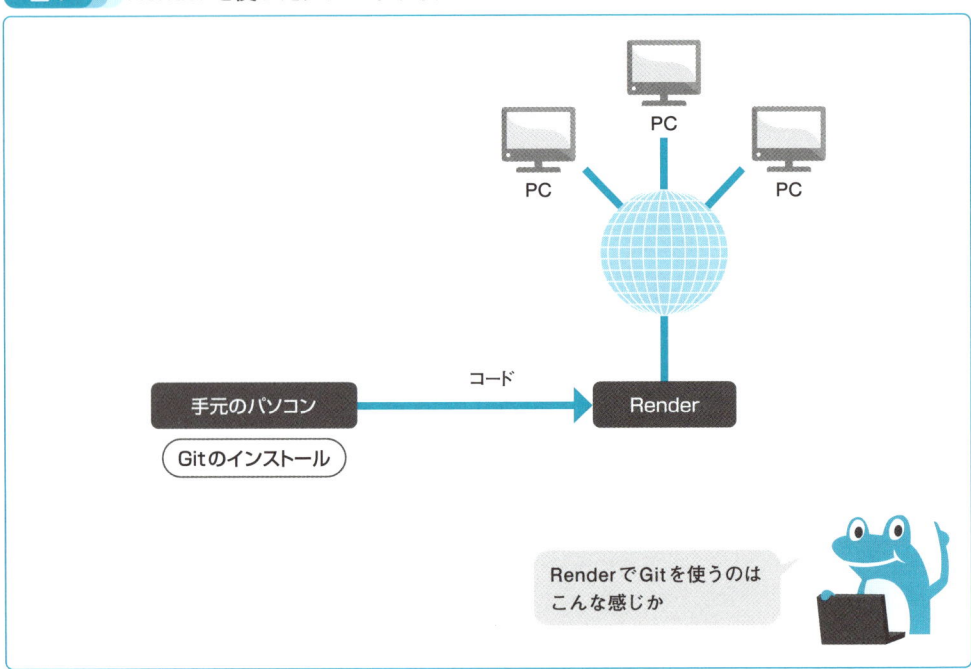

　つまり、手元のパソコンにGitをインストールし、Gitを使ってRenderのサーバーにアップロードすることでデプロイを行うことができます。

　一方、実際の開発においてGitHubを最低限の使い方を知っておくことは非常に重要なこともあり、今回はGitHubの使い方についてもあわせて説明しました。

　ここからは、Renderを使ってデプロイする方法を説明します。

まずはRenderでアカウントの作成を進めていきましょう。

Renderのウェブサイト（https://render.com/）にアクセスし、Get Startedボタンをクリックしましょう。

そうすると、画面1に示すような画面が表示されます。必要な情報を入力してアカウントを作成します。

▼画面1　Renderのウェブサイト

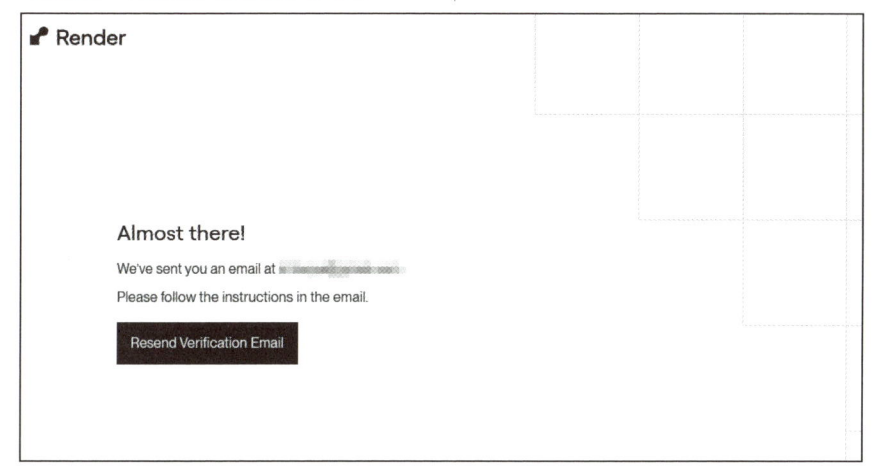

アカウントを作成しよう

アカウントの作成が完了するとメールアドレスの確認が求められます。
メールボックスを確認して認証をしましょう（画面2）。

▼画面2　メールを確認

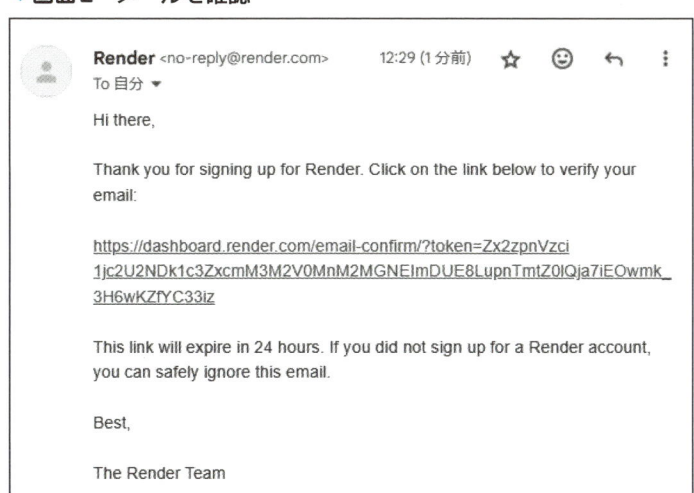

メールを確認しよう

　メールアドレスの認証が完了すると、画面3に示すような画面が表示されます。この項目はどういった内容を記入しても問題ありません。

▼**画面3　アカウント作成前のページ**

　質問への回答が完了すると、画面4に示すような画面が表示されます。なお、画面4が表示される前にPlanを選ぶ画面が表示された場合、無料の「Hobby」を選択して進めてください。

▼**画面4　アカウント作成後のページ**

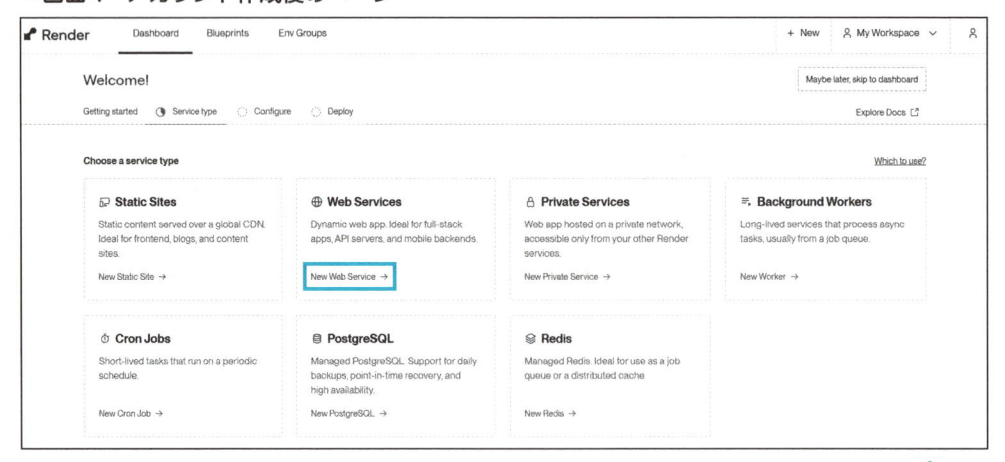

この中で、Web Servicesという部分の下にある、New Web Serviceをクリックしましょう。
すると、次に示すような画面が表示されます（画面5）。

▼**画面5　Web Serviceページ**

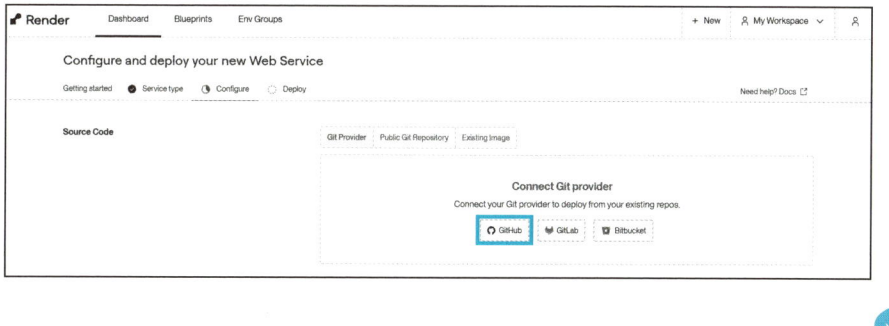

これが Web Service ページ

　ここで行うのは、RenderがGitHubにアクセスをしてGitHubにプッシュしたコードを
Renderが読み取れるようにすることです。

　画面上のGitHubというボタンをクリックしましょう。

　すると、次のような画面が表示されます（画面6）。ここではRenderに対して権限を与える
かどうかを聞いてきますので、Authorize Renderをクリックして権限の付与を行いましょう。

▼**画面6　GitHubに権限を与える**

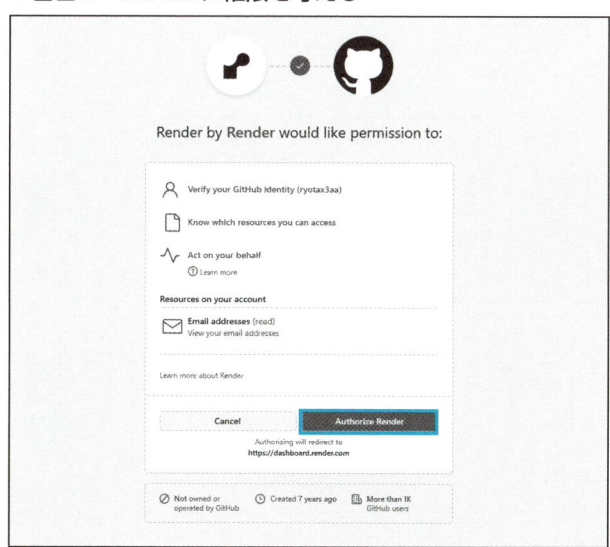

権限を与えよう

次に表示されるのは GitHub のアカウントに Render をインストールするかどうかです。インストールを進めていきますので、インストールをクリックしましょう（画面7）。

▼**画面7　GitHub での Render のインストール**

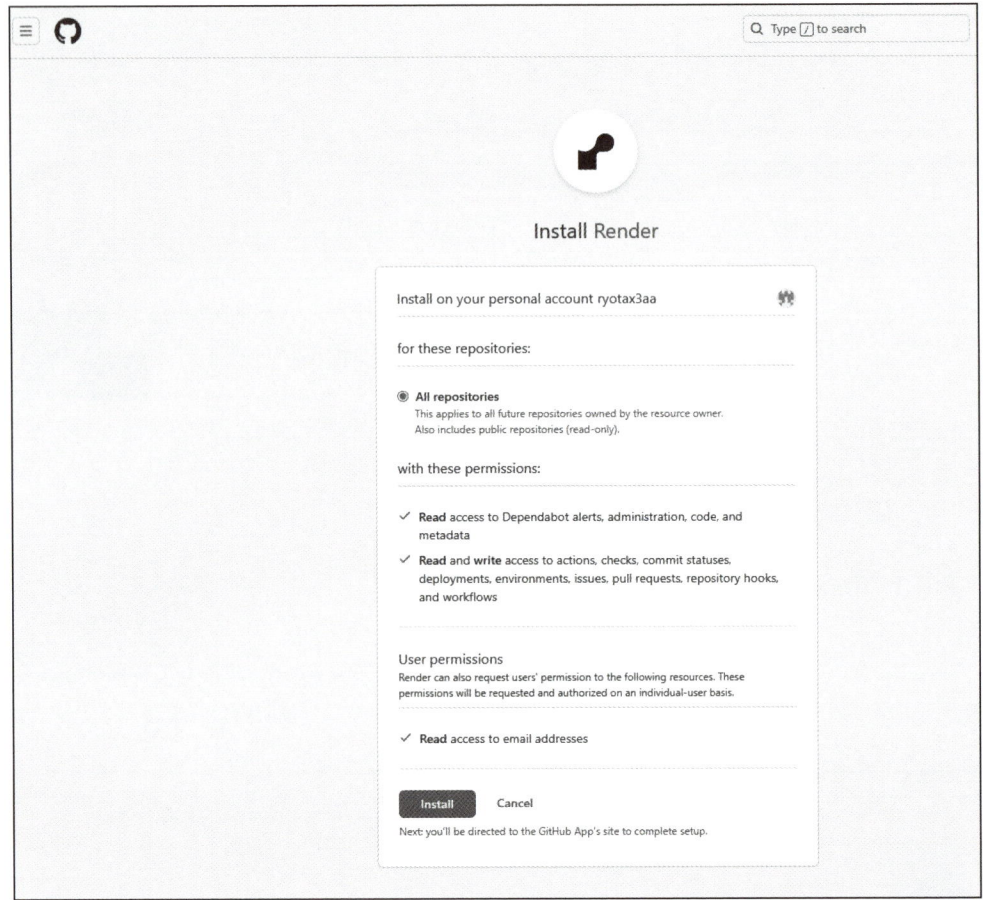

Render をインストールしよう

インストールが完了すると、Render 上に GitHub 上のリポジトリの名前が表示されるかと思います（画面8）。

▼画面8 Render上でのリポジトリの表示

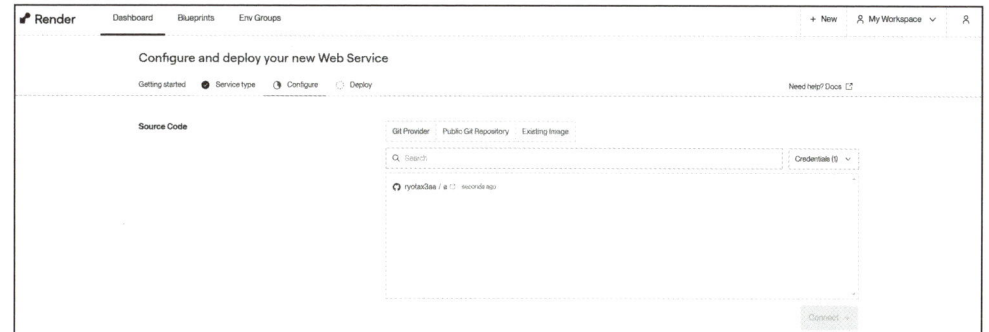

リポジトリが表示された！

ひとまずこれで、Render上で行う設定は完了です。

次からは、デプロイをするためにプロジェクトのコードの修正を行っていきましょう。

6-4 デプロイのための設定

● データベースの設定

まずは、データベースの設定を行っていきましょう。今回のデプロイでは、Renderが提供している専用のデータベースを使用していきます。まずはその背景について説明します。

Djangoがデフォルトで用意しているSQLiteは、開発環境でのデータベースとしては非常に便利です。デフォルトで利用でき、特別な設定やインストール作業も必要なく、気軽に開発を始めることができます。

しかし、SQLiteは本番環境での利用には適していません。SQLiteの重要な問題として、アプリケーションの更新や再デプロイを行った際にデータが失われてしまうというリスクがあります。これは、SQLiteがファイルベースのデータベースであり、デプロイの過程でファイルが初期化されてしまうためです。

また、SQLiteは同時アクセスの処理能力が限られているため、多数のユーザーが同時にアクセスする本番環境では、パフォーマンスの低下や処理の遅延が発生する可能性が高くなります。さらに、データベースの容量が大きくなるにつれて、バックアップや管理が複雑になっていくという課題もあります。

このような背景を踏まえ、今回デプロイをする上ではRenderが提供している（PostgreSQLベースの）専用のデータベースサービスを利用していきます。Renderのデータベースサービスは、高い信頼性と安定性を備えており、データの永続性が保証されています。

ただし、無料枠でデータベースサービスを使う場合、一定期間（本書執筆時点では30日）でデータベースが削除されてしまいますので注意しましょう。

では、ここからその設定を進めていきましょう。

settings.pyファイルに以下のコマンドを追加します（リスト1）。

リスト1 bookproject/bookproject/settings.py

```
import dj_database_url ──────────────────────── コード追加

・・・コード省略・・・

DATABASES = {
```

```
    'default': {
        'ENGINE': 'django.db.backends.sqlite3',
        'NAME': BASE_DIR / 'db.sqlite3',
    }
}

if not DEBUG:                                               ──── コード追加
  DATABASES = {                                            ──── コード追加
    'default': dj_database_url.config(                     ──── コード追加
        # Replace this value with your local database's connection string.
                                                           ──── コード追加
        default='postgresql://postgres:postgres@localhost:5432/
bookproject',                                             ──── コード追加
        conn_max_age=600                                  ──── コード追加
    )                                                     ──── コード追加
  }                                                       ──── コード追加

・・・コード省略・・・
```

この設定をすることで、Renderのサーバー上でsettings.pyファイルの中身を参照した際にRenderRが用意したデータベースを使うことができるようになります。

次に、if not DEBUG:という部分を見ていきます。

本番環境でデプロイをする際には、settings.pyファイル内の変数であるDEBUGをFalseにする必要があります。

なぜなら、DEBUG = Trueにすることでエラー時に表示されるエラーコードなどの情報が外部の第三者に見られてしまい、セキュリティ上のリスクが生じるからです。

DEBUG = Falseにすることでエラーが発生した場合においてもブラウザ上にエラーの詳細が表示されることがなくなります。

なお、DEBUG = Falseにした際には、allowed hostsの変数にドメイン名を入力する必要があります。これはカスタムドメインを取得した場合はそのドメインを入力しますが、今回はあらゆるドメインを対象とする * を記入しておきましょう（リスト2）。

| リスト2 | bookproject/bookproject/settings.py |

```
・・・省略・・・
ALLOWED_HOSTS = ['*']──────────────────────── コード追加
・・・コード省略・・・
```

requirements.txtファイルの作成

次に、requirements.txtファイルを作成します。

このファイルは、アプリケーションを動かす上で必要なライブラリをインストールするために使われます。

本棚アプリの開発では、Pillowというライブラリをインストールしました。

手元のパソコンではこのライブラリがインストールされていますが、Renderのサーバーにはインストールされていません。

実際の開発ではPillow以外にも多くのライブラリをインストールすることが一般的であり、デプロイした際に必要なライブラリをインストールするために使われるのがrequirements.txtです。

では、requirements.txtファイルを作成します。

requirements.txtファイルは、manage.pyが入っているディレクトリ（BASE_DIR）に作成します。

```
(venv)$ touch requirements.txt Enter
```

ファイルを作成したら、ライブラリを記述していきます。

requirements.txtファイルに直接書き込んでいく方法もあるのですが、それでは抜け漏れがあるかもしれません。

ですので、今回はコマンドを使って効率的に、そして抜け漏れがない形で作成しましょう。まずpip freezeというコマンドを実行します。

このコマンドは、pipを通じてインストールされているライブラリを確認するためのコマンドです。

```
(venv) $ pip freeze Enter
asgiref==3.8.1
black==24.10.0
click==8.1.7
Django==5.1.2
```

```
mypy-extensions==1.0.0
packaging==24.1
pathspec==0.12.1
pillow==11.0.0
platformdirs==4.3.6
sqlparse==0.5.1
tomli==2.0.2
typing_extensions==4.12.2
```

　本書を通じてインストールしてきたDjango、Pillow、blackといったライブラリがインストールされていることがわかります。それ以外にも見慣れないライブラリがあるかと思いますが、これらはDjangoなどをインストールした際に一緒にインストールされたものです。

　あとは、この中身をそのままrequirements.txtファイルに書き出していきましょう。

```
(venv)$ pip freeze > requirements.txt Enter
```

requirements.txtファイルにライブラリが記載されていることを確認しておきましょう。

　次に、PostgreSQLやアプリケーションサーバーを使う上で必要なモジュールに関する情報をrequirements.txtに記述していきます。少しややこしいですが、まずは手元のパソコンでライブラリをインストールし、それをrequirements.txtファイルに書き出す形で進めていきます。

```
$ pip install psycopg2-binary Enter
$ pip install dj-database-url Enter
$ pip install gunicorn Enter
$ pip install uvicorn Enter
$ pip freeze > requirements.txt Enter
```

　実際のデプロイにおいては、新しいライブラリをインストールするたびに「pip freeze > requirements.txt」を実行してライブラリのリストを更新するようにしましょう。

静的ファイルの設定

　次に、静的ファイルの設定に進んでいきましょう。

　静的ファイル（Static Files）とは、CSSファイル、JavaScriptファイル、画像ファイルなど、Webアプリケーションで使用される変更頻度の低いファイルを指します。これらのファイル

は、Webアプリケーションの見た目や機能を整えるために重要な役割を果たします。

　Djangoの開発環境では、これらの静的ファイルは様々なディレクトリに分散して配置されています。例えば、各アプリケーションの中にあるstaticディレクトリや、プロジェクトルート直下のstaticディレクトリなどです。開発中はDjangoの開発サーバーが自動的にこれらのファイルを提供してくれますが、本番環境では異なる対応が必要になります。

　ここで重要な役割を果たすのが、WhiteNoiseというミドルウェアです。WhiteNoiseは、分散している静的ファイルを一か所に集約したり、Webサーバーから直接これらのファイルを効率的に影響するといった機能を有しています。

　では、ここから設定を進めていきましょう。
　まずはwhitenoiseのインストールを進めていきます。次のコマンドを実行してください。

```
$ pip install 'whitenoise[brotli]' Enter
$ pip freeze > requirements.txt Enter
```

　このコマンドでWhiteNoiseとBrotli圧縮サポートをインストールします。Brotliは、従来のgzip圧縮よりも効率的な圧縮方式で、ファイルサイズをさらに小さくすることができます。

　次に、settings.pyファイルに次の行を追加しましょう（リスト3）。

リスト3　　bookproject/bookproject/settings.py

```
・・・省略・・・
MIDDLEWARE = [
    'django.middleware.security.SecurityMiddleware',
    'whitenoise.middleware.WhiteNoiseMiddleware',　──────── コード追加
    ...


・・・省略・・・

STATIC_URL = '/static/'

if not DEBUG:
    STATIC_ROOT = os.path.join(BASE_DIR, 'staticfiles')
    STATICFILES_STORAGE = 'whitenoise.storage.CompressedManifestStaticFil
esStorage'
```

ミドルウェアの設定では、WhiteNoiseをSecurityMiddlewareの直後に配置します。これは、セキュリティチェックの後に、他のミドルウェアが実行される前に静的ファイルの処理を行うためです。

また、コードの下の部分は本番環境（DEBUG = False）での静的ファイルの扱いを定義しており、STATIC_ROOTは、python3 manage.py collectstaticコマンドを実行した際に、すべての静的ファイルが収集される場所を指定します。

また、STATICFILES_STORAGEの設定により、ファイルを効率的に扱うことができるようになります。

スクリプトファイルの作成

次に、スクリプトファイルの作成を進めていきましょう（リスト4）。

スクリプトファイルに記載された内容（コマンド）は、Render上でコードのデプロイが行われるたびに実行されます。

```
$ touch build.sh Enter
```

リスト4　bookproject/build.sh

```
set -o errexit                                          コード追加
pip install -r requirements.txt                         コード追加
python3 manage.py collectstatic --no-input              コード追加
python3 manage.py migrate                               コード追加
python3 manage.py superuser                             コード追加
```

上から順番に何をしているのか説明していきます。

まず、set -o errexitはエラーが出た際にこのファイルに記載されたコードの実行を中止させます。

pip install -r requirements.txtは、requirements.txtファイルに書かれているモジュールをインストールします。

python3 manage.py collectstatic --no-inputは様々な場所に保存されている静的ファイルを一つの場所に集めます。

python3 manage.py migrateは今まで学んできた通りです。

python3 manage.py superuserはこれから作成するカスタムコマンドで定義するコードです。その詳細については後ほど学んでいきます。

次に、ターミナル上でこのファイルの実行権限を変更しておきましょう。

```
$ chmod a+x build.sh Enter
```

このコードを実行することで、すべてのユーザーにこのファイルの実行権限を付与することができます。

カスタムコマンドの作成

次に、カスタムコマンドの作成を進めていきます。

カスタムコマンドは、python3 manage.pyで実行できる独自のコマンドを作成する機能です。

今回は、事前に指定した情報でsuperuserを作成するためのコマンドを作成していきます。

なぜこのような設定をするのかというと、Render上でsuperuserを作成するには有料のプランに入らなければいけないからです。正確には、Renderでコマンドラインツールを使うには有料のプランに入っている必要があるためです。

では、カスタムコマンドの作成を進めていきましょう。

カスタムコマンドは、任意のアプリケーション内で設定することができます。今回は、bookアプリの中に作っていきましょう。

まずは、bookアプリの中にmanagement/commandsディレクトリを作成します。

```
$ mkdir book/management Enter
$ mkdir book/management/commands Enter
```

その上で、supeeruser.pyファイルを作成しましょう。

```
$ touch book/management/commands/superuser.py Enter
```

superuser.pyファイルには次の内容を記入していきます（リスト5）。

リスト5 bookproject/book/management/commands/superuser.py

```
from django.core.management.base import BaseCommand          コード追加
from django.contrib.auth import get_user_model              コード追加
from django.conf import settings                            コード追加


User = get_user_model()                                     コード追加


class Command(BaseCommand):                                 コード追加
    def handle(self, *args, **options):                     コード追加
        if not User.objects.filter(username='your_name').exists():  コード追加
            User.objects.create_superuser(                  コード追加
                username='your_name',                       コード追加
                email='',                                   コード追加
                password='your_password'                    コード追加
            )                                               コード追加
```

このコードを作成した上で、python3 manage.py superuserコマンドを実行すると、ファイルに記入されたデータをもとにsuperuserを作成することができるようになります。今回はbuild.shファイルにsuperuserコマンドを実行するようなコードが書かれていますので、Renderにデプロイをすることでsuperuserコマンドが実行され、superuserが作成されることになります。

your_nameの部分には任意の名前を、your_passwordの部分には任意のパスワードを入力しましょう（普段使うパスワードは入力しないようにしてください）。

render.yamlファイルの作成

次に作成していくのが、render.yamlファイルです（リスト6）。

これはRender特有のファイルとなり、事前にどういった条件でデプロイをするのか、その設定内容を記入するものとなります。

```
$ touch render.yaml Enter
```

リスト6 bookproject/render.yaml

```
databases:
  - name: mysitedb
    plan: free
    databaseName: 任意の名前
    user: 任意の名前
```

```
services:
  - type: web
    plan: free
    name: 任意の名前
    runtime: python
    buildCommand: "./build.sh"
    startCommand: "python -m gunicorn bookproject.asgi:application -k
uvicorn.workers.UvicornWorker"
    envVars:
      - key: DATABASE_URL
        fromDatabase:
          name: mysitedb
          property: connectionString
      - key: WEB_CONCURRENCY
        value: 4
```

　一つ一つのコードの説明は割愛しますが、Renderがこのファイルに書かれている設定内容に基づき、アプリケーションをデプロイします。ですので、render.yamlファイルはデプロイをするための設計書のようなもの、と考えれば良いでしょう。

　例えば、buildCommand: "./build.sh"というコードがありますが、これはデプロイ時にbuild.shコマンドを実行することを意味しています。

Renderにデプロイする

　いよいよ最後のデプロイまでやってきました。

　デプロイをする前に、コードをGitHubにアップロードします。git initコマンドを実行したディレクトリ（manage.pyファイルがあるディレクトリ）で次のコマンドを実行しましょう。

```
$ git add . Enter
$ git commit -m 'second' Enter
```

　次に、Renderのログイン後のトップページから「Blueprints」をクリックしましょう。
すると、次のような画面が表示されます（画面1）。

▼**画面1　Blueprintsページ**

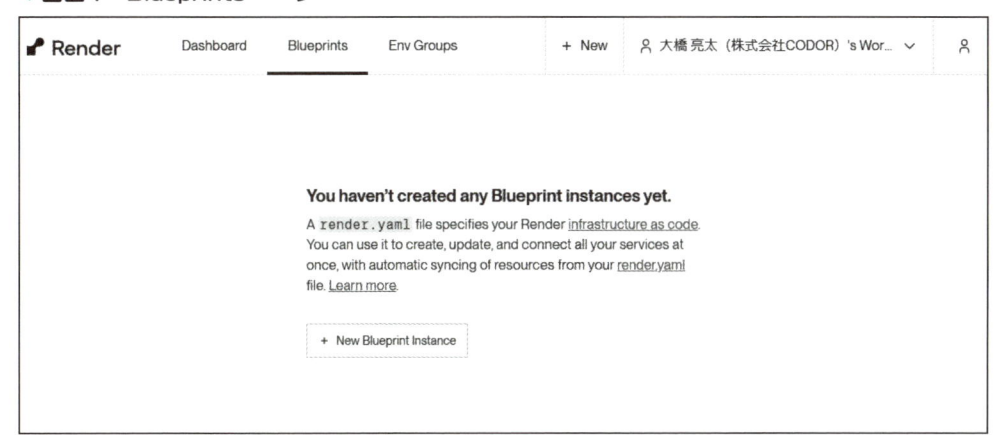

　その上で、「New Blueprint Instance」をクリックします。

　先ほどGitHub上で作成したリポジトリが表示されるかと思いますので、そのリポジトリ名の右にある「connect」をクリックしましょう（画面2）。

▼**画面2　リポジトリとの接続**

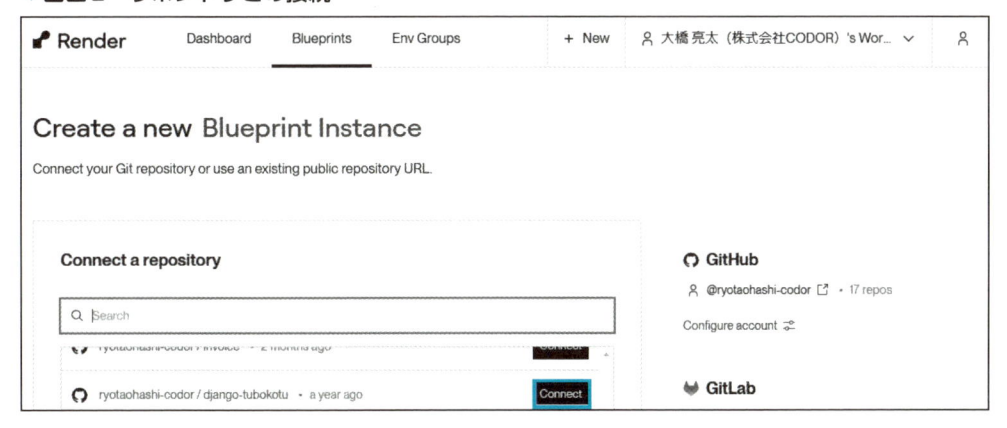

　すると、次のような画面が表示されます（画面3）。

▼**画面3　アプリケーションのデプロイ**

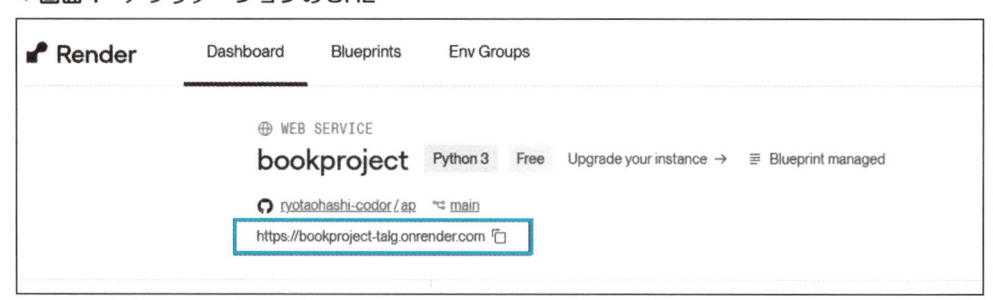

Blueprint Nameに任意の名前を入力し、左下の「Deploy Blueprint」をクリックしましょう。これで、render.yamlファイルに記載されている内容に従ってデプロイがはじまります。

　すると、数分でデプロイが完了し、トップページのbookprojectをクリックすると、その先にURLが表示されていることがわかります（画面4）。

▼**画面4　アプリケーションのURL**

このURLをクリックすることで、作成したアプリケーションを表示させることができます。

環境変数の設定

　これでデプロイは完了しましたが、SECRET_KEYやsuperuserの情報がそのままGitHubにアップロードされてしまっていますので、このデータを隠すための設定を行っていきましょう。

　ダッシュボードをクリックすると、bookprojectという行が追加されていると思いますので、クリックをします（画面5）。

▼画面5　環境変数の設定画面

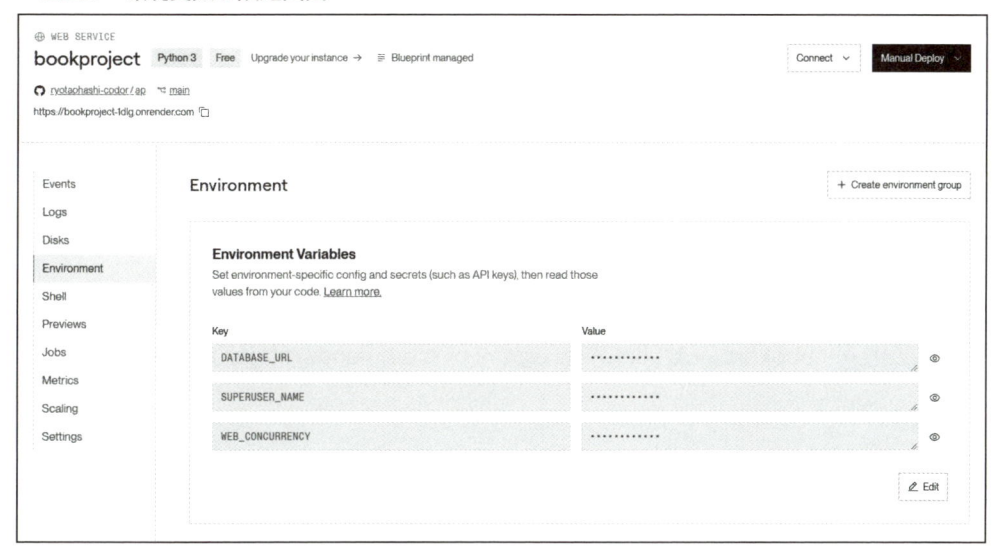

　その中で、Environmentという項目があると思いますので、Editボタンを押しましょう。

　ここで環境変数の設定を進めていきます。
　具体的には、SECRET_KEY、SUPERUSER_NAME、SUPERUSER_PASSの設定を進めていきます。

　入力が完了すると、再度デプロイをするかを尋ねられますが、まずは保存だけします（画面6）。

▼**画面6　環境変数の保存**

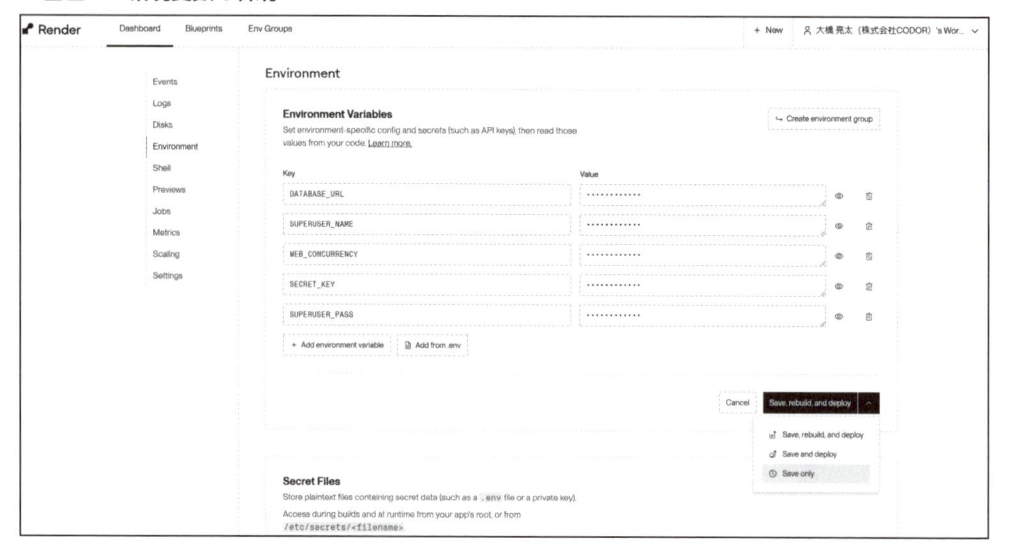

次に、コードの修正を行っていきましょう（リスト7、8）。

リスト7　bookproject/book/management/commands/superuser.py

```
import os ──────────────────────────────────── コード追加

・・・省略・・・

class Command(BaseCommand):
    def handle(self, *args, **options):
        if not User.objects.filter(username='your_name').exists():
            User.objects.create_superuser(
                username=os.environ.get('SUPERUSER_NAME'),──── コード追加
                email='',
                password= os.environ.get('SUPERUSER_PASS')──── コード追加
            )
```

リスト8　bookproject/bookproject/settings.py

```
import os ──────────────────────────────────── コード追加

・・・省略・・・

SECRET_KEY = os.environ.get('SECRET_KEY') ──────────── コード追加

・・・省略・・・
```

　これでコードの修正が完了しました。このコードを書くことで、RenderはEnvironment Variablesに保存されているデータをチェックしてくれます。

　コードの修正をしたので、改めてGitHubにコードをアップロードしましょう。

```
$ git add . Enter
$ git commit -m 'third' Enter
$ git push Enter
```

　Pushをすると自動的に再度デプロイされると思いますが、デプロイされない場合はBlueprintsの中のManual syncをクリックしましょう。

　これで環境変数の設定も含め、デプロイが完了しました。手持ちのスマホからでもアクセスできますし、デプロイしたサイトが全世界に公開されています。
　ここまでの実装、お疲れさまでした。

ここでは最終版のソースコードをまとめて掲載します。関連する節も記載しています。一部省略しているコード・ファイルもありますので、詳細につきましては「https://codor.co.jp/django-tubokotu3/」を参照してください。

プロジェクト全体に関するコード

6-4節

▼bookproject/requirements.txt

```
asgiref==3.8.1
black==24.10.0
Brotli==1.1.0
click==8.1.7
dj-database-url==2.3.0
Django==5.1.2
mypy-extensions==1.0.0
packaging==24.1
pathspec==0.12.1
pillow==11.0.0
platformdirs==4.3.6
psycopg2-binary==2.9.10
sqlparse==0.5.1
tomli==2.0.2
typing_extensions==4.12.2
whitenoise==6.8.2
gunicorn
vicorn
```

4-2節、5-4節、5-8節

▼bookproject/bookproject/urls.py

```python
from django.conf import settings
from django.conf.urls.static import static
from django.contrib import admin
from django.urls import path, include

urlpatterns = [
    path('admin/', admin.site.urls),
    path('accounts/', include('accounts.urls')),
```

```
        path('', include('book.urls')),
]


urlpatterns += static(settings.MEDIA_URL, document_root=settings.MEDIA_
ROOT)
```

4-2節、4-3節、5-4節、5-6節、5-8節、5-9節、6-4節

▼bookproject/bookproject/settings.py

```
・・・省略・・・
import dj_database_url
import os
from pathlib import Path
・・・省略・・・
SECRET_KEY = os.environ.get("SECRET_KEY")
・・・省略・・・
INSTALLED_APPS = [
    'django.contrib.admin',
    'django.contrib.auth',
    'django.contrib.contenttypes',
    'django.contrib.sessions',
    'django.contrib.messages',
    'django.contrib.staticfiles',
    'accounts.apps.AccountsConfig',
    'book.apps.BookConfig',
]
・・・省略・・・
TEMPLATES = [
    {
        'BACKEND': 'django.template.backends.django.DjangoTemplates',
        'DIRS': [BASE_DIR / 'templates'],
        'APP_DIRS': True,
・・・省略・・・
STATIC_ROOT = BASE_DIR / 'static'

MEDIA_URL = '/media/'

MEDIA_ROOT = BASE_DIR / 'media'
・・・省略・・・
LOGIN_REDIRECT_URL = 'index'
LOGOUT_REDIRECT_URL = 'index'
・・・省略・・・
```

4-8節、4-13節、5-5節、5-6節、5-9節

▼bookproject/templates/base.html

```
{% load static %}


<!doctype html>
<html lang="en">
  <head>
    <!-- Required meta tags -->
    <meta charset="utf-8">
    <meta name="viewport" content="width=device-width, initial-scale=1">


    <!-- Bootstrap CSS -->
    <link href="https://cdn.jsdelivr.net/npm/bootstrap@5.3.0/dist/css/bootstrap.
min.css" rel="stylesheet" integrity="sha384-9ndCyUaIbzAi2FUVXJi0CjmCapSmO7SnpJef04
86qhLnuZ2cdeRh002iuK6FUUVM" crossorigin="anonymous">
  <title>{% block title %}{% endblock title %} | 本棚アプリ</title>
  <link rel="stylesheet" type="text/css" href="{% static 'book/css/style.css' %}">
  </head>
  <body>
    <nav class="navbar navbar-dark bg-success sticky-top">
      <div class="navbar-nav d-flex flex-row">
        <a class="nav-link mx-3" href="{% url 'list-book' %}">書籍一覧</a>
        <a class="nav-link mx-3" href="{% url 'create-book' %}">書籍登録</a>
      </div>
      <div class="navbar-nav d-flex flex-row">
        {% if request.user.is_authenticated %}
          <a class="nav-link mx-3" href="{% url 'accounts:logout' %}">ログアウト</
a>
        {% else %}
          <a class="nav-link mx-3" href="{% url 'accounts:login' %}">ログイン</a>
          <a class="nav-link mx-3" href="{% url 'accounts:signup' %}">会員登録</a>
        {% endif %}
      </div>
    </nav>
    <div class='p-4'>
      <h1>{% block h1 %}{% endblock %}</h1>
      {% block content %}{% endblock content %}
    </div>
  </body>
</html>
```

アカウント（ログイン等）に関するコード

5-6節

▼bookproject/accounts/urls.py

```python
from django.contrib.auth.views import LoginView, LogoutView
from django.urls import path

from .views import SignupView

app_name = 'accounts'

urlpatterns = [
    path('login/', LoginView.as_view(), name='login'),
    path('logout/', LogoutView.as_view(), name='logout'),
    path('signup/', SignupView.as_view(), name='signup'),
]
```

5-6節

▼bookproject/accounts/views.py

```python
from django.contrib.auth.models import User
from django.urls import reverse_lazy
from django.views.generic import CreateView

from .forms import SignupForm


class SignupView(CreateView):
    model = User
    form_class = SignupForm
    template_name = 'accounts/signup.html'
    success_url = reverse_lazy('index')
```

5-6節

▼bookproject/accounts/forms.py

```python
from django.contrib.auth.forms import UserCreationForm
from django.contrib.auth.models import User


class SignupForm(UserCreationForm):
```

```
class Meta:
    model = User
    fields = ('username',)
```

5-6節

▼bookproject/accounts/templates/accounts/signup.html

```
{% extends 'base.html' %}
{% block title %}アカウント作成{% endblock %}
{% block h1 %}アカウント作成{% endblock %}
{% block content %}
  <form method="post" class="p-4 m-4 bg-light border border-success
rounded form-group">
    {% csrf_token %}
    <input type="text" name='username' class="form-control my-4"
placeholder="ユーザー ID">
    <input type="password" name='password1' class="form-control mt-4"
placeholder="パスワード">
    <input type="password" name='password2' class="form-control mt-4"
placeholder="パスワード確認用">
    <small class="mb-2 d-block text-start">パスワードは8文字以上で設定してく
ださい。</small>
    {% if form.errors %}
      <span class="mb-2 small text-danger d-block text-start">利用できない
ユーザー ID やパスワードの可能性があります。入力内容を再度ご確認ください。</span>
    {% endif %}
    <button type="submit" class="btn btn-success m-2">アカウント作成</
button>
  </form>
{% endblock %}
```

5-4節

▼bookproject/templates/registration/login.html

```
{% extends 'base.html' %}

{% block content %}
  <h1>ログイン</h1>
  <form method="post" class="p-4 m-4 bg-light border border-success
rounded form-group">
    {% csrf_token %}
    {% for error in form.errors.values %}
```

```
      {{ error }}
    {% endfor %}
    <label>ユーザ ID</label>
    <input class="form-control" name="username">
    <label>パスワード</label>
    <input type="password" class="form-control" name="password">
    <button type="submit" class="btn btn-success mt-4">ログインする</
button>
  </form>
{% endblock %}
```

book アプリケーションに関するコード

4-3節、4-5節、5-7節

▼ bookproject/book/admin.py

```python
from django.contrib import admin

from .models import Book, Review

# Register your models here.

admin.site.register(Book)
admin.site.register(Review)
```

5-7節、5-14節

▼ bookproject/book/consts.py

```python
MAX_RATE = 5
ITEM_PER_PAGE = 2
```

5-14節

▼ bookproject/book/templates/book/components/pagination.html

```html
{% if page_obj.has_other_pages %}
<ul class='list-unstyled m-0 d-flex justify-content-between'>
    {% if page_obj.has_previous %}
      <li><a href='?page={{ page_obj.previous_page_number }}'>&lt;&lt;前
へ</a></li>
    {% else %}
      <li class='text-muted'>前へ</li>
```

```
        {% endif %}
        {% if page_obj.has_next %}
          <li><a href='?page={{ page_obj.next_page_number }}'>次へ&gt;&gt;</
a></li>
        {% else %}
          <li class='text-muted'>次へ&gt;&gt;</li>
        {% endif %}
        </ul>
{% endif %}
```

4-3節、4-5節、5-6節、5-7節、5-8節、5-11節

▼bookproject/book/models.py

```python
from django.db import models

from .consts import MAX_RATE

RATE_CHOICES = [(x, str(x)) for x in range(0, MAX_RATE + 1)]

CATEGORY = (('business', 'ビジネス'), ('life','生活'), ('other','その他'))
class Book(models.Model):
    title = models.CharField(max_length=100)
    text = models.TextField()
    thumbnail = models.ImageField(null=True, blank=True)
    category = models.CharField(
            max_length=100,
            choices = CATEGORY
            )
    user = models.ForeignKey('auth.User', on_delete=models.CASCADE)

    def __str__(self):
      return self.title


class Review(models.Model):
    book = models.ForeignKey(Book, on_delete=models.CASCADE)
    title = models.CharField(max_length=100)
    text = models.TextField()
    rate = models.IntegerField(choices=RATE_CHOICES)
    user = models.ForeignKey('auth.User', on_delete=models.CASCADE)

    def __str__(self):
        return self.title
```

4-2節、4-5節、4-6節、4-9節、4-10節、4-11節、5-2節、5-5節、5-6節、5-7節

▼bookproject/book/urls.py

```
from django.urls import path

from . import views

urlpatterns = [
    path('', views.index_view, name='index'),
    path('book/', views.ListBookView.as_view(), name='list-book'),
    path('book/<int:pk>/detail/', views.DetailBookView.as_view(),
name='detail-book'),
    path('book/create/', views.CreateBookView.as_view(), name='create-
book'),
    path('book/<int:pk>/delete/', views.DeleteBookView.as_view(),
name='delete-book'),
    path('book/<int:pk>/update/', views.UpdateBookView.as_view(),
name='update-book'),
    path('book/<int:book_id>/review/', views.CreateReviewView.as_view(),
name='review'),
]
```

4-5節、4-6節、4-9節、4-10節、4-11節、5-2節、5-3節、5-5節、5-6節、5-7節、5-8節、5-10節、5-11節、5-12節、5-14節

▼bookproject/book/views.py

```
from django.contrib.auth.mixins import LoginRequiredMixin
from django.core.exceptions import PermissionDenied
from django.core.paginator import Paginator
from django.db.models import Avg
from django.shortcuts import render
from django.urls import reverse, reverse_lazy
from django.views.generic import (
    ListView,
    DetailView,
    CreateView,
    DeleteView,
    UpdateView,
    )

from .consts import ITEM_PER_PAGE
```

```
from .models import Book, Review

# Create your views here.

def index_view(request):
    object_list = Book.objects.order_by('-id')

    ranking_list= Book.objects.annotate(avg_rating=Avg('review__rate')).
order_by('-avg_rating')

    paginator = Paginator(ranking_list, ITEM_PER_PAGE)
    page_numer = request.GET.get('page', 1)
    page_obj = paginator.page(page_number)

    return render(
        request,
        'book/index.html',
        {'object_list': object_list, 'ranking_list': ranking_list, 'page_
obj': page_obj},
    )


class ListBookView(LoginRequiredMixin, ListView):
    template_name = 'book/book_list.html'
    model = Book
    paginated_by = ITEM_PER_PAGE


class DetailBookView(LoginRequiredMixin, DetailView):
    template_name = 'book/book_detail.html'
    model = Book


class CreateBookView(LoginRequiredMixin, CreateView):
    template_name = 'book/book_create.html'
    model = Book
    fields = ('title', 'text', 'category', 'thumbnail')
    success_url = reverse_lazy('list-book')

    def form_valid(self, form):
        form.instance.user = self.request.user
```

```python
        return super().form_valid(form)


class DeleteBookView(LoginRequiredMixin, DeleteView):
    template_name = 'book/book_confirm_delete.html'
    model = Book
    success_url = reverse_lazy('book:list-book')

    def get_object(self, queryset=None):
        obj = super().get_object(queryset)

        if obj.user != self.request.user:
            raise PermissionDenied

        return obj

class UpdateBookView(LoginRequiredMixin, UpdateView):
    model = Book
    fields = ('title', 'text', 'category', 'thumbnail')
    template_name = 'book/book_update.html'

    def get_object(self, queryset=None):
        obj = super().get_object(queryset)

        if obj.user != self.request.user:
            raise PermissionDenied

        return obj

    def get_success_url(self):
        return reverse('detail-book', kwargs={'pk': self.object.id})


class CreateReviewView(LoginRequiredMixin, CreateView):
    model = Review
    fields = ('book', 'title', 'text', 'rate')
    template_name = 'book/review_form.html'

    def get_context_data(self, **kwargs):
        context = super().get_context_data(**kwargs)
```

```
            context['book'] = Book.objects.get(pk=self.kwargs['book_id'])
            print(context)


            return context


        def form_valid(self, form):
            form.instance.user = self.request.user


            return super().form_valid(form)


        def get_success_url(self):
            return reverse('detail-book', kwargs={'pk': self.object.book.id})
```

4-10節

▼ bookproject/book/templates/book/book_confirm_delete.html

```
{% extends 'base.html' %}


{% block title %}書籍削除{% endblock %}
{% block content %}
  <form method="post">
    {% csrf_token %}
    <button type="submit">{{ object.title }}を削除する</button>
  </form>
{% endblock %}
```

4-9節、5-8節

▼ bookproject/book/templates/book/book_create.html

```
{% extends 'base.html' %}


{% block title %}書籍作成{% endblock %}


{% block content %}
  <form method='POST'enctype="multipart/form-data" class="p-4 m-4
bg-light border border-success rounded form-group">{% csrf_token %}
    {% csrf_token %}
    {{ form.as_p }}
    <input type='submit' value='作成する'>
  </form>
{% endblock %}
```

4-8節、4-12節、4-13節、5-7節、5-13節

▼bookproject/book/templates/book/book_detail.html

```
{% extends 'base.html' %}


{% block title %}{{ object.title }}{% endblock %}
{% block h1 %}書籍詳細{% endblock %}


{% block content %}
  <div class="p-4 m-4 bg-light border border-success rounded">
    <h2 class="text-success">{{ object.title }}</h2>
    <p>{{ object.text }}</p>
    <div class="border p-4 mb-2">
      {% for review in object.review_set.all %}
        <div>
          <h3 class="h4">{{ review.title }}</h3>
          <div class="px-2">
            <span>(投稿ユーザー：{{ review.user.username }})</span>
            <h6>評価：{{ review.rate }}</h6>
            <p>{{ review.text }}</p>
          </div>
        </div>
      {% endfor %}
    </div>
    <a href="{% url 'list-book' %}" class="btn btn-primary">一覧へ</a>
    <a href="{% url 'review' object.pk %}" class="btn btn-primary">レ
ビューする</a>
    <a href="{% url 'update-book' object.pk %}" class="btn btn-primary">
編集する</a>
    <a href="{% url 'delete-book' object.pk %}" class="btn btn-primary">
削除する</a>
    <h6 class="card-title">{{ object.category }}</h6>
  </div>
{% endblock %}
```

4-5節、4-7節、4-8節、4-12節、4-13節、5-14節

▼bookproject/book/templates/book/book_list.html

```
{% extends 'base.html' %}


{% block title %}書籍一覧{% endblock %}
{% block h1 %}書籍一覧{% endblock %}
```

```
{% block content %}
  {% for item in object_list %}
  <div class="p-4 m-4 bg-light border border-success rounded">
    <h2 class="text-success">{{ item.title }}</h5>
    <h6>カテゴリ：{{ item.category }}</h6>
    <div class="mt-3">
      <a href="{% url 'detail-book' item.pk %}">詳細へ</a>
    </div>
  </div>
  {% endfor %}
  {% include 'book/components/pagination.html' %}
{% endblock content %}
```

4-11節、5-8節

▼bookproject/book/templates/book/book_update.html

```
{% extends 'base.html' %}

{% block title %}書籍修正{% endblock %}

{% block content %}
  <form method="post" enctype="multipart/form-data" class="p-4 m-4bg-
light border border-success rounded form-group">
    {% csrf_token %}
    {{ form.as_p }}
    <input type='submit' value='修正する'>
  </form>
{% endblock %}
```

5-2節、5-3節、5-8節、5-12節、5-14節

▼bookproject/book/templates/book/index.html

```
{% extends 'base.html' %}

{% block title %}本棚アプリ{% endblock %}
{% block h1 %}本棚アプリ{% endblock %}

{% block content %}
  <div class="row">
    <div class="col-9">
      {% for item in object_list %}
```

```
        <div class="p-4 m-4 bg-light border border-success rounded">
          <h2 class="text-success">{{ item.title }}</h2>
          <img src="{{ item.thumbnail.url }}" class="img-thumbnail" />
          <h6>カテゴリ：{{ item.category }}</h6>
          <div class="mt-3">
            <a href="{% url 'detail-book' item.pk %}">詳細へ</a>
          </div>
        </div>
      {% endfor %}
    </div>
    <div class="col-3">
      <h2>評価順TOP2</h2>
      {% for ranking_book in page_obj %}
        <div class="p-4 m-4 bg-light border border-success rounded">
          <h3 class="text-success h5">{{ ranking_book.title }}</h3>
          <img src="{{ ranking_book.thumbnail.url }}" class="img-thumbnail" />
          <h6>評価：{{ ranking_book.avg_rating|floatformat:2 }}点</h6>
          <a href="{% url 'detail-book' ranking_book.pk %}">詳細へ</a>
        </div>
      {% endfor %}
      {% include 'book/components/pagination.html' %}
    </div>
  </div>
{% endblock %}
```

5-7節

▼bookproject/book/templates/book/review_form.html

```
{% extends 'base.html' %}

{% block title %}レビュー投稿{% endblock %}
{% block h1 %}レビュー投稿{% endblock %}
{% block content %}
  <form method="post" class="p-4 m-4 bg-light border border-success
rounded form-group">
    {% csrf_token %}
    <label>
      対象書籍
    </label>
    <input class="form-control" value="{{ book.title }}" readonly>
    <label>
```

```
      タイトル
    </label>
    <input class="form-control" name='title'>
    <label>
      本文
    </label>
    <textarea class="form-control" name='text' rows="3"></textarea>
    <label>
      星の数
    </label>
    <select class="form-control" name='rate'>
      <option value="0">0（最低）</option>
      <option value="1">1</option>
      <option value="2">2</option>
      <option value="3" selected>3（普通）</option>
      <option value="4">4</option>
      <option value="5">5（最高）</option>
    </select>
    <input type="hidden" name='book' value="{{ book.id }}">
    <button type="submit" class="btn btn-success mt-4">投稿する</button>
  </form>
{% endblock %}
```

5-9節

▼ bookproject/book/static/book/css/style.css

```css
a {
  text-decoration: none;
}
```

おわりに

最後までお読みいただき、ありがとうございました。

本書を読み終えたころには、Djangoに対する見え方が大きく変わっていることかと思います。

基礎を身に付ければ、あとは実践です。
公式ドキュメントなどを参考にしながらアプリケーションを作成し、あなたが作った作品を全世界に公開していきましょう。

Djangoのスキルアップに本書が少しでもお役に立ったのであれば幸いです。

ありがとうございました。

大橋　亮太

索　引

株式会社CODOR
代表取締役

大橋　亮太（おおはし　りょうた）

上智大学理工学部卒業、早稲田大学大学院理工学研究科修了。
三井物産株式会社入社。船舶・航空本部に所属し、合弁会社の設立や本部の事業計画策定、プロジェクトファイナンス案件などに従事。
2015年株式会社CODOR設立。ビジネスとITを融合させたコンサルティングを行う。
2019年にオンライン学習サイトのUdemyにてDjangoのコンテンツの提供を開始。
同プラットホームでのベストセラーとなる。2024年時点での受講者数は15万人超。

カバーデザイン・イラスト　mammoth.

Djangoのツボとコツがゼッタイにわかる本[第3版]

発行日	2025年　2月28日	第1版第1刷

著　者　大橋　亮太

発行者　斉藤　和邦
発行所　株式会社　秀和システム
　　　　〒135-0016
　　　　東京都江東区東陽2-4-2　新宮ビル2F
　　　　Tel 03-6264-3105（販売）Fax 03-6264-3094
印刷所　三松堂印刷株式会社　　　　Printed in Japan

ISBN978-4-7980-7392-7 C3055